专利入门全攻略

制度、流程、撰写、转化

梅安石 ◎ 著

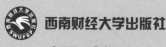

西南财经大学出版社

中国·成都

图书在版编目(CIP)数据

专利入门全攻略:制度、流程、撰写、转化/梅安石著.--成都:
西南财经大学出版社,2025.5.--ISBN 978-7-5504-6704-0

Ⅰ.G306.3

中国国家版本馆 CIP 数据核字第 202597XG85 号

专利入门全攻略:制度、流程、撰写、转化

ZHUANLI RUMEN QUANGONGLÜE:ZHIDU、LIUCHENG、ZHUANXIE、ZHUANHUA

梅安石 著

策划编辑:何春梅 李思嘉
责任编辑:李思嘉
责任校对:邓嘉玲
封面设计:冯 丹
责任印制:朱曼丽

出版发行	西南财经大学出版社(四川省成都市光华村街 55 号)
网 址	http://cbs.swufe.edu.cn
电子邮件	bookcj@ swufe.edu.cn
邮政编码	610074
电 话	028-87353785
照 排	四川胜翔数码印务设计有限公司
印 刷	成都市金雅迪彩色印刷有限公司
成品尺寸	170 mm×240 mm
印 张	19.875
字 数	327 千字
版 次	2025 年 5 月第 1 版
印 次	2025 年 5 月第 1 次印刷
书 号	ISBN 978-7-5504-6704-0
定 价	78.00 元

作者简介

梅安石　律师

●专利代理师、高级知识产权师职称

●川渝知识产权服务业技能大赛之"专利撰写赛"一等奖获得者

●陕西省专利检索分析大赛专业组一等奖获得者

●四川省知识产权服务业技能大赛之"专利信息检索赛"二等奖获得者

●"蓉漂杯"成都市技术经理人科技成果转化大赛创界新锐组团队优秀奖获得者

●重庆市知识产权投融资促进会智库专家

●《四川法治报》公益律师

●"专利初论"微信公众号创办人

从业经验

梅安石律师具有丰富的法律知识和技术功底，长期从事专利申请、专利复审和无效、专利挖掘与布局、专利检索与导航分析、专利侵权鉴定、专利评价、专利转化运用、商业秘密保护、知识产权合规、知识产权纠纷诉讼及争议解决、知识产权培训及咨询等工作，参与并完成多项省市级知识产权项目。受聘为北京理工大学重庆微电子研究院交流讲师，撰写的多篇文章及评论入选《中国知识产权报》《四川法治报》《消费质量报》《第八届知识产权论坛优秀论文集》《东盟知识产权论坛论文集》等，曾获得《电子知识产权》期刊论文优秀奖，其培训课程入选工信部"名师优课"优质课程。

前　言

在当今知识经济的时代浪潮中，专利作为科技创新成果重要的法律保护形式，正发挥着日益关键的作用。无论是企业寻求创新技术的市场竞争优势，还是科研人员捍卫技术成果，专利都成为不可或缺的一环。

然而，对于许多专利初学者来说，专利相关的知识体系犹如一座神秘而复杂的迷宫。《中华人民共和国专利法》（以下简称《专利法》）、《中华人民共和国专利法实施细则》（以下简称《专利法实施细则》）、《专利审查指南》（以下简称《审查指南》）以及各类法律法规繁杂得让人望而却步。抑或是入行许久者始终无法把握精要，难以从更广阔的视角审视专利知识体系。

涉及专利学习入门的书籍，在市场上并不多见。工作繁忙的专利代理师或者专利律师，鲜少有时间精力去系统总结经验。这导致了许多专利初学者一旦没有好的导师指引，遇到前人所遇到的问题仍需要重复研究，浪费大量精力。市面上已有的同类型的书，要么围绕单一的主题深度讲解，要么覆盖众多主题却浅尝辄止。事实上，专利学习入门，只需要解决最常见的几个核心问题，深刻理解后就可以游刃有余，进行更广泛的研究。

基于此，本书为专利初学者精心打造了快速入门学习体系，可以帮助读者搭建专利知识的底层框架，理解专利的深层逻辑。本书首先从专利制度基本逻辑和起源、我国现代化专利制度、国际条约、权利本质、利益平衡等角度帮助大家理解专利制度，打下坚实的学习基础；其次全面梳理专利申请、检索、导航、加快审查、规避非正常专利申请、挖掘与布局流程，多层次巩固专利实务能力，打造开展各类专利常规业务操作的能力；再次，进入撰写部分，详细列举了撰写专利申请文件、权利要求、创造性审查意见答复要点和技巧，掌握高价值专利知识，了解影响专利质量的因素，更好地提升专利撰写水平；最后介绍了专利转让、许可、开放许可、质押、作价入股等不同专利转化方式，强调了专利密集型产业的巨大前景，让初学者站在运用的视角理解专利的价值。

  无论是专利行业的从业者，还是企业、科研院所的知识产权工作者，抑或是科研人员及对专利感兴趣的人，都能从这本书中找到开启专利世界大门的钥匙，踏上专利学习之旅。

梅安石

2025 年 4 月

目　录

第一部分　制度 /001

第一章　专利制度基本逻辑和起源 /003

第二章　我国现代化专利制度 /008

第三章　涉及专利的国际条约 /015

第四章　专利制度中的权利本质 /022

第五章　专利制度中的利益平衡 /027

第二部分　流程 /031

第六章　专利申请实操流程 /033

第七章　专利信息检索实操流程 /044

第八章　专利导航实操流程 /074

第九章　专利加快审查实操流程 /085

第十章　规避非正常专利申请实操流程 /134

第十一章　专利挖掘与布局实操流程 /146

第三部分　撰写　　　　　　　　　　　　　　　/165

第十二章　撰写专利申请文件要点　　　　　　/167
第十三章　理解权利要求要点　　　　　　　　/191
第十四章　创造性审查意见答复技巧　　　　　/246
第十五章　高价值专利　　　　　　　　　　　/256
第十六章　影响专利质量的要素　　　　　　　/264

第四部分　转化　　　　　　　　　　　　　　　/279

第十七章　专利转让　　　　　　　　　　　　/281
第十八章　专利许可　　　　　　　　　　　　/284
第十九章　专利开放许可　　　　　　　　　　/287
第二十章　专利质押　　　　　　　　　　　　/293
第二十一章　专利作价入股　　　　　　　　　/296
第二十二章　专利密集型产业　　　　　　　　/298

参考文献　　　　　　　　　　　　　　　　　/ 305

后记　　　　　　　　　　　　　　　　　　　/ 307

第一部分　制度

第一章 专利制度基本逻辑和起源

📚 导读

　　本章深入剖析了专利制度，开篇以智人部落与猿人部落的故事引出了专利制度"公开换保护"的基本逻辑。本章接着阐述了专利制度起源，同时也回顾了我国近代专利制度的坎坷历程。本章强调了专利制度诞生依赖于和平稳定的政治环境、活跃的市场经济以及不断进步的科技，这三个相辅相成的条件共同保障了专利制度的长久发展。

一、专利制度基本逻辑

　　先讲一个小故事。在距今约三万年前，有两个部落，一个是猿人部落，另一个是智人部落。两个部落都以与其他部落交易核桃仁为生。那时的核桃还未经过改良，外壳坚如铁疙瘩，捶不扁、炒不爆。核桃仁虽有营养，但破壳难度大，一直困扰着大家。他们祖祖辈辈，一直使用石头作为击打工具，来敲碎核桃，取出核桃仁。但这种方式不仅费力，而且效率低下。核桃仁的产量基本上取决于投入人力的多少。猿人部落人多势众，核桃仁产量自然高；智人部落势单力薄，核桃仁产量自然低。所以，猿人部落总是压着智人部落一头。

智人部落不甘落后，每天就琢磨在不增加人力的情况下如何提高生产效率。一天，智人部落的先知突发奇想，把打制好的石头绑在木棍上制成石锤，这是在各部落首次出现的石锤。石锤的出现，极大地提升了智人部落的核桃仁产量。原来用石头一天可以敲破 100 个核桃，后用石锤一天可以敲破 1 000 个核桃，并且非常省力，不影响第二天的互市贸易。智人部落得益于石锤的发明快速崛起，但也总是寝食难安。因为他们担心石锤的发明被猿人部落窃取，进而采取极度保密的状态使用石锤。猿人部落亟须改良工具，奈何没有先知的教导，哀叹生产效率的低下。

于是乎，两个部落达成契约：智人部落公开石锤发明，无须苦恼如何秘密使用，作为回报，猿人部落同意遵守契约对该发明垄断保护，无须浪费精力重复研发，公开换保护机制就此形成。智人部落和猿人部落双方获得双赢局面，双方生产核桃仁的效率都大幅提升。

公开换保护机制也就是专利制度的基本逻辑。当我们发明了一项更进步的技术时，该技术信息一旦被传播就会失去排他性的控制。那么作出技术贡献的人由于无法得到应有的回报，不愿意公开技术，就会阻碍科学技术进步和经济社会发展。只有通过对专利权人的合法权益予以保护，给予他们的发明创造在一定期限内的特权，专利权人才愿意积极公开发明创造，保护才愿意公开，公开才予以保护。发明创造公开后，其他人就可以减少不必要的重复研究，就有更多的精力去开发新的发明创造。鼓励发明创造并推动发明创造的应用，使创新能力不断提高。

总之，专利制度将公开换保护机制法律化，通过统治阶级的意志创造出了一种前所未有的财产权形式。

二、专利制度起源

专利制度早在公元前 10 世纪就出现，雅典王国一个厨师被授予一年的新的烹调方法"特权"①。1421 年佛罗伦萨对建筑师布伦莱希发明的"装有吊机的驳船"授予三年的垄断权②。1474 年威尼斯共和国颁布了世界上第一部专利法③，之后曾授予了不少专利，例如在 1594 年授予了意大利著名物理学家、天文学家伽利略扬水灌溉机械专利权。但是 15 世纪后，威尼斯为了争夺地中海的商业控制权，一直处于战争状态④，专利制度失去了所依赖的和平稳定的政治条件，使这部专利法未得到充分实施。

16 世纪以来欧洲工商业重心的转移⑤，以及行会制约、高税收等使专利制度失去了所依赖的活跃的市场经济条件，专利制度最终迅速衰落，在意大利失去了进一步发展的社会土壤。虽然意大利以失败告终，但其对发明人授予垄断特权的做法也为欧洲很多其他国家所仿效。其中法国、德国等欧洲国家商业较为发达，但是当时欧洲封建割据，缺乏强大统一的王权来创造和平稳定的政治条件，封建王权对市场的影响力有限，也没有发展成现代专利制度⑥。而英国具有强大统一的王权确保和平稳定的政治条件，推动了英国垄断特权发展，并逐步发展为现代专利制度。

英国土地肥沃，但土地和人口有限。再加上 12 世纪至 13 世纪"御前会议"控制了征税权，王室不能够随意增加税额和种类⑦，只有通过鼓励贸易和技术的改进来增加财富。因为技术进步了，有限的土地和人口就能生产更多的产品，从而提高经济收入的总量。但是欧洲广泛存在的为了"保护商业垄断权以及对商业的控制"的行会制度，成为束缚市场经济发展的巨大屏障⑧。行会无意参加工业上的技术革新，拒绝外来新技术、限制新行业发展，国王只有向外国技工授予经营特权，才能使外国技工免受行会限制，同时外国技工会付出金钱来作为特权的回报，增加英国王室的财富。当时的专利特权大

---

① 徐海燕. 近代专利制度的起源与建立 [J]. 科学文化评论，2010，7（2）：40-52.
② 邹琳. 英国专利制度发展史 [D]. 湘潭：湘潭大学，2011.
③ 宗华. 19 世纪英国专利废除之争 [D]. 上海：华东政法大学，2014.
④ 徐海燕. 近代专利制度的起源与建立 [J]. 科学文化评论，2010，7（2）：40-52.
⑤ 宗华. 19 世纪英国专利废除之争 [D]. 上海：华东政法大学，2014.
⑥ 宗华. 19 世纪英国专利废除之争 [D]. 上海：华东政法大学，2014.
⑦ 邹琳.《大宪章》与英国专利制度的起源 [J]. 湘江法律评论，2015，13（2）：116-131.
⑧ 邹琳. 英国专利制度发展史 [D]. 湘潭：湘潭大学，2011：24.

多授予英国急需发展的从事纺织、制盐和玻璃制造的外国技工①，英王要求他们在英国境内培训技术工人，使这些新技术、新行业能在英国可持续发展②。由于这时的专利没有明确的法律依据，国王容易凭喜好把很多专利授予给封建贵族、王室的宠臣，严重阻碍资本主义经济的发展，引发广大市民的强烈不满。1561—1590 年的近 30 年时间里，在位的伊丽莎白一世共授予了 50 件专利，覆盖了包括肥皂、毛料、盐、纸、铁、硫磺等 12 个项目的商品部门③。皇室滥用专利垄断权，严重破坏了市场的竞争秩序④。《垄断法案》就是国王与议会权力斗争中相互妥协的产物⑤。《垄断法案》宣告所有垄断、特许和授权一律无效，却将发明垄断作为"一切垄断非法"的例外予以规定，间接促进了现代专利制度的发展。《垄断法案》被认为是人类历史上专利制度诞生的标志，具有现代意义⑥。继英国之后，许多资本主义国家⑦先后实行专利制度、颁布专利法，例如美国仿效英国，通过引进专利制度促进了美国经济的发展。

我国近代专利制度的发展是在 1840 年鸦片战争爆发以后。当时为了振兴近代工业，资产阶级的一些有识之士，大力提倡建立专利制度⑧。李鸿章根据郑观应的建议，奏请清政府批准赐予上海机器织布局以"十年专利"。在社会舆论和维新派的推动下，光绪帝下诏，要求制定我国近代第一个有关专利法规《振兴工艺给奖章程》⑨。但是由于戊戌变法的失败，这部章程问世仅 2 个月后即被废止。清末的专利权实质只是一种设厂的垄断权⑩。辛亥革命在孙中山先生的引领下爆发，一举终结了延续数千年的封建帝制，中华民国由此成立。从 1912 年颁布《奖励工艺品暂行章程》到 1944 年颁布中华民国专利法

① 邹琳. 英国专利制度发展史 [D]. 湘潭：湘潭大学，2011：24.
② 邹琳.《大宪章》与英国专利制度的起源 [J]. 湘江法律评论，2015，13（2）：116-131.
③ 徐海燕. 近代专利制度的起源与建立 [J]. 科学文化评论，2010，7（2）：40-52.
④ 徐海燕. 近代专利制度的起源与建立 [J]. 科学文化评论，2010，7（2）：40-52.
⑤ 邹琳.《大宪章》与英国专利制度的起源 [J]. 湘江法律评论，2015，13（2）：116-131.
⑥ 邹琳.《大宪章》与英国专利制度的起源 [J]. 湘江法律评论，2015，13（2）：116-131.
⑦ 李宛阳. 专利权利要求解释之研究 [D]. 北京：中国政法大学，2010.
⑧ 吴庆阳. 近代中国知识产权制度变迁的经济学分析 [J]. 湖北社会科学，2007（5）：84-86.
⑨ 唐建平. 中国近代专利制度研究 [D]. 上海：华东政法学院，2006.
⑩ 唐建平. 中国近代专利制度研究 [D]. 上海：华东政法学院，2006.

的 32 年间，当时政府平均每年授予 20 余件专利①。自戊戌变法至新中国诞生，经历了八国联军侵华、日本帝国主义的入侵等，各种战争不断，客观地说，缺乏和平稳定的政治条件和活跃的市场经济条件，使这段时期我国的专利制度没有真正地发展起来。

专利制度的诞生依赖于三个条件，即和平稳定的政治条件、活跃的市场经济条件和不断进步的科技条件。专利制度的基本内容就是发明人将其完成的发明创造依法向社会公开，社会给予发明人对该项发明创造享有一定时期的独占权②。如果没有和平稳定的政治条件，就没有一个统一有效的政权来保证专利权人能够享有一定时期的独占权。如果没有活跃的市场经济条件，就缺乏商品贸易环境，那这样的独占垄断就无法获得可靠的利益。如果没有不断进步的科技条件，就没有足够多的发明创造产生，就无法培养出一个可持续的创新环境。

在农业社会中，人类赖以生存的基础技术主要是耕作技术。这类技术在构成上以经验为主，生产工具也仅仅是一些结构非常简单的农具，如锄头、犁、耙等。人们的竞争更多地表现为体力上的竞争，而不是智力上的竞争③。在这样的社会条件下，没有不断进步的科技条件，也没有活跃的市场经济条件，再加上时常战争动乱，没有和平稳定的政治条件，很难诞生专利制度。只有在和平稳定的政治条件、活跃的市场经济条件和不断进步的科技条件下，谁拥有先进技术，谁就可以在市场竞争中占据优势，发明者为了垄断自己的发明，能独享发明带来的利益，就会要求国家对自己的发明实施保护④。

因此，和平稳定的政治条件、活跃的市场经济条件和不断进步的科技条件三者是相辅相成的，保证了专利制度的长久发展。

---

① 尹新天. 中国专利法详解 [M]. 北京：知识产权出版社，2011：1-7.
② 邹琳.《大宪章》与英国专利制度的起源 [J]. 湘江法律评论，2015，13（2）：116-131.
③ 吴洪玲. 探析近代专利制度起源于英国的原因 [J]. 济南职业学院学报，2007（1）：15-16，20.
④ 吴洪玲. 探析近代专利制度起源于英国的原因 [J]. 济南职业学院学报，2007（1）：15-16，20.

第二章 我国现代化专利制度

📖 导读

　　本章围绕我国专利制度展开了深入探讨。本章讲述了 1978 年我国决定建立专利制度，1984 年《专利法》通过，标志着现代化专利制度正式确立。此后，《专利法》历经四次修正，每次修正都紧扣社会发展需求。本章阐述了《专利法》的立法初衷（宗旨），核心是保护专利权人合法权益，这是实现鼓励发明创造、推动应用、提高创新能力、促进科技进步与经济发展的基础。法律从多方面保障专利权人权益，同时也对其权利行使加以制约，防止损害公众利益。总之，专利制度对我国科技进步和综合国力提升意义重大。

一、我国现代化专利制度的建立

　　1978 年 7 月，中共中央提出我国应建立专利制度①。受调研的工业、贸易、科技和技术进出口等单位，普遍希望尽快建立专利制度。《专利法》起草

---

　　① 中华人民共和国国家知识产权局. 赵元果："中国专利制度的主要奠基人—武衡"[EB/OL]. (2006-05-17). http://www.sipo.gov.cn/sipo/bgs/lzp/200605/t20060517100006.htm.

小组剖析了日本、美国、德国等世界上 30 多个国家的专利状况，为我国专利制度的建立做好了理论支撑。

专利制度的建立，有利于更好地执行对外开放政策，引进先进技术和外资，扩展出口贸易等①。可以想象，如果没有专利制度，海外有竞争能力的先进技术拥有者根本不愿意公开，也不会进行正常技术贸易，因为曾经研发的投入得不到高额的回报。同等条件下，我国的技术在海外也不会得到保护，从而损害出口。因此，对外开放的顺利实行，有必要建立专利制度。更重要的是，专利制度在保护私权、激发创新，促进科学技术进步和经济社会发展方面发挥着不可替代的作用。

1984 年 3 月 12 日，第六届全国人民代表大会常务委员会第四次会议表决通过了《专利法》。这部法律于 1985 年 4 月 1 日正式施行，标志着我国现代化专利制度自此建立。我国现代化专利制度比许多国家晚了上百年。很难想象，当多个国家在 1883 年签订《保护工业产权巴黎公约》（以下简称《巴黎公约》）进行专利跨地区保护时，我国还处于清朝光绪年间。

二、《专利法》的四次修正

我国《专利法》实施后，共经历了四次修正。

1992 年 9 月 4 日，第七届全国人民代表大会常务委员会第二十七次会议通过《全国人民代表大会常务委员会关于修改〈中华人民共和国专利法〉的决定》，对《专利法》进行了首次修正。此次修正是在积累一定经验后，为适应深化改革的需要，考虑了专利制度的国际协调的需要。在专利期限调整方面变革显著，原"发明专利权的期限为十五年"，修订后变更为"发明专利权的期限为二十年"，同时，对于"实用新型和外观设计专利权"，旧规是"期限为五年，期满前专利权人可申请续展三年"，新规则调整为"期限统一为十

① 魏嵬. 中国 1949—2009 年专利制度演进研究［D］. 北京：北京工商大学，2010.

年"；扩大了专利保护的技术领域，将"食品、饮料和调味品""药品和用化学方法获得的物质"不授予专利权情形删除等①。

2000 年 8 月 25 日，第九届全国人民代表大会常务委员会第十七次会议通过《全国人民代表大会常务委员会关于修改〈中华人民共和国专利法〉的决定》，对《专利法》进行了第二次修正。此次修正旨在更好地契合我国加入世界贸易组织（WTO）后，经济建设与改革开放进程中产生的新态势。主要有增加"专利国际申请"为《专利合作条约》（PCT）途径提供法律依据；简化、完善专利审批和维权程序，例如删除了专利复审委员会所作出的决定为终局决定的有关规定，复审和无效由法院终审等。

2008 年 12 月 27 日，第十一届全国人民代表大会常务委员会第六次会议通过《全国人民代表大会常务委员会关于修改〈中华人民共和国专利法〉的决定》，对《专利法》进行了第三次修正。此次修正一方面通过抬高专利授权门槛、优化审批流程，让专利质量更上一层楼；另一方面强化专利权保护力度，妥善权衡专利权人权益与公众利益，致力于构建更科学合理的专利生态。例如新颖性的公开使用从仅限于国内公开改为不限国内外公开等。

2020 年 10 月 17 日，第十三届全国人民代表大会常务委员会第二十二次会议通过《全国人民代表大会常务委员会关于修改<中华人民共和国专利法>的决定》，对《专利法》进行了第四次修正。此次修正致力于捍卫专利权人的合法权益，以此稳固创新主体对专利保护机制的信任根基，全方位释放全社会的创新潜能。主要有加大对侵犯专利权的赔偿力度，对故意侵权行为规定一到五倍的惩罚性赔偿，将法定赔偿额上限从 100 万元提高到 500 万元，增加局部外观设计保护，外观设计专利权的期限从 10 年改为 15 年等。

我国现代化专利制度的建立是由社会发展决定，同时社会发展不断推动专利制度的完善。《专利法》作为专利制度规范的集中体现，历次修改与时俱进，有效地发挥专利制度的积极作用。如今，我国专利事业发展取得显著成效，1985—1997 年，中国专利局累计受理三种专利申请 74 万件，而 2023 年一年国家知识产权局受理三种专利申请就达 556 万件。专利数量的提升，体

---

① 章元峰. 知识产权保护与我国专利法的修改［J］. 上海化工，1992（6）：47-49.

现了我国科技进步和知识产权综合实力的增强，也呈现了全社会知识产权意识的大幅提高，大力激发全社会创新活力。对于提升国家核心竞争力，扩大高水平对外开放，具有重要意义。

三、《专利法》的立法宗旨

现行《专利法》第1条①"为了保护专利权人的合法权益，鼓励发明创造，推动发明创造的应用，提高创新能力，促进科学技术进步和经济社会发展，制定本法"，明确了通过立法和法律的实施所要达到的意图和目的，让公众更好地理解该法律的制定。在法律规定不明确时，该条实质上也能够起到补充法律漏洞、指导下位法的制定和适用等作用。该条作为《专利法》第1条，是《专利法》立法的指导思想，我们可以从全文多个条款的规定探索出如何对《专利法》的立法宗旨进行实现。

"保护专利权人的合法权益"是《专利法》最核心的宗旨，被放在首位，因为它是实现"鼓励发明创造，推动发明创造的应用，提高创新能力，促进科学技术进步和经济社会发展"四个宗旨最基本且最有效的手段。亚当·斯密曾经说过："我们每天所需的食物，并非来自屠夫、酿酒师和面包师的恩惠，而是来自他们对自身利益的关心。我们不是向他们乞怜，而是由于他们的自利心。"专利权人得知发明创造能够保护，可以给予他们的发明创造在一定期限内的特权，专利权人才愿意积极投入和公开发明创造，而不是藏着掖着，怕公众知晓和抄袭他的发明创造。这种保护能够鼓励大家积极投入精力和成本，完成发明创造，但完成发明创造还不能够给自己带来利益，只有直接或间接去应用才能够得到回报，比如说许可、转让、实施等，应用的过程才会带来社会效益，否则只能停留在精神享受；在发明创造的完成和应用过程中，创新能力才能够不断提高，实现最终目的"科学技术进步和经济社会发展"。

---

① 为了简洁表达，本书中法律法规的条款序号以阿拉伯数字表示。

条文中如何对专利权人的合法权益进行保护的呢？《专利法》第 11 条规定了专利权被授予后，任何单位或者个人未经专利权人许可，都不得实施其专利，法律明文规定了专利权人的发明创造被授予专利权后受到法律保护，保障了专利权人享有实施其发明创造的"独占权"。《专利法》第 16 条第 2 款"专利权人有权在其专利产品或者该产品的包装上标明专利标识"，明示别人不要仿造该专利产品，避免对专利权人的合法权益的侵犯。《专利法》第 65 条规定了专利权人的合法权益被侵犯后，可以协商、走司法、走行政等多种救济方式，确保专利权人的合法权益被侵害后及时得到救济。《专利法》第 71 条是关于如何确定专利侵权赔偿数额的规定，通过赔偿对侵权人施加必要的法律震慑力。从这些条文可以窥探出，对于专利权人的合法权益进行了多方面保护。

当然，"保护专利权人的合法权益"并不意味着仅仅强调"保护"，还要注重权益的"合法"，即权利的行使应当有个度，不得侵害社会公众的合法利益。"保护"不是《专利法》的最终目的，《专利法》不是为了保护而保护，而是希望对专利权人的权益保护能够换取其对社会的贡献。如果这种"保护"过于极端，得到的损害大于对社会的贡献，就会使"保护"偏离专利制度的设计而没有意义，所以有必要对保护的权益进行制约，要求权利行使合法，以免对社会公众利益产生负面影响。《专利法》第 26 条第 4 款规定"权利要求书应当以说明书为依据"，该法条就在于权利要求的保护范围应当与申请人所做的技术贡献相称，以避免申请人以较小的公开内容换取较大的保护范围而损害公众的利益。《专利法》第 53 条规定了无正当理由未实施或者未充分实施其专利的、垄断行为的强制许可，防止专利权人对专利权的滥用，这种不合法权益的行使不应当被保护。《专利法》第 67 条"在专利侵权纠纷中，被控侵权人有证据证明其实施的技术或者设计属于现有技术或者现有设计的，不构成侵犯专利权"，专利权不应当妨害社会公众对现有技术的利用，这种不合法的权益不会被保护。《专利法》第 74 条中"侵犯专利权的诉讼时效为三年"，防止专利权人故意不主张权利，使众多从事生产经营活动的单位和个人处于一种"不安定"状态，损害广大公众利益和国家利益，所以超过诉讼时效的权益不予以保护等。

保护专利权人的合法权益是鼓励发明创造最有效的方式，由于得到保护后，专利权人通过对发明创造的独占，向社会提供有竞争力的商品，能够获取大量利益，而不必担心别人恶意仿制，鼓励了大家进行发明创造的投入。除此之外，《专利法》第 7 条"对发明人或者设计人的非职务发明创造专利申请，任何单位或者个人不得压制"就是鼓励职务外的发明创造产生。《专利法》第 16 条"发明人或者设计人有权在专利文件中写明自己是发明人或者设计人"，赋予了发明人或者设计人在专利文件中署名的权利，推崇发明人、设计人的创造性劳动，为其"扬名"来鼓励发明创造。《专利法》第 15 条对职务发明创造的发明人或者设计人给予奖励、报酬，有利于鼓励发明创造。

鼓励发明创造后，发明创造会有量的积累，但专利权人的发明创造对社会的贡献不在于思想，因为发明创造不是哲学，更不是文学的享受，而是发明创造的应用，所以"推动发明创造的应用"也是立法宗旨之一。一种新的汽车尾气处理装置能够明显降低汽车尾气中的污染成分，就应当尽快推广应用这项新技术，来保护环境；如果一种新的合成氨工艺能够减少生产合成氨的能耗，就应当鼓励所有化肥生产厂家尽快应用这项新技术，来节约能源。只有应用才能真切给专利权人带来收益和给社会带来贡献。《专利法》第 26 条第 3 款"说明书应当对发明或者实用新型作出清楚、完整的说明，以所属技术领域的技术人员能够实现为准"，只有充分公开其发明创造才能有利于发明创造的推广应用；《专利法》第 21 条第 2 款"国务院专利行政部门应当加强专利信息公共服务体系建设，完整、准确、及时发布专利信息，提供专利基础数据，定期出版专利公报，促进专利信息传播与利用"，通过传播专利信息，减少重复研发活动、促进发明创造的实施应用。《专利法》第 22 条第 4 款"实用性，是指该发明或者实用新型能够制造或者使用，并且能够产生积极效果"，发明或者实用新型要能得以应用。《专利法》第 10 条第 1 款"专利申请权和专利权可以转让"，如果自己不方便实施应用可以给需要的人实施应用。《专利法》第 12 条"任何单位或者个人实施他人专利的，应当与专利权人订立实施许可合同，向专利权人支付专利使用费"，专利权人通过许可他人应用获得使用费，推动了专利权人对发明创造应用。

只有对专利权人的合法权益予以保护，给予他们的发明创造在一定期限内的特权，专利权人才愿意积极公开发明创造，保护才愿意公开，公开才予以保护。发明创造公开后，其他人可以减少不必要的重复研究，就有更多的精力去做新的发明创造。鼓励发明创造，推动发明创造的应用，使创新能力不断增强。增强创新能力，有利于建设创新型国家，提高综合国力。为了避免对创新能力产生阻碍，《专利法》第 56 条第 1 款规定"一项取得专利权的发明或者实用新型比前已经取得专利权的发明或者实用新型具有显著经济意义的重大技术进步，其实施又有赖于前一发明或者实用新型的实施的，国务院专利行政部门根据后一专利权人的申请，可以给予实施前一发明或者实用新型的强制许可。"如果在后专利的专利权人获得了专利权，却因为该专利技术尚处于另一项有效专利的保护范围之内，从而在后专利的专利权人无法实施其专利技术，会打击对新技术的开发。通过专利的强制许可，大家就可以放心进行新的开发，促进创新能力的提高。

"促进科学技术进步和经济社会发展"是最后一条宗旨，也是专利制度的终极目标。当今时代，人类正在走向一个高度科技化的新世纪。科学技术革命的进程，正以亘古未有的规模和速度，推动着整个人类社会的发展。以现代科技为制高点的综合国力的竞争是当今时代的一大潮流，从根本上说，一个国家的强弱及其在世界政治舞台上的地位，取决于该国经济和科技发展水平。《专利法》通过确立专有权激励发明创造，发明创造更多意味着社会知识、信息总量的增加，而这种知识资源对社会进步是非常重要的[1]。《专利法》的公开机制便利了发明创造信息的传播和发明创造的应用。《专利法》通过赋予专利权人的垄断权，还具有鼓励从事发明创造的投资和鼓励发明创造在获得专利后的商业化应用[2]。《专利法》这种"以垄断换取公开"的平衡机制确保了信息的交流和传播、便利和促进了科学技术的使用与扩散，并且在最终的意义上促进了一个国家的科技进步和经济的发展[3]。

---

[1]　冯晓青. 知识产权法目的与利益平衡研究 [J]. 南都学坛，2004（3）：77-83.

[2]　冯晓青. 知识产权法目的与利益平衡研究 [J]. 南都学坛，2004（3）：77-83.

[3]　冯晓青. 知识产权法目的与利益平衡研究 [J]. 南都学坛，2004（3）：77-83

第三章　涉及专利的国际条约

📖 **导读**

　　本章围绕专利相关条约展开了多方面论述。本章首先点明了条约是确定缔约方权利和义务关系的协议，其内容随时代发展不断拓展；其次阐述了因专利权客体的无形性及法律的地域性，致使专利权地域保护需要条约协调；再次介绍了以《巴黎公约》为开端，专利权在国外受保护的问题得以解决，世界知识产权组织（WIPO）也由此诞生，PCT进一步优化专利申请流程，减轻申请人负担；最后从"3R"理论说明了国家遵守条约的原因，强调了国家自身强大是条约强制执行力的保障。

一、条约的定义

　　如今国际社会上，很少再有完全封闭的国家。世界经济活动超越着国界，通过对外贸易、资本流动等方式使各国形成密切交往。两个或两个以上国家之间，或国家组成的国际组织之间，或国家与国际组织之间，都需要在政治、经济、科技、文化、军事等方面进行国际交往。既然要国际交往，就需要规则明确相互的权利和义务，而条约就提供了这样的规则。

条约，是指确定缔约方权利和义务关系的任何协议[①]，广义的不仅包含"条约"为标题的书面协议[②]，还包括专约、公约、协定、议定书、宪章、规约等其他名称的协议。随着时代的发展，条约涉及的内容从最开始的战争与和平问题逐步扩展到保护生态环境、打击恐怖主义[③]等各方面。

二、专利权地域保护需要条约协调

专利权的客体具有无形性，不同于有形物体，权利人对知识产权无法进行排他性控制，因为知识产权的客体一旦公开，任意人都可能对其进行利用。所以，专利权需要依赖法律赋予其专有性，即法律为拥有专利权人创设了一种前所未有的垄断利益，从而鼓励权利人，最终推动科技进步和经济发展。

专利权是依据一定国家的法律而产生的权利，但法律只是统治阶级进行阶级统治的工具，其有效范围是有地域边界的，对于主权国家，各自法律地位平等，没有义务接受其他任何国家之命令。这就导致了专利权只能在本国有效，具备了地域性。然而，专利权的无形性使其可以轻易跨越地域，在他国进行传播，打击了权利人的积极性以及有损知识输出国的利益。随着国际经济贸易的扩大，专利权地域性保护所展现的矛盾越发凸显，需要通过条约对知识产权国际保护进行协调。

---

① 朱清清. 国际条约在我国适用问题研究 [D]. 哈尔滨：黑龙江大学，2019.
② 车丕照.《民法典》颁行后国际条约与惯例在我国的适用 [J]. 中国应用法学，2020（6）：1-15.
③ 朱清清. 国际条约在我国适用问题研究 [D]. 哈尔滨：黑龙江大学，2019.

三、以《巴黎公约》为开端

随着世界市场的形成，国际贸易逐渐频繁，先进技术得以在国际贸易中扩散。虽然许多国家建立了专利制度，但只限于对本国人的专利保护。每个国家都担心对外国人予以专利保护，相应的国家可能不会给本国人予以专利保护，有失公平。如果大家都直接不给外国人的专利予以保护，输入到外国的专利产品就会遭到盗用和仿冒，给专利输出国及其企业带来经济损失，无法吸引先进的技术进入本国，影响国际经济交往的秩序。

由此，当时《巴黎公约》作为世界上第一个保护工业产权的国际公约呼之欲出。《巴黎公约》第 2 条第 1 款规定："本联盟任何国家的国民，在保护工业产权方面，在本联盟所有其他国家内应享有各该国法律现在授予或今后可能授予国民的各种利益。"其解决了专利权在国外可以受到保护的问题。

四、世界知识产权组织（WIPO）诞生

自 1883 年起，使一国国民的工业产权（发明、商标、工业品外观设计等）能在他国得到保护的《巴黎公约》诞生后，1886 年使其成员国国民的版权能在国际上得到保护的《保护文学和艺术作品伯尔尼公约》（以下简称《伯尔尼公约》）缔结。《巴黎公约》和《伯尔尼公约》均成立了国际局执行事务，1893 年，这两个国际局合并，成立了保护知识产权联合国际局。经过不断发展，1970 年后，《建立世界知识产权组织公约》生效，保护知识产权联合国际局变成了 WIPO。

1974 年，WIPO 通过谈判订立协定成为与联合国共事的自治组织，是联合国组织系统的一个专门机构，专门机构例如还有世界卫生组织、联合国教

育、科学及文化组织等。中国于 1980 年 6 月 3 日加入了 WIPO。1985 年《巴黎公约》对中国正式生效。

五、专利合作条约（PCT）

即便《巴黎公约》给申请人提供了 12 个月的时间去考虑要到哪些国家申请发明，但申请人仍需要分别提交多个不同国家或地区的专利申请才具有专利申请的效力，特别是考虑向为数众多的国家申请时，这段时长通常难以让申请人充分考量专利技术的实际应用成效，进而判断是否有必要在这些国家谋求专利保护。毕竟，在不同国家聘请当地律师、筹备精准的翻译材料，同时缴纳各类国家规定费用，不仅意味着一笔可观的资金支出，还会耗费大量的时间成本。

PCT 是一份拥有 150 多个缔约国的国际条约。通过 PCT，申请人只需提交一份"国际"专利申请①，即可以获取国际申请日，具备 PCT 所有缔约国的国家专利申请的效力，申请人通常可以有长达 30 个月的时间去考虑希望获得专利的国家（或地区）。解决了分别提交多个不同国家或地区的专利申请才能获得相应国家专利申请效力以及考虑时间不充分的问题。

而且只要国际申请符合 PCT 规定的形式要求，任何 PCT 缔约国的专利局在国家阶段处理中都不能以形式方面的理由予以驳回。其中的国际检索报告和书面意见给申请人决定下一步行动提供了坚实的参考，也减轻各专利局的检索和审查工作②。PCT 以《巴黎公约》为基石构建而成，其诞生旨在深化专利范畴内的国际协作，为全球专利合作开拓新局面，成为《巴黎公约》极具价值的延伸与拓展。

---

① 世界知识产权组织. 专利合作条约常见问题解答［EB/OL］.（2022-07-01）. https://www.wipo.int/export/sites/www/pct/zh/docs/faqs-about-the-pct.pdf.

② 世界知识产权组织. 专利合作条约常见问题解答［EB/OL］.（2022-07-01）. https://www.wipo.int/export/sites/www/pct/zh/docs/faqs-about-the-pct.pdf.

因此要在国外保护发明，中国申请人可以多一些选择：

直接途径：若符合当地要求，直接向外国（地区）申请。

《巴黎公约》途径：直接在中国申请，然后 12 个月优先权期限内，提优先权向外国（地区）申请。

PCT 途径：直接在中国申请 PCT（如果有优先权提请优先权），国际阶段之后进入外国（地区）。

六、专利相关条约的分类和管理

不同国家对专利权的保护有着很大的不同，具体体现在专利的取得、占有、使用、处分、利用等方方面面。为了大多数国家在专利保护方面能保持一定的一致性和高效性，各国根据自身利益需要，参与各类专利保护的国际条约。整体来说涉及专利的国际条约可以分为三类：实体性专利保护的条约，如《巴黎公约》等；便于在多国获得知识产权保护的条约，如《专利合作条约》等；建立相关国际分类的条约，如《国际专利分类斯特拉斯堡协定》（以下简称《斯特拉斯堡协定》）等。这些条约削弱了专利权地域性与国际保护之间的矛盾。

目前 WIPO 肩负着管理国际专利事务的任务，但并非所有与专利有关的条约都归 WIPO 管理。例如，中国于 2001 年正式加入 WTO，《与贸易有关的知识产权协定》（TRIPS）是 WTO 协定的组成部分，涵盖了专利权，引入争端解决机制，提高了全世界知识产权保护的水准，是迄今为止对各国专利法律和制度影响最大的国际条约。

七、条约的适用

条约的适用分为"转化"和"纳入"。"纳入"是缔约国一经签订条约，就在国内发生效力，典型国家有美国、荷兰、韩国等；"转化"是缔约国签订条约后，条约签订国需要履行一定的手续由国内立法机关将其转变为国内法才能在国内予以适用①。"纳入"式保护了条约的完整性，节约立法的繁琐，对于我国来说没有经过立法机关的重新立法核查，如果缔结主体是国务院时②，直接"纳入"将变相导致了行政权力的扩张。

虽然理论上国际条约经签署和批准后即可在我国国内生效，在司法实践中，法院却鲜有直接援引适用知识产权方面条约。法院一般援引其经转化后形成的国内立法的条约。

在国内法里，有的会直接规定国际条约与法律有不同规定的，适用国际条约。而且条约一定程度上推动着国内法的修订，例如中国于 2021 年 6 月 1 日正式实施了《专利法》的第四次修订，增加了保护局部外观设计，并将外观设计保护周期延长至 15 年，这些都是为了加入《海牙协定》所做出的准备工作。

八、遵守条约的原因

古兹曼的"3R"理论认为国家遵守条约是因为互惠、报复和声誉③。国家会根据成本和收益情况理性决定是否遵守条约，这是一个不断博弈过程。

---

① 朱清清. 国际条约在我国适用问题研究 ［D］. 哈尔滨：黑龙江大学，2019.
② 朱清清. 国际条约在我国适用问题研究 ［D］. 哈尔滨：黑龙江大学，2019.
③ 蒋力啸. 全球治理视角下国际法遵守理论研究 ［D］. 上海：上海外国语大学，2019.

如果遵守条约带来的短期或长期利益超过违反条约所付出的成本、代价，那么国家就会遵守。国际上不同于国内，没有强制机关逼迫国家强制遵守条约，国家主要依靠自身来实现履约。武力或以武力相威胁曾经是遵守条约强制力的重要手段①。现有国际社会还可以通过反措施、单独或集体自卫、国际组织的制裁、国际司法裁判等强制措施迫使违反条约者承担起国际法律责任②。然而，在无政府状态下的国际社会中，国家自身的强大是条约具有强制执行力的最终保障。

这里不得不说下软法，软法是指那些不具有法律约束力但对主体行为有指导和规范效果、人为设计的国际规范。软法对国家主权的限制较小，而在同等条件下，国家会选择对其主权限制最小的制度③。不具有法律约束力的软法更容易被国际组织或国家采纳，或许在国际社会上可以获得更大的发展空间。

---

① 蒋力啸. 全球治理视角下国际法遵守理论研究［D］. 上海：上海外国语大学，2019.
② 温树斌. 论国际法强制执行的法理基础［J］. 法律科学（西北政法大学学报），2010，28（3）：80-86.
③ 蒋力啸. 全球治理视角下国际法遵守理论研究［D］. 上海：上海外国语大学，2019.

第四章　专利制度中的权利本质

📖 导读

　　本章围绕专利权展开深度剖析。首先，明确专利权是私权。它作为知识产权的一种，兼具人身权与财产权属性，属民事权利范畴，受公权和人权限制，以平衡私人、公共与他人利益，做好利益平衡是专利制度实施的核心。其次，阐述专利权存在的正当性。基于洛克的"劳动价值学说"，体力与智力劳动所增益之物初始应归劳动者，随着经济发展，对智力劳动增益的技术信息主张权利成为必然，专利制度兴起与贸易紧密相关，应立法保护承认其正当性。最后，解析专利权客体。专利权客体是人、物、信息三元世界中的信息，具体为智力劳动所增益的技术信息，这一特性可解释专利权的客体非物质性、专有性、时间性和地域性。

一、专利权是私权

　　专利权是知识产权的一种。我国现行知识产权法律法规中，已构建以作品、专利、商标为客体的三大主流知识产权，除此之外地理标志、商业秘密等知识产权客体也在迅速发展。

　　WTO 管辖的 TRIPS 在开篇明义"认识到知识产权属私权"。我国《中华人民共和国民法典》（以下简称《民法典》）在民事权利部分，更是列举了知识产权的各类客体。私权的行使主体是公民、法人和其他组织，主要为了实现私人利益。民事权利又可以分为人身权（如人格权、身份权等）和财产权（如物权、债权等）。专利权既有人身权属性，如发明人的署名权，也有财产权属性，如专利的许可权。因此，专利权作为知识产权的一种，属于民事权利，民事权利属于私权的主要形式，在法律层面可以确定专利权是私权，是为了谋取私人利益。

与私权对应的是公权，公权的行使主体则是国家机关，主要为了实现公共利益。公权源于私权的让渡，公权保障私权的实现。专利权作为私权应受到公权的限制，避免私权无限扩张，影响公共利益。毋庸置疑，专利权促进了科技、经济的发展与繁荣，但专利权作为私权具有谋取私人利益最大化的趋势。在某种程度上，一旦私权和公共利益趋向不一致，二者之间的失衡便会显现。在利益的驱使下，权利人滥用专利权，排除、限制竞争屡见不鲜，例如在许可专利权时强制被许可人购买其他不必要的产品等。公权对专利权的限制在诸多法条中有所体现，例如将违反法律的发明创造排除在授予专利权之外、专利的强制许可等。

联合国发布的《世界人权宣言》提到"人人有权自由参加社会的文化生活，享受艺术，并分享科学进步及其产生的福利"，揭示了专利权作为知识产权应受到人权的限制，需要照顾他人利益。理论上来讲，所有的创新都是在前人的基础上进行的，作为回报，也应该照顾他人利益。专利制度中存在大量的合理使用权，某些专利权的利用行为不会被视为违法，例如专门为了科学研究和实验而使用有关专利等。合理使用权其实体现的就是专利权作为私权会受到人权限制的一个方面，权利人以外的他人有权享受专利权带来的福祉。

专利权是利益平衡下的私权，在公权和人权的框架下，不断寻求私人利益、公共利益和他人利益之间的平衡。私人利益、公共利益和他人利益并非完全独立，是既对立又统一的矛盾存在，时而交叉时而泾渭分明。总之，做好利益平衡是专利制度实施的前提，利益平衡是理解专利制度的核心。

二、专利权存在的正当性

洛克的"劳动价值学说"可以解释专利权存在的正当性。洛克认为，每个人都对他自己的人身享有一种所有权，他的身体所从事的劳动有所增益的东西正当地属于他，除他以外就没有人能够享有权利①。人的劳动可以分为体力劳动和智力劳动。不管是体力劳动还是智力劳动所增益的那个东西，在初始状态就应该属于付出劳动的那个人。体力劳动所增益的那个东西，就是以物的形式呈现，我们所主张的即以物权为主的权利。智力劳动所增益的那个东西，就是以信息的形式呈现，我们所主张的即以知识产权为主的权利。专利权作为知识产权，保护的主要是技术信息，和物权一样，都是主张其劳动所增益的东西有关的权利，均具有存在的正当性。

在原始社会，物资匮乏，人类为了满足对物的占有与利用，争斗不断。随着人类社会的发展，欲望也随着物的丰富愈发膨胀，这种争斗显得更加普遍。为了定分止争，解决"物质有限，欲望无限"带来的困境，物权法有了出现的必要。物权法调整人与人之间对于特定物的支配关系，从而形成人对物的支配秩序，减少纷争。这种明确物权的秩序，激发了人们创造财富和获取财富的热情。物具有唯一性，无法同时被多人占有，所以针对物的斗争早在原始社会就出现，物权也成为较早出现的传统权利。但技术信息不同于物，技术信息具有无形性，无体不灭、自由流动。任何获取技术信息的人，理论上都可以不用再付出额外的智力劳动，直接享受技术信息所带来的福利。由于技术信息可以被无数个人同时占有，他人享受技术信息的同时，付出劳动那个人并不会明显感觉到失去什么。然而随着经济发展、贸易频繁，这种失去的感觉就会凸显。付出智力劳动的人不会由于其智力劳动增益技术信息，其产品就更具有竞争优势，因为他人未付出智力劳动也生产了同样的产品，

---

① 洛克. 政府论：下篇 [M]. 叶启芳，瞿菊农，译. 北京：商务印书馆，1964：35.

而且价格更低。此时，针对智力劳动所增益的技术信息，就产生了主张权利的必要。我们也能够理解专利制度的兴起离不开贸易。

为了让付出智力劳动的人对其劳动所增益的技术信息享有权利，进行排他性的控制，成为法律意义上的私权，必须承认专利权存在的正当性，进行立法保护。

三、专利权客体是智力劳动所增益的技术信息

智力劳动一旦付出，劳动本身就消失了，所产生的有价值的东西，其实只有通过智力劳动形成的痕迹，也就是信息来体现。事实上，人、物、信息构成我们理解的三元世界，我们人类所需的新东西不外乎在某个物上施加体力劳动产生另一个物或在某个信息上施加智力劳动产生另一个信息。体力劳动和智力劳动使人、物、信息相互作用，满足人的需求。专利权客体绝非人，因为人是专利权行使的权利主体。专利权客体也绝非物，因为我们主张权利的对象不具有客观物理世界的唯一性。我们所主张权利的对象携带有某种特质，换句话说，但凡是携带有这种特质的东西，不论数量多少，我们都可能主张权利。这种特质凝聚了我们的智力劳动，人通过获得、识别这个特质，得以改造世界。这种特质能够被感知而又不同于物的唯一性，其具化后只能是信息。所以专利权客体是智力劳动所增益的一种信息。

我们可以进一步分析专利三种类型的定义，得出专利权客体是智力劳动所增益的技术信息这一结论。专利权的客体中，发明和实用新型本质是技术方案，技术方案是用于解决技术问题的技术信息的堆积，外观设计是形状、图案、色彩等设计信息的堆积。但所有技术信息并非都可以成为专利权客体，例如公有领域的技术信息不能被私人垄断，否则将导致私人利益、公共利益和他人利益之间的失衡。所有智力劳动所增益的技术信息也并非都可以成为专利权客体，例如有价值的技术信息一旦被创造，后来者的智力劳动所创造的技术信息显得更无用了，不能也不该给予专利权。

专利权客体是智力劳动所增益的技术信息，本身也能够解释专利权的四个特性，即客体非物质性、专有性、时间性和地域性。因为技术信息本身不同于物，具有非物质性，所以专利权具有客体非物质性，不发生有形占有、有形损耗、有形消灭和有形交付。我们曾提到专利权是私权，和物权一样受法律保护，只不过专利权是对技术信息有关权利的保护，具有专有性。正因为技术信息无体不灭，一般都会给权利设定一个时间期限，以保证私人利益、公共利益和他人利益之间平衡。设立专利权的目的是嘉奖我们的智力劳动所做出的贡献，以便于更多的智力劳动推动社会的进步和文明的璀璨。在有限的时间里给予权利人垄断利益，足以弥补权利人付出的智力劳动和起到嘉奖的作用。如果权利没有时间期限，将阻碍信息进入共有领域，损害他人利益和公共利益。所以时间性是专利权的重要特性，人为规定了权利的寿命，用来平衡专有性。技术信息所表达的智力成果能够成为财产，来自法律的规定，是法律创设的前所未有的财产权形式。法律是主权者意志的体现，而主权者无法在非主权地区展示意志。因而专利权是否受保护，受何种保护，取决于当地的法律，地域性便凸显出来。另外，技术信息可以随着贸易自由流动，随着互联网的发展，这种自由流动可以轻易跨过地域限制，并趋于频繁。为了克服专利权地域性矛盾，各类专利权国际保护条约接踵而至。

第五章　专利制度中的利益平衡

📖 **导读**

　　本章从定义、专利权归属、专利权取得的模式、专利权的期限长短、权利的限制等方面，深入阐述了专利制度中利益平衡的关键作用，帮助大家更好地理解专利立法原理。

　　对于私人来说，寻求私人利益时需要明确哪种智力劳动所增益的技术信息是可以受到保护的，也需要知晓这种客体和其他知识产权客体有何不同。因此，《专利法》第2条对三种专利作出了明确定义。但这种定义对事物所做出的描述往往是概括性的，全部给予私权难免会将有损于他人利益和公共利益的内容涵盖在内。为了做好利益平衡，需要将符合客体定义的某些情况排除在保护客体之外。例如《专利法》对原子核变换方法不授予专利权，因为关系到国家的经济、国防、科研和公共生活的重大利益，不宜为私人垄断，确保专利制度中的利益平衡。

　　专利权主体是专利权人，谁是专利权人是专利制度必须明确的问题。若没有做好利益平衡，给予不适当的人以权利，势必造成权利归属的混乱，无法起到鼓励和嘉奖的作用。一般来说，谁的智力劳动有所增益的东西就归属谁，但专利权和物权一样，往往无法让多个主体拥有同样的权利，此时便需要对专利权主体进行协调。专利先申请制就是对该问题予以解决的方法，如果单纯地以谁的智力劳动有所增益的东西就归属谁，那谁也不愿意及时公开，社会就无法尽快享受该技术带来的福利，在某些情况下会导致私人利益与他人利益的失衡，立法对利益进行协调将不可避免。特别是执行本单位的任务等情况，自然人的智力劳动所增益的东西是有限的，必须在本单位提供的资源基础上，产出专利权。换句话说，本单位提供的资源才是专利权产出的主因，此时必须对私人利益与他人利益进行协调，明确何种情况属于私人、何种情况属于他人等。还有委托和合作等采用社会劳动分工和资源互补的方式产出专利权，在专利权的归属问题上也需要进行私人利益与他人利益的协调，必要时可以考虑二者进行合同约定，这也是尊重各自私权的体现。

专利权取得的模式也处处体现了利益平衡。要想获得专利权，需要申请人进行专利申请，国家机关进行审查，认为符合规定的进行公告授予专利权，而且同样的发明创造只能授予一项专利权。在这个过程中，投入了公共资源进行审查，保证了专利权的绝对专有性，同时也保证了他人的可预见性。虽然牺牲了小部分公共利益，但同时维护了私人利益和他人利益。专利权的绝对专有性让私权更加垄断，私人利益得到极度满足，而他人利益却没有得到完全照顾，为了维持私人利益和他人利益的平衡，私人利益需要让步，即提高了创新要求，增加了获权难度，保护了他人在某种程度上的自由利用，以此照顾到他人利益。专利授权一般是需要缴纳费用的，例如专利申请费、专利年费等。因为在审查这些专利过程中，需要公共开支，牺牲了小部分公共利益，而主要受益的是私人利益，所以私人要对其进行弥补，支付一定的费用，实现私人利益和公共利益的平衡。同时，由于费用的存在，专利申请人不会轻易地冒险去获得和维持专利权，给了他人在一定范围内的自由利用，实现私人利益和他人利益的平衡。

专利权的期限长短，也是利益平衡的结果。专利权的期限过长，私人获得的回报越多，越能鼓励投入创造，但他人自由利用的时机越晚，推迟了智力成果在社会全面运用。专利权的期限过短，会打击私人进行创造的积极性，但他人可以更早地利用智力成果，加快了智力成果在社会全面运用。专利权需要综合考虑期限长短对私人利益、公共利益和他人利益的影响，寻找合适的平衡点。

专利权作为私权，受到法律保护，具有正当性。鉴于私权具有扩张的本能，需要限制权利的肆意扩张，避免私人利益对公共利益和他人利益的侵犯。

基于此，首先，专利权的保护应有合理的边界，使公众知晓保护范围是什么、什么是侵权行为、侵权后应承担何种法律责任等，保证私人利益的实现以及他人对侵权的可预见性。其次，在肯定专利权专有性保护的同时还应照顾到他人利益和公共利益，对权利予以限制。最后，还需要严格防止专利权的滥用。

第二部分　流程

第六章 专利申请实操流程

📖 **导读**

本章首先详述了专利申请流程，从技术研发起步，历经专利挖掘、交底书撰写、申请前评估、布局等环节，向国知局提交文件后，经历严格的审查，可能面临授权、驳回；接着阐述了申请专利的诸多好处，对个人而言有助于落户、评职称、就学就业等，更重要的是能保护创新技术占领市场，可转让、许可获取高额回报，还能用于质押融资、作价入股，助力企业上市，同时有利于企业申报高新技术企业等项目，获得奖励、补助与项目结题等；最后强调了申请专利要遵循诚信原则，以真实发明创造为基础。

一、申请流程

（一）技术研发

专利是对我们创新成果进行保护的一种知识产权类型，包括对产品的结构、材料、方法、外观多层面的保护，申请专利前首先需要有创新成果，而创新成果通常来源于技术研发。专利之所以能够推动科技进步，并转化为生产力，正是因为其所研发的技术解决了技术问题，并且产生预期的技术效果，当他人遇到同样技术问题的时候，可以减少不必要的重复研究，就有更多的精力去开发新的发明创造，使创新能力不断提高。

（二）专利挖掘

技术研发会产生大量的技术信息，并不是都能够直接去申请专利的，需要对所取得的创新成果进行剖析、整理、拆分和筛选，从而确定创新点以及用以申请专利的技术方案或设计。

（三）技术交底书

技术交底书是发明人和他人（特别是专利代理师）之间用于技术交流的文件，其主要作用是将发明创造告知他人，使他人能够理解发明创造，便于发明人与他人协作完成专利申请。

（四）专利申请前评估

专利申请前评估可以对发明创造进行分析、评价，并形成结论，确保申请前的合规操作和风险防控，减少低质量专利的数量，汇聚更多的资源去支持高质量专利的培育和转化。

（五）专利布局

创新主体结合自身、市场、法律等相关因素，对专利加以分析整合，在时间、地域、申请人、领域等维度进行系统筹划，布置专利申请，有利于合理地进行专利申请，节约成本，形成严密的专利保护网络，提高专利的整体价值，建立专利攻防体系，形成竞争优势。

（六）撰写申请文件

若申请发明或实用新型专利，需备好请求书、详细阐述发明创造内容的说明书及其概括性摘要，还有明确权利范围的权利要求书等材料。特别要注意，实用新型专利申请材料中，附图是不可或缺的部分。要是申请外观设计专利，则需准备好请求书，能清晰展示外观设计的图片或照片，以及对该外观设计进行简要说明的相关文件。委托专利代理机构的应当同时准备委托书。符合费减政策的，提前办理费减。撰写申请文件的难点就是如何把想法转化成语言文字，能够让审查机关和社会公众理解，否则就无法得知我们作出的贡献以及要授予我们什么样的技术垄断。

（七）国知局受理

向国知局提交专利申请文件，符合要求的，国知局明确申请日、给予申请号，发送《专利申请受理通知书》《缴纳申请费通知书》或《收费减缴审批通知书》。不符合规定的，不予受理。申请费应在规定时间内缴纳，具体期限有两种情况：一是从申请日开始计算，2个月内完成缴纳；二是若已收到受理通知书，需在收到通知书之日起15日内完成缴费，以最晚的时间为截止期限。而且需要在该期限内缴纳的费用有优先权要求费（若有）、申请附加费（若有）以及发明专利申请的公布印刷费。

（八）初步审查

初步审查主要指对申请文件的形式审查、明显实质性缺陷审查、费用的审查等。若未能在指定时间内足额缴纳申请费，涵盖公布印刷费、申请附加费等相关费用，该专利申请将按撤回处理。对于申请文件存在可以通过补正克服缺陷的专利申请，审查员发出补正通知书，同时指定答复期限。对于申请文件存在不可能通过补正方式克服的明显实质性缺陷的专利申请，审查员应当发出审查意见通知书，同时指定答复期限[①]。

（九）补正或答复审查意见

申请人在收到补正通知书或者审查意见通知书后，应当在指定的期限内补正或者陈述意见。申请人期满未答复的，审查员应当根据情况发出撤回通知书或者其他通知书[②]。

---

① 国家知识产权局. 专利审查指南 2023 ［M］. 北京：知识产权出版社，2024.
② 国家知识产权局. 专利审查指南 2023 ［M］. 北京：知识产权出版社，2024.

（十）公布

专利局收到发明专利申请后，经初步审查认为符合《专利法》要求的，自申请日起满 18 个月，即行公布。专利局也可以根据申请人的请求早日公布其申请①。

（十一）实质审查

公布后进入实质审查程序②。对发明专利申请进行实质审查的目的在于确定发明专利申请是否应当被授予专利权，特别是确定其是否符合《专利法》有关新颖性、创造性和实用性的规定。检索是发明专利申请实质审查程序中的一个关键步骤，其目的在于找出与申请的主题密切相关或者相关的现有技术中的对比文件，或者找出抵触申请文件和防止重复授权的文件③。审查员对申请进行实质审查后，通常以审查意见通知书的形式，将审查的意见和倾向性结论通知申请人④。答复第一次审查意见通知书的期限为 4 个月。再次审查意见通知书指定的答复期限为 2 个月。实质审查费的缴纳期限是自申请日（有优先权要求的，自最早的优先权日计算）起 3 年内⑤。

（十二）授权

实用新型和外观设计专利申请经初步审查没有发现驳回理由的，发明专利申请经实质审查没有发现驳回理由的，由国务院专利行政部门作出授予专利权的决定，发给专利证书，同时予以登记和公告⑥。专利权自公告之日起生效。授权当年年费的缴纳期限是自申请人收到专利局作出的授予专利权通知

① 国家知识产权局. 专利审查指南 2023 ［M］. 北京：知识产权出版社，2024.
② 国家知识产权局. 专利审查指南 2023 ［M］. 北京：知识产权出版社，2024.
③ 国家知识产权局. 专利审查指南 2023 ［M］. 北京：知识产权出版社，2024.
④ 国家知识产权局. 专利审查指南 2023 ［M］. 北京：知识产权出版社，2024.
⑤ 国家知识产权局. 专利审查指南 2023 ［M］. 北京：知识产权出版社，2024.
⑥ 中华人民共和国全国人民代表大会常务委员会. 中华人民共和国专利法［EB/OL］.（2020-11-19）［2021-06-01］.http://www.npc.gov.cn/npc/c2/c30834/202011/t20201119_308800.html.

书和办理登记手续通知书之日起 2 个月内①。

（十三）驳回

初步审查中，申请文件存在明显实质性缺陷的，在审查员发出审查意见通知书后，经申请人陈述意见或者修改后仍然没有消除的，或者申请文件存在形式缺陷，审查员针对该缺陷已发出过两次补正通知书，经申请人陈述意见或者补正后仍然没有消除的，审查员可以作出驳回决定②。实质审查中，通常在发出一次或者两次审查意见通知书后，审查员就可以作出驳回决定③。

（十四）专利复审

复审程序是因申请人对驳回决定不服而启动的救济程序，同时也是专利审批程序的延续④。复审费的缴纳期限是自申请人收到专利局作出的驳回决定之日起 3 个月内⑤。

（十五）专利无效

任何单位或者个人认为专利权的授予不符合规定的，可以请求国务院专利行政部门宣告该专利权无效⑥。无效宣告请求费的缴纳期限是自提出相应请求之日起 1 个月内⑦。

（十六）行政诉讼

专利申请人对国务院专利行政部门的复审决定不服的，可以自收到通知之日起 3 个月内向人民法院起诉。对国务院专利行政部门宣告专利权无效或

---

① 国家知识产权局. 专利审查指南 2023［M］. 北京：知识产权出版社，2024.
② 国家知识产权局. 专利审查指南 2023［M］. 北京：知识产权出版社，2024.
③ 国家知识产权局. 专利审查指南 2023［M］. 北京：知识产权出版社，2024.
④ 国家知识产权局. 专利审查指南 2023［M］. 北京：知识产权出版社，2024.
⑤ 国家知识产权局. 专利审查指南 2023［M］. 北京：知识产权出版社，2024.
⑥ 中华人民共和国全国人民代表大会常务委员会. 中华人民共和国专利法［EB/OL］.（2020-11-19）［2021-06-01］.http://www.npc.gov.cn/npc/c2/c30834/202011/t20201119_308800.html.
⑦ 国家知识产权局. 专利审查指南 2023［M］. 北京：知识产权出版社，2024.

者维持专利权的决定不服的，可以自收到通知之日起 3 个月内向人民法院起诉[①]。

以上流程见图 6-1。

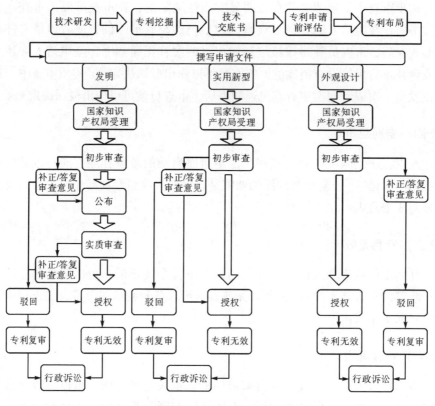

图 6-1　专利申请流程

① 中华人民共和国全国人民代表大会常务委员会. 中华人民共和国专利法［EB/OL］.（2020-11-19）［2021-06-01］.http://www.npc.gov.cn/npc/c2/c30834/202011/t20201119_308800.html.

二、申请专利的好处

专利作为一种无形资产，具有巨大的商业价值。其价值最本质的来源，是法律赋予专利权人合法的技术垄断，即未经专利权人许可，不得实施其专利，否则侵犯其专利权，需承担法律责任。但为了加快《专利法》立法宗旨的实现，会有大量政策来引导专利申请，进而将申请专利的好处扩展到方方面面。申请专利有诸多好处。具体有：

（一）保护创新技术，占领市场

例如智能音箱市场自 2014 年诞生以来快速增长，主要由小米、百度和天猫精灵等品牌占据。北京小米移动软件有限公司为小爱同学智能音箱申请了外观设计专利。如果没有进行专利保护，很快就会引来一大批仿造者。继 2016 年全面放开"二孩"政策之后，2021 年中国正式放开了"三孩"政策，无疑对奶粉行业容量的扩大有助推作用。内蒙古伊利实业集团股份有限公司的模拟母乳的奶粉配方申请了发明专利。该专利获得第十六届中国专利奖优秀奖。伊利金领冠把母乳方面的研究形成的奶粉配方进行发明专利保护，成为业内拥有最多中国专利配方的婴幼儿配方奶粉品牌，增强了伊利的市场竞争力。格力和奥克斯伐交频频，专利战成为市场竞争的主战场，赔偿数额不断增加，没有申请专利，意味着企业少了攻城略地的武器。

（二）转让、许可专利，获取高额回报

有人认为我们也不生产相关技术的产品，即便有相应技术也没有保护的必要吧？其实，在没有商品化能力或没有商品化必要的情况下，我们可以将相应技术申请专利后予以转让或许可，获取转让或许可费用。例如 2017 年，山东理工大学创造了一项中国高校专利转让纪录。毕玉遂团队研发了无氯氟聚氨酯新型化学发泡剂，山东理工大学与补天新材料技术有限公司签订专利

技术独占许可协议，价值 5 亿元[①]。2024 年，山东第一医科大学与河南赛尔金生物医药科技有限公司签订"治疗非酒精性脂肪性肝炎（NASH）新药"专利转让协议，协议金额高达 2.04 亿元。该专利技术由解维林教授团队研发，专注于 THRβ 激动剂这一靶点，填补了该领域长期无药可用的空白[②]。曾经一度销声匿迹的诺基亚通过专利许可影响着手机市场的格局，2022 年诺基亚仅专利许可相关收入就高达 15.95 亿欧元，利润高达百亿元人民币。

（三）专利质押，获得融资

中小型的高新企业往往资金欠缺，融资需求较大，而专利具有财产权属性，日渐成为一种融资的工具和手段。例如，湖北枫树线业有限公司是国内著名的缝纫线制造企业，2024 年，湖北枫树线业有限公司通过专利权质押获得中国银行股份有限公司鄂州分行 1.25 亿元的融资，解决了其资金的迫切需求。

（四）专利作价入股，获得股权

例如，2019 年，南开大学化学学院李伟教授为发明人的金基无汞催化剂专利组合作价 1.05 亿元入股内蒙古海驰精细化工有限公司，该技术以绿色高效的无汞催化剂取代了有害的汞催化剂，为行业低碳、环保、可持续发展注入新动能[③]。

（五）企业上市，扫清障碍

企业上市过程中，不仅有各种考核指标及法律规定要求，在专利方面也有着严格的要求。尤其是科技类企业，其知识产权的核心"专利权"，对企业

---

① 王建高，周荣顺. 5 亿元买个"补天"成果，值! 新型聚氨酯化学发泡剂可减少数十亿吨二氧化碳排放［EB/OL］.（2018-11-15）.https://digitalpaper.stdaily.com/http_www.kjrb.com/kjrb/html/2018-11/15/content_408102.htm.

② 山东第一医科大学（山东省医学科学院）. 重磅! 山东第一医科大学一项目成果转化 2.04 亿元［EB/OL］.（2024-07-05）.https://www.sdfmu.edu.cn/info/1076/58246.htm.

③ 谷业凯. 点燃专利产业化的加速器［EB/OL］.（2024-04-24）.https://baijiahao.baidu.com/s? id=1797177325685919495&wfr=spider&for=pc.

发展和顺利上市至关重要。一旦疏忽，很可能给整个 IPO 过程造成难以挽回的损失。例如，2017 年，永安行公司在上市路演前夕，因自然人顾某起诉专利侵权，永安行公司不得不决定暂缓股票发行工作。计划 2019 年上会审核的海天瑞声撤回申请材料，申报材料显示，海天瑞声还没有一项发明专利，其对专利的重视得太晚了。《上海证券交易所科创板企业发行上市申报及推荐暂行规定（2024 年 4 月修订）》规定"第六条支持和鼓励科创板定位规定的相关行业领域中，同时符合下列 4 项指标的企业申报科创板发行上市：（三）应用于公司主营业务并能够产业化的发明专利 7 项以上"①。可见企业上市，还应重视专利申请工作。

（六）有助于落户、评职称、就学、就业、名誉积累

例如《广州市积分制入户管理办法》规定"近 5 年获得授权的有效专利且授权时的地址为广州市辖区的专利发明人，按以下标准给予计分：属发明专利的，每项专利按 20 分/（人数）计算，最高不超过 40 分"②，浙江省人力资源和社会保障厅发布的《浙江省高层次创新型人才职称"直通车"评审办法》指出"获得授权发明专利 4 项（皆为第一发明人）以上，并实施转化，取得显著的经济或社会效益，可直接申报正高级职称"③。申请过专利的个人，足以看出其具有一定的知识产权保护意识以及具有一定的创新能力，容易找工作以及被提拔重用，获得高薪和晋升，而且有助于个人荣誉积累，打造个人宣传品牌。

---

① 上海证券交易所. 关于发布《上海证券交易所科创板企业发行上市申报及推荐暂行规定（2024 年 4 月修订）》的通知［EB/OL］.（2024 – 04 – 30）. https：//www. sse. com. cn/lawandrules/sselawsrules/stocks/review/firstepisode/c/c_20240430_10753896. shtml.

② 广州市人民政府办公厅. 广州市人民政府办公厅关于印发广州市积分制入户管理办法的通知［EB/OL］.（2023 – 01 – 11）. https：//www. gz. gov. cn/zwgk/zdly/tjmxzylhrydfwgk/wjgk/content/post_9245765. html.

③ 浙江省人力资源和社会保障厅. 浙江省人力资源和社会保障厅关于印发《浙江省高层次创新型人才职称"直通车"评审办法》的通知［EB/OL］.（2021-07-26）［2024-11-06］.https：//rlsbt.zj.gov.cn/art/2021/7/26/art_1229506771_2312277. html

（七）有助于申报高新技术企业、专精特新企业等项目

高新技术企业、专精特新企业不仅大大提升企业知名度，还可以享受资金奖补及税收优惠等多项优惠政策。《高新技术企业认定管理工作指引》规定"高新技术企业认定中，对企业知识产权情况采用分类评价方式，其中：发明专利（含国防专利）等按Ⅰ类评价；实用新型专利、外观设计专利等按Ⅱ类评价。1项及以上（Ⅰ类）加7~8分，5项及以上（Ⅱ类）加5~6分，3~4项（Ⅱ类）加3~4分，1~2项（Ⅱ类）加1~2分"[①]。《四川省优质中小企业梯度培育管理实施方案》中专精特新中小企业认定标准规定"Ⅰ类高价值知识产权1项以上加10分，自主研发Ⅰ类知识产权1项以上加8分，Ⅰ类知识产权1项以上加6分，Ⅱ类知识产权1项以上加2分。"Ⅰ类知识产权"包括发明专利（含国防专利）等，"Ⅱ类知识产权"包括授权后维持超过2年的实用新型专利或外观设计专利等"[②]。除了申报高新技术企业、专精特新企业等项目，大部分知识产权口的项目也都需要专利的支撑，提前储备好专利，才能确保后续项目顺利拿下。

（八）有助于获得奖励、补助、项目结题

《专利法》规定"被授予专利权的单位应当对职务发明创造的发明人或者设计人给予奖励；发明创造专利实施后，根据其推广应用的范围和取得的经济效益，对发明人或者设计人给予合理的报酬"。《四川省专利实施与产业化激励办法》规定"省人民政府按规定设立四川省专利实施与产业化奖，每年评选一次，对四川省行政区域内专利实施与产业化取得显著经济效益、社会效益、发展前景好的企事业单位给予资助激励"。部分地区申请专利还可以获得当地政府补贴，具体需要看当地政策。另外，专利作为科技成果的主要形

---

① 科技部，财政部，国家税务总局. 科技部财政部国家税务总局关于修订印发《高新技术企业认定管理工作指引》的通知[EB/OL].（2016-06-29）[2024-11-06].http://www.innocom.gov.cn/gqrdw/c101630/201606/f57347ce8654428e9642104ebee6390b.shtml.

② 四川省经济和信息化厅. 关于印发《四川省优质中小企业梯度培育管理实施方案》暨做好2022年第四季度创新型中小企业申报工作的通知[EB/OL].（2022-10-19）[2022-10-19].https://jxt.sc.gov.cn/scjxt/wjfb/2022/10/19/f5f16b1de8dd4301a853ec7b5dbdc8d1.shtml

式，还是众多项目结题的指标之一。

这些好处都直接或间接推动国人去申请大量专利。放眼全球，2024年世界专利有效量排名第二的华为技术有限公司全球有效专利高达13万件，专利最核心的好处依然是保护创新技术，产生垄断利益。高通为什么能够在3G、4G时代成为游戏规则制定者？华为为什么能够向苹果、三星等巨头公司收取专利许可费？这些都离不开专利作为一种无形资产，所具有的巨大的商业价值。值得注意的是，申请专利应当遵循诚实信用原则，提出各类专利申请应当以真实发明创造活动为基础，不得弄虚作假①。

---

① 国务院. 国务院关于修改《中华人民共和国专利法实施细则》的决定［EB/OL］.（2023-12-21）.https://www.gov.cn/zhengce/zhengceku/202312/content_6921634.htm.

第七章　专利信息检索实操流程

🕮 **导读**

　　本章深入解析了专利信息检索知识。本章首先指出了检索在生活工作中无处不在，专利信息检索原理与常规信息检索类似，旨在从海量专利文献中筛选含特定信息的文献；其次介绍了专利文献，帮助理解专利检索的对象；再次详细阐述了专利信息特征，涵盖技术内容、人（单位）、地域、号码、日期等多个维度，指出不同特征各有其检索意义与应用场景；最后讲解了专利检索的详细流程步骤。

一、走进专利信息检索

（一）检索无处不在

　　在我们的生活和工作中，检索无处不在。

　　当想要吃美食时，我们会打开美团 App，通过美食类别来检索火锅、串串，或者其他美食。我们还可以通过距离、好评、价格等对美食店铺进行检索。当想要购物时，我们会打开淘宝或者京东，输入商品的名称，再通过销量、信用、价格等对商品进行检索。

其实不管是餐饮还是商品，本质上都是对信息进行检索，只是对象有所不同。为什么一定要检索？因为信息太多了，多到无法直接找到我们的目标信息。所有能够检索的信息都有各自的信息特征，以使信息和信息之间存在区别。我们会告诉系统我们目标信息所具备的信息特征，然后检索出我们想要的目标信息。

所以，检索的关键就在于是否能够准确地总结出目标信息所具备的信息特征。如果这个信息特征越独有，信息数量会越少，那么检索到目标信息的效率就会越高。这也是为什么有些人擅长论文检索，有的人擅长淘宝购物检索，因为大家对各自的目标信息了解程度以及经验有所不同，从而对目标信息所具备的信息特征总结精辟程度有所不同。

总的来说，在海量的信息社会里，检索是满足我们生活和工作需要所无法避免的事。

（二）专利信息检索的概念

专利信息检索，是指根据一项或数项特征，从大量的专利文献或专利数据库中挑选符合某一特定要求的文献或信息的过程[1]。

专利信息检索和普通的信息检索原理是一样的，只不过对象变成了专利文献。那专利信息检索的关键就在于是否能够准确地总结出目标专利义献所具备的信息特征。

截至 2025 年 1 月 1 日，全球公开的专利文献数量高达 1.9 亿件（一件专利申请不同阶段可能有多件专利文献），其中专利五局（国家知识产权局、美国专利商标局、欧洲专利局、日本特许厅、韩国特许厅）[2] 公布或公告的专利文献占全球专利文献的比例高达 67%。如此海量的专利文献，要获得目标专利文献，专利信息检索是有必要的。

这些专利文献数据中，蕴藏着巨大的竞争情报信息。据 WIPO 统计，专

---

① 彭文辉，于化鹏. 以项目为牵引开展专利检索浅析：以水下无人平台导控系统为例［J］. 教育现代化，2018，5（19）：192-196，199.

② 李笑曼，王文月，臧明伍，等. 基于科技创新成果现状的我国食品产业科技创新能力分析［J］. 食品科学，2022，43（15）：345-356.

利文献记载了人类 90% 以上的新技术信息。专利文献中公开的技术信息几乎涉及人类生活活动的全部技术领域。为了利用好这些情报信息，我们可以开展新技术立项、专利布局、技术引进和出口、新产品上市、人才引进、企业上市和并购等众多专利导航工作。专利信息检索是开展这些工作中必不可少的环节。

（三）专利信息检索的目标

专利信息检索的目标即方便快捷地检索、获取专利文献。专利信息检索虽然有一定的检索套路，但我们需要明白的是"兵无常势，水无常形"。只要能够检索、获取专利文献，就是正确的专利信息检索，但正确的路径有很多，有的繁琐、有的便捷，所以采用方便快捷的方式来检索、获取专利文献，就是更高效的专利信息检索。

二、专利文献

（一）专利文献的概念

专利文献，是指各国家、地区、政府间知识产权组织在审批专利过程中按照法定程序产生的出版物，以及其他信息机构对上述出版物加工后的出版物①。专利申请在法定程序中予以公布或公告产生各种专利文献，主要包括公布的专利申请文件和公告的授权专利文件。

以国家知识产权局为例，任何单位或者个人向国家知识产权局提交专利申请文件，要求对其发明创造授予专利权的请求，国家知识产权局受理专利申请后对专利申请进行分类。发明专利申请经初步审查合格后，自申请日（或优先权日）起 18 个月期满时公布或根据申请人的请求提前进行公开公

---

① 那英. 全球主要专利信息数据资源及其应用 [J]. 数字与缩微影像，2017（1）：32-36.

布①，由此产生了公布的专利申请文件。发明专利申请经实质审查没有发现驳回理由的，实用新型和外观设计专利申请经初步审查没有发现驳回理由的，国家知识产权局作出授予专利权的决定，同时予以公告，由此产生了公告的授权专利文件。事实上，专利申请人对国家知识产权局驳回申请的决定不服的，可以向国家知识产权局请求复审，任何单位或者个人认为该专利权的授予不符合有关规定的，可以请求国家知识产权局宣告该专利权无效等程序也会产生系列专利文献②。

发明和实用新型专利申请文件、授权专利文件一般包括扉页、权利要求书和说明书③。

（二）扉页

扉页是专利文献的第一页，由著录事项、摘要、摘要附图组成④，说明书无附图的，则没有摘要附图。扉页记载了专利文献基本信息。

著录事项包括专利文献标识、专利文献名称、公布或公告专利文献的国家机构名称、申请号、申请日、优先权数据、本国优先权数据、申请公布日、授权公告日、国际专利分类、发明名称、对比文件、申请人、发明人、专利权人、专利代理机构及代理人等。著录事项可以更准确、清晰地标识专利文献，方便后续对专利文献便捷地存储、检索、获取。

专利文献著录项目的名称有一个相应的国际承认的（著录项目）数据识别代码［internationally agreed numbers for the identification of（bibliographic）data，简称"INID 代码"］。"INID 代码"为易于识别和查找专利文献的著录项目内容，便于计算机存储与检索。这种代码由圆圈或括号所括的两位阿拉伯数字表示。所以，我们即使阅读外文专利文献，也可以通过"INID 代码"快速获取专利文献的基本信息。例如：（10）专利文献标识、（21）申请号、

---

① 国家知识产权局. 专利审查指南 2023［M］. 北京：知识产权出版社，2024.

② 中华人民共和国全国人民代表大会常务委员会. 中华人民共和国专利法［EB/OL］.（2020－11－19）［2021－06－01］.http://www.npc.gov.cn/npc/c2/c30834/202011/t20201119_308800.html.

③ 国家知识产权局. 专利审查指南 2023［M］. 北京：知识产权出版社，2024.

④ 国家知识产权局. 专利审查指南 2023［M］. 北京：知识产权出版社，2024.

（22）申请日、（51）国际专利分类、（54）发明或实用新型名称、（56）对比文件、（71）申请人、（72）发明人、（73）专利权人等。

摘要文字部分一般会写明发明的名称和所属的技术领域，反映所要解决的技术问题、技术方案的要点以及主要用途。说明书有附图的，申请人一般提交一幅最能说明该发明技术方案主要技术特征的附图作为摘要附图[①]。摘要是说明书的概括和提要，其作用是使公众通过阅读简短的文字，就能够快捷地获知发明创造的基本内容，从而决定是否需要查阅全文。通过摘要进行检索，专利文献相关性一般更强，准确度更高，可以排除大量无关专利文献的干扰，但也容易遗漏部分有关专利文献。

（三）说明书

说明书一般包括技术领域、背景技术、发明内容、附图说明、具体实施方式、说明书及附图等部分。说明书及附图主要用于清楚、完整地描述发明或者实用新型，使所属技术领域的技术人员能够理解和实施该发明或者实用新型[②]。因为说明书记录最全面的技术信息，所以对说明书检索可以减少目标专利的遗漏。但说明书内容过于丰富，如果无法对技术信息进行准确提炼，将造成检全和检准的失衡。

说明书之所以记录如此丰富的技术信息，源于专利制度中的"公开换保护"。因此发明创造的公开必须达到使所属技术领域的技术人员能够理解和实施的程度，否则这种公开无法体现出贡献，再予以保护将有损于公众利益。

（四）权利要求书

在早期的专利制度中是没有权利要求书的，冗长的说明书无法确定专利权人所要保护的技术。为了确保专利制度的正常运作，一方面需要为专利权人提供切实有效的法律保护，另一方面需要确保公众享有使用已知技术的自由。为此，需要有一种法律文件来界定专利独占权的范围，使公众能够清楚

---

① 国家知识产权局. 专利审查指南 2023［M］. 北京：知识产权出版社，2024.
② 国家知识产权局. 专利审查指南 2023［M］. 北京：知识产权出版社，2024.

地知道实施什么样的行为会侵犯他人的专利权。权利要求书就是为上述目的而规定的一种特殊的法律文件，它对专利权的授予和专利权的保护具有突出的重要意义。权利要求书最主要的作用是确定专利权的保护范围，避免专利保护带来的法律不确定性①。

权利要求书一般有几项权利要求，保护属于一个总的发明构思其中几项的发明。每项发明都有一个独立权利要求，以及几个写在独立权利要求之后的同一发明的从属权利要求。独立权利要求所限定的一项发明的保护范围最宽，从属权利要求用附加的技术特征对所引用的权利要求作了进一步的限定，所以其保护范围落在其所引用的权利要求的保护范围之内②。对权利要求进行检索，可以更准确地寻找他人要保护的技术，避免专利侵权。

三、专利信息特征

（一）专利信息特征的概念

专利信息特征，是指某一个或某一类专利文献所携带的信息与其他专利文献所携带的信息相比具有一项或数项区别之处。也就是说，通过专利信息特征的限定，我们可以从海量专利文献中快速寻找到想要的某一个或某一类专利文献。

（二）以技术内容作为专利信息特征

技术内容是指专利文献中与技术有关的内容，它构成了专利文献的主要篇幅。以技术内容作为专利信息特征，可以筛选出带有我们想要的技术内容的专利文献。技术内容是文字符号的堆砌，分布在名称、摘要、权利要求、

---

① 李志刚. 涉及计算机程序发明创造的清楚及支持问题［C］//中华全国专利代理人协会.《专利法》第 26 条第 4 款理论与实践：2012 年专利审查与专利代理高端学术研讨会论文选编（下）. 北京：北京康信知识产权代理有限责任公司，2012：58-69.

② 国家知识产权局. 专利审查指南 2023［M］. 北京：知识产权出版社，2024.

说明书和分类号中。对技术内容进行检索，主要有两种表达方式：一种是关键词的表达，另一种是分类号的表达。

1. 名称/摘要/权利要求/说明书（关键词）

针对专利文献中的名称/摘要/权利要求/说明书的技术内容进行检索，主要是通过关键词进行表达，进而锁定专利文献。专利文献中的名称/摘要/权利要求/说明书的技术内容主要以文字的形式呈现，文字是我们信息交流最主要的工具，也是我们思考的载体。我们也意识到，文字有自身的局限性以及表达的多样性。这就导致，我们认为的技术内容应采用的关键词表达未在目标的专利文献中呈现，或者在过多非目标的专利文献中呈现，使我们检索结果的检全率和检准率未达到理想要求。所以，选择合适的关键词以及在合适的文献部位进行检索至关重要。对名称/摘要/权利要求/说明书的技术内容进行关键词检索各有优劣。

发明或者实用新型的名称用于清楚、简要、全面地反映要求保护的发明或者实用新型的主题和类型①。对名称进行关键词检索，可以准确锁定相关技术主题的专利文献，同时也会遗漏大量的专利文献。但利用该特性，我们可以筛选并阅读准确技术主题的专利文献，确认这类专利文献的领域、分类号以及可以扩充的各类关键词。

摘要是说明书记载内容的概述，写明了发明或者实用新型的名称和所属技术领域，并清楚地反映了所要解决的技术问题、解决该问题的技术方案的要点以及主要用途②，其中以技术方案为主。对摘要进行关键词检索，也可以确保相关技术主题较高的检准率，检全率比名称要更高。但摘要仅是一种技术信息，不具有法律效力，申请人对此并不会多加重视，并且摘要受到篇幅的限制，使摘要中的技术内容未必表达得更全面。

权利要求书以说明书为依据，清楚、简要地限定要求专利保护的范围③。权利要求主要就是通过系列技术特征来反映要保护的技术方案。把想要的技

---

① 国家知识产权局. 专利审查指南 2023 ［M］. 北京：知识产权出版社，2024.

② 国家知识产权局. 专利审查指南 2023 ［M］. 北京：知识产权出版社，2024.

③ 中华人民共和国全国人民代表大会常务委员会. 中华人民共和国专利法［EB/OL］.（2020-11-19）［2021-06-01］.http://www.npc.gov.cn/npc/c2/c30834/202011/t20201119_308800.html.

术方案拆解成若干个技术特征，再把技术特征提炼出关键词，然后对权利要求书进行关键词检索，可以相对准确地找到被保护的技术方案。但是权利要求中一般不会出现技术问题以及较少出现有益效果，所以想从技术问题和有益效果角度来检索技术方案，在权利要求部分是较难实现的。

　　说明书主要用于清楚、完整地描述发明或者实用新型，使所属技术领域的技术人员能够理解和实施该发明或者实用新型。说明书除了写明发明或者实用新型的名称，还包括：技术领域，即要求保护的技术方案所属的技术领域；背景技术，即对发明或者实用新型的理解、检索、审查有用的背景技术；发明或者实用新型内容，即发明或者实用新型所要解决的技术问题以及解决其技术问题采用的技术方案，并对照现有技术写明发明或者实用新型的有益效果；附图说明，即说明书有附图的，对各幅附图作简略说明；具体实施方式，即详细写明申请人认为实现发明或者实用新型的优选方式[①]。一件发明或者实用新型专利申请的核心是其在说明书中记载的技术方案。对说明书进行关键词检索，可以从现有技术、技术问题、技术方案、有益效果等多个方面来寻找携带我们想要的技术方案的专利文献。实操中，还可以利用对某一技术内容描述所必不可少的词汇来作为关键词，提高技术方案的检准率和检全率。不可避免地，说明书记录的技术信息过于丰富，我们所想到的关键词可能会出现在不相关的技术内容里，导致专利文献噪声过高。

　　由于每个人对技术内容的阐述有所差异，在用关键词表达技术内容时，应考虑充分和全面。通常首先使用最基本、最准确的关键词，再逐步从形式上、意义上、角度上完善关键词的表达。形式上：应充分考虑关键词表达的各种形式，如英文的不同词性（advice 和 advise）、单复数词形（degrees 和 degree）、常见错误拼写形式（石油泄漏错写成石油泄露、appearance 错写成 appearence）、缩写（six degrees of freedom 和 6-DOF）等。意义上：应充分考虑关键词的各种同义词（小苏打和碳酸氢钠）、近义词（坚硬和坚固）、反义词（泄漏和密封）、上下位概念（衣服和衬衫）等。角度上：应充分考虑说

---

　　① 国务院. 国务院关于修改《中华人民共和国专利法实施细则》的决定［EB/OL］.（2023-12-21）.https://www.gov.cn/zhengce/zhengceku/202312/content_6921634. htm.

明书中记载的所要解决的技术问题（成本高、精度低）、技术效果（散热好、更精确）等①。

2. 分类号

专利文献卷帙浩繁，门类众多，必须进行科学地分类和管理。专利分类体系就是各种分类号的集合，它根据相同或类似技术内容的文献给予同一个标签即给予一个分类号，从而进行有序的管理。所以我们面对海量的专利文献数据时，除了使用关键词检索，还可以搭配专利分类号对专利文献进行检索，可以对检索结果更精准地锁定，达到事半功倍的效果。

1971 年《斯特拉斯堡协定》建立的国际专利分类（IPC）提供了一种由独立于语言的符号构成的等级体系。它是许多国家工业产权保护部门进行国际合作的成果。各国都采用统一的专利分类可简化各国之间的专利信息交流，在进行不同类型专利检索时可迅速找到需要的文件。国际专利分类（IPC）是目前使用最广泛的分类体系，由 WIPO 管理。IPC 分类体系是基于技术主题进行分类，代表了适合于专利领域的知识体系，按照五级分类：部、大类、小类、大组、小组②。其中，"部"作为专利分类体系的第一等级，用 A-H 的一位大写英文字母来表示，每一个"部"的类名概要地指出该部所包含的技术范围，比如 G 代表"物理"。"大类"是分类表的第二等级，按不同的技术主题范围将每一个"部"分成若干个大类，每一个"大类"由两个数字组成，比如 G06 代表"计算；推算；计数"。"小类"是分类表的第三等级，每一个"小类"由一个大写字母组成，比如 G06F 代表"电数字数据处理（基于特定计算模型的计算机系统如 G06N）"。每一个"小类"细分成许多组（大组和小组的统称），每个组的类号由小类类号加上用斜线分开的两个数字组成③。例如大组 G06F3/00 代表"用于将所要处理的数据转变成为计算机能够处理的形式的输入装置；用于将数据从处理机传送到输出设备的输出装置，例如，

---

① 国家知识产权局. 专利审查指南 2023 [M]. 北京：知识产权出版社，2024.

② 刘艳廷，柴丽丽，刘会景，等. 现行专利分类系统概述及其应用场景 [J]. 中国基础科学，2019，21（5）：58-62.

③ 刘艳廷，柴丽丽，刘会景，等. 现行专利分类系统概述及其应用场景 [J]. 中国基础科学，2019，21（5）：58-62.

接口装置"。小组 G06F3/048 代表"基于图形用户界面的交互技术〔GUI〕〔2006.01，2013.01〕"。IPC 被广泛使用，几乎所有的专利文献都有 IPC 分类号。但其也存在更新速度慢、单一分类号下文献量大的缺点①。

除了国际专利分类（IPC），主流的专利分类体系还有欧洲专利分类（ECLA）、美国专利分类（USPC）、日本专利分类（FI/F-Term）、联合专利分类（CPC）以及德温特专利分类（DC-MC）②。在需求的目标文献所属地域不明确时，可以优先采用 IPC 进行锁定。

我国专利局采用国际专利分类对发明专利申请和实用新型专利申请进行分类。我们分类的目的是：有利于检索的专利申请文档；将发明专利申请和实用新型专利申请分配给相应的审查部门；按照分类号编排发明专利申请和实用新型专利申请，系统地向公众公布或者公告③。

（三）以人（单位）作为专利信息特征

1. 申请人/专利权人

申请人是向专利局递交专利申请，请求授予其专利权的人。专利权人是享有专利权的主体，除《专利法》另有规定的以外，任何单位或者个人未经专利权人许可，都不得实施其专利④。通常来说，对于职务发明，申请专利的权利属于单位，申请被批准后，该单位为专利权人；对于非职务发明，申请专利的权利属于发明人（设计人），申请被批准后，该发明人（设计人）为专利权人⑤。申请人和专利权人并非完全一致，专利申请权和专利权均可以转让，这可能导致后续的专利权人和最初的申请人不同。有的专利由于未授权，也只有申请人没有专利权人。申请人可以明确技术来源于何主体，而专利权

---

① 朱雅琛，黄非. CPC 分类体系：开创专利分类体系新纪元 [J]. 中国发明与专利，2013（2）：39-43.

② 陈育新. 核心-边缘理论视角下颠覆性技术的识别与预测 [D]. 重庆：西南大学，2023.

③ 国家知识产权局. 专利审查指南 2023 [M]. 北京：知识产权出版社，2024.

④ 中华人民共和国全国人民代表大会常务委员会. 中华人民共和国专利法 [EB/OL].（2020-11-19）[2021-06-01]. http://www.npc.gov.cn/npc/c2/c30834/202011/t20201119_308800.html.

⑤ 中华人民共和国全国人民代表大会常务委员会. 中华人民共和国专利法 [EB/OL].（2020-11-19）[2021-06-01]. http://www.npc.gov.cn/npc/c2/c30834/202011/t20201119_308800.html.

人可以明确技术的垄断归于何主体。

通过对申请人和专利权人进行检索，我们可以获知该申请人申请的所有公开专利申请和专利权人享有的所有垄断利益的专利权。从而可以分析该申请人和专利权人的专利概况和态势、技术特点和布局、研发能力和合作、专利运营等。为后续申请人和专利权人深度研究提供信息支撑。

2. 发明人（设计人）

发明人（设计人）是指对发明创造的实质性特点作出创造性贡献的人①。由于职务发明或者协议约定，申请专利的权利可能不属于发明人（设计人）。发明人（设计人）有权在专利文件中写明自己是发明人（设计人），并可以获得某些奖励和报酬，也可以请求专利局不公布其姓名。由于申报项目和职称等需要，在多个发明人（设计人）的情况时，大家更热衷于排序靠前，这时第一发明人显得尤为关键。现实中，第一发明人要么是对该发明创造做出最大贡献的人，要么就是具有强力手段的管理层。

通过发明人（设计人）检索我们可以获得诸多情报信息，例如该发明人（设计人）从事的技术领域、研发的能力和趋势、行业地位、合作伙伴、工作变动等情报信息。由于发明人（设计人）重名太多，需要在技术领域、申请人、地域等方面予以限制，明确我们要找的发明人（设计人）。

3. 专利代理机构/专利代理人

专利代理机构是按照委托人的委托办理专利事务，并依法设立的机构。专利代理人是取得专利代理执业资格，根据专利代理机构的指派承办专利代理业务的从业人员。我国专利代理人不得自行接受委托②。

通过对专利代理机构和专利代理人进行检索，我们可以分析该专利代理机构和专利代理人代理的创新主体构成、代理的专利数量和趋势、擅长代理的专利技术领域、专利授权率等，便于创新主体选择我们的专利代理机构和专利代理人。

① 国务院. 国务院关于修改《中华人民共和国专利法实施细则》的决定［EB/OL］.（2023–12–21）.https://www.gov.cn/zhengce/zhengceku/202312/content_6921634.htm.

② 国务院. 专利代理条例［EB/OL］.（2018–11–06）.https://www.gov.cn/gongbao/content/2018/content_5343739.htm

（四）以地域作为专利信息特征

1. 受理局

专利申请都会附带国别/地区代码，根据国别/地区代码知道该专利申请由谁受理。受理局是受理专利申请的国家局或地区专利局。一般来说，受理局受理的主要是本国或本地区的专利申请，由此可以分析出本国或本地区专利概况和专利技术的产出实力。当然其他非本国或本地区的申请人向本国或本地区也会提出专利申请，由此我们可以分析出本国或本地区对何种申请人、何种专利技术有更高的吸引力，使其在本国或本地区展开利益角逐。

2. 申请人地址/专利权人地址

通过申请人地址/专利权人地址检索，我们可以将该地址的申请人/专利权的专利文献呈现出来。这有利于我们对该地址（省市/地市/区县等）的专利概况、创新主体进行分析。我们还可以对某国或地区申请人的专利申请情况进行分析。

（五）以号码作为专利信息特征

1. 专利申请号

专利申请号是指各国家、地区、政府间知识产权组织在审批受理一件专利申请时给予该专利申请的一个标识号码。目的是使一件专利申请在受理、审查及其他与专利有关的法定程序中能够明确地区别于任何其他专利申请，这个专利申请号不会由于专利申请文件内容的修改、专利申请法律状态的变化以及发明人/设计人、专利申请人或专利权人的变更、分案而发生变化。一个专利申请号只可能用于一件专利申请，即使在一件专利申请或由此取得的专利权灭失之后，任何其他专利申请也不再可能使用该专利申请号。这样也有利于专利的信息化管理，又具有容易理解和记忆的特点，方便使用。通过专利申请号，我们可以检索到唯一的专利申请①。

---

① 中华人民共和国国家知识产权局. 专利申请号标准［EB/OL］.（2003－07－14）.https://www.cnipa.gov.cn/art/2003/7/14/art_526_145959. html.

中国国家代码 CN、专利申请号、校验位的联合使用，具体见图 7-1。

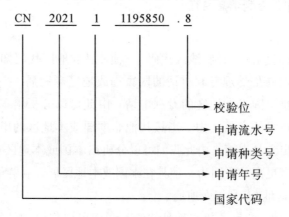

图 7-1　我国专利申请号构成

国家代码：可以将中国国家代码 CN 与专利申请号联合使用，以表明该专利申请是由中国国家知识产权局受理。代码 CN 应位于专利申请号之前，如果需要，可以在 CN 与专利申请号之间使用 1 位单字节空格①。

申请年号：专利申请号中的年号采用公元纪年，例如"2021"表示专利申请的受理年份为公元 2021 年。年号的数字段内不得使用空格②。

申请种类号：专利申请号中的申请种类号用 1 位数字表示，所使用数字的含义规定如下："1"表示发明专利申请；"2"表示实用新型专利申请；"3"表示外观设计专利申请；"8"表示进入中国国家阶段的 PCT 发明专利申请；"9"表示进入中国国家阶段的 PCT 实用新型专利申请③。

申请流水号：申请流水号用 7 位连续数字表示，一般按照升序使用，例如从 0000001 开始，顺序递增，直至 9999999。每一自然年度的专利申请号中的申请流水号重新编排，即自每年 1 月 1 日起，新发放的专利申请号中的申

---

① 中华人民共和国国家知识产权局. 专利申请号标准［EB/OL］.（2003 - 07 - 14）. https：//www. cnipa. gov. cn/art/2003/7/14/art_526_145959. html.

② 中华人民共和国国家知识产权局. 专利申请号标准［EB/OL］.（2003 - 07 - 14）. https：//www. cnipa. gov. cn/art/2003/7/14/art_526_145959. html.

③ 中华人民共和国国家知识产权局. 专利申请号标准［EB/OL］.（2003 - 07 - 14）. https：//www. cnipa. gov. cn/art/2003/7/14/art_526_145959. html.

请流水号不延续上一年度所使用的申请流水号，而是从 0000001 重新开始编排。流水号的数字段内不得使用空格。年号与种类号、种类号与流水号之间可以分别使用 1 位单字节空格①。

校验位：校验位是指以专利申请号中使用的数字组合作为源数据经过计算得出的 1 位阿拉伯数字（0~9）或大写英文字母 X。国家知识产权局在受理专利申请时给予专利申请号和校验位。校验位位于专利申请号之后，在专利申请号与校验位之间使用一个下标单字节实心圆点符号作为间隔符。校验位用于校验专利申请号的正确性，避免输入错误或虚假信息。流水号与间隔符之间、间隔符与校验位之间不得使用空格②。

除此之外，任何其他文字、数字、符号或空格不得作为专利申请号的组成部分③。

2. 公开号/授权公告号

各国家、地区、政府间知识产权组织在审批专利过程中按照法定程序产生的出版物，以及其他信息机构对上述出版物加工后的出版物即专利文献，在专利申请公布和专利授权公告时给予的文献标识号码，即公开号和授权公告号。这是为了便于专利文献与其获得的专利文献号之间拥有清楚、确定的关系，以及便于专利信息的检索以及公众的理解和记忆④。

在我国，发明专利申请经初步审查合格后，自申请日（或优先权日）起 18 个月期满时公布或根据申请人的请求提前进行公开公布，而实用新型专利申请和外观设计专利申请没有该阶段，因此只有发明专利申请会有公开号。发明专利申请、实用新型专利申请和外观设计专利申请授权后，均会获得授权公告号。基于一件专利申请形成的专利文献只能获得一个专利文献号，该

---

① 中华人民共和国国家知识产权局. 专利申请号标准［EB/OL］.（2003 - 07 - 14）. https：//www. cnipa. gov. cn/art/2003/7/14/art_526_145959. html.

② 中华人民共和国国家知识产权局. 专利申请号标准［EB/OL］.（2003 - 07 - 14）. https：//www. cnipa. gov. cn/art/2003/7/14/art_526_145959. html.

③ 中华人民共和国国家知识产权局. 专利申请号标准［EB/OL］.（2003 - 07 - 14）. https：//www. cnipa. gov. cn/art/2003/7/14/art_526_145959. html.

④ 中华人民共和国国家知识产权局. 专利文献种类标识代码标准［EB/OL］.（2023 - 01 - 31）. https：//www. cnipa. gov. cn/art/2023/1/31/art_3159_181833. html.

专利申请在不同程序中公布或公告的专利文献种类由相应的专利文献种类标识代码确定①。一个专利文献号只能唯一地用于一件专利申请所形成的专利文献。公开号/授权公告号针对的是专利文献的唯一，专利申请号针对的是专利申请的唯一，如果专利申请因为驳回、撤回等，未到达公布和公告阶段，则只有专利申请号而没有公开号/授权公告号②。因此如果公开号/授权公告号采用专利申请号，就会产生号码不连贯的问题，这也是我国专利文献编号体系在后期舍弃一号多用的原因。我们有时候采用专利申请号去检索刚提交的专利申请，却未找到专利文献，也是由于未到达公布和公告阶段，还没有形成专利文献。

我们可以再比较下专利申请号、公开号、授权公告号、专利号的区别。专利申请号是指国家知识产权局受理一件专利申请时给予该专利申请的一个标识号码。公开号是指在发明专利申请公开时给予出版的发明专利申请文献的一个文献标识号码。授权公告号是在发明专利、实用新型专利、外观设计专利授权时给予出版的专利文献的一个文献标识号码。专利号是指在授予专利权时给予该专利的一个标识号码，专利号的表示方式只需要将专利申请号前面的中国国家代码 CN 替换成"ZL"，"ZL"即"专利"的意思。即便如此，专利号和专利申请号也不可随意混用，例如在产品或者产品包装上标注专利标识，采用了专利申请号而非专利号标注，则属于专利标识标注不规范的情形。

专利文献号用 9 位阿拉伯数字表示，包括申请种类号和文献流水号两个部分。中国国家代码（CN）和专利文献种类标识代码均不构成专利文献号的组成部分。然而，为了完整、准确地标识不同种类的专利文献，应将中国国家代码、专利文献号、专利文献种类标识代码联合使用③（见图 7-2）。

---

① 中华人民共和国国家知识产权局. 专利文献种类标识代码标准［EB/OL］.（2023-01-31）. https://www.cnipa.gov.cn/art/2023/1/31/art_3159_181833.html.

② 中华人民共和国国家知识产权局. 专利文献种类标识代码标准［EB/OL］.（2023-01-31）. https://www.cnipa.gov.cn/art/2023/1/31/art_3159_181833.html.

③ 中华人民共和国国家知识产权局. 专利文献种类标识代码标准［EB/OL］.（2023-01-31）. https://www.cnipa.gov.cn/art/2023/1/31/art_3159_181833.html.

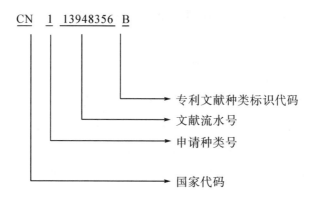

图 7-2　我国专利文献号构成

国家代码：可以将中国国家代码（CN）与专利文献号联合使用。如果需要，国家代码、专利文献号之间可以分别空一个字符的间隙①。

申请种类号：用 1 位阿拉伯数字表示。所使用的数字含义规定如下："1"表示发明专利申请；"2"表示实用新型专利申请；"3"表示外观设计专利申请。上述申请种类号中未包含的其他阿拉伯数字在作为种类号使用时的含义由国家知识产权局另行规定。申请种类号与文献流水号之间被允许空一个字符的间隙②。

文献流水号：专利文献号的流水号用 8 位连续阿拉伯数字表示，按照发明专利申请第一次公布，或实用新型、外观设计申请第一次公告时各自不同的编号序列顺序递增。专利文献号、专利文献种类标识代码之间可以空一个字符的间隙③。

专利文献种类标识代码：专利文献种类标识代码是以一个大写英文字母，或者一个大写英文字母与一位阿拉伯数字的组合表示，单纯数字不能作为专利文献种类标识代码使用。大写英文字母表示专利申请相应专利文献的公布

①　中华人民共和国国家知识产权局. 专利文献种类标识代码标准［EB/OL］.（2023-01-31）. https://www.cnipa.gov.cn/art/2023/1/31/art_3159_181833.html.

②　中华人民共和国国家知识产权局. 专利文献种类标识代码标准［EB/OL］.（2023-01-31）. https://www.cnipa.gov.cn/art/2023/1/31/art_3159_181833.html.

③　中华人民共和国国家知识产权局. 专利文献种类标识代码标准［EB/OL］.（2023-01-31）. https://www.cnipa.gov.cn/art/2023/1/31/art_3159_181833.html.

级，阿拉伯数字用来区别各公布级中不同的专利文献。专利文献种类标识代码中字母的含义：

A 为发明专利申请公布（含扉页更正、全文更正）；

B 为发明专利授权公告（扉页更正、全文更正）；

C 为宣告发明专利权部分无效的公告；

U 为实用新型专利授权公告（含扉页更正、全文更正）；

Y 为宣告实用新型专利权部分无效的公告；

S 为外观设计专利授权公告（含扉页更正、全文更正）或宣告专利权部分无效的公告①。

在专利文献种类标识代码中规定使用的数字主要用于各种单行本的更正文献和宣告专利权部分无效的公告。数字"1~6"用于宣告专利权部分无效的公告，其中数字"1"为第一次公告，数字"2"为第二次公告，以此类推；数字"8"为扉页更正文献；数字"9"为全文更正文献；数字"7"预留②。

除此之外，在专利文献号的前后或其中不得使用任何其他文字、数字、符号或空格作为专利文献号的组成部分。

3. 优先权号

优先权源于 1883 年签订的《巴黎公约》。我们知道绝大多数国家的专利法都采用先申请原则，而且针对专利权的授予各国是相互独立的。当申请人在本国提出专利申请后，一旦被他人获知而在国外提出专利申请，则国外的专利权将被他人抢先。授予专利权的发明创造应当具备新创性，判定新创性的时间关键也在于提出专利申请的时间。当申请人向外国提出申请时，本国专利申请构成现有技术可能会导致国外专利申请不具备新创性被驳回。因此，申请人要想获得外国专利权，就必须尽可能同时在这些国家提出申请。

在外国申请专利需要做好申请前大量的准备，例如文件翻译、流程手续、

---

① 中华人民共和国国家知识产权局. 专利文献种类标识代码标准［EB/OL］.（2023-01-31）. https://www.cnipa.gov.cn/art/2023/1/31/art_3159_181833.html.

② 中华人民共和国国家知识产权局. 专利文献种类标识代码标准［EB/OL］.（2023-01-31）. https://www.cnipa.gov.cn/art/2023/1/31/art_3159_181833.html.

资金准备、寻找律师等，若申请人没有足够的时间考虑是否值得向外国申请专利，特别是多个国家同步进行的时候，那么，专利申请将变得更困难。而优先权的作用在于，已经在该联盟的一个国家正式提出专利申请的任何人，或其权利继受人，为了在其他国家提出申请，在规定的期间内应享有优先权。因此，在上述期间届满前在该联盟的任何其他国家后来提出的任何申请不应由于在这期间完成的任何行为，特别是另外一项申请的提出、发明的公布或利用、外观设计复制品的出售而成为无效，而且这些行为不能产生任何第三人的权利或个人占有的任何权利①。从而，申请人可以有 6 个月或 12 个月的时间，去考虑外国专利申请以及手续办理。在该期限内申请人就同一主题在其他成员国提出申请的，其在后申请在某些方面被视为是在首次申请的申请日提出②。

随着专利制度的发展，优先权原则的适用范围后来有了扩大。在我国，申请人自发明或者实用新型在外国第一次提出专利申请之日起 12 个月内，或者自外观设计在外国第一次提出专利申请之日起 6 个月内，又在中国就相同主题提出专利申请的，依照该外国同中国签订的协议或者共同参加的国际条约，或者依照相互承认优先权的原则，可以享有优先权，即外国优先权。申请人自发明或者实用新型在中国第一次提出专利申请之日起 12 个月内，或者自外观设计在中国第一次提出专利申请之日起 6 个月内，又向国务院专利行政部门就相同主题提出专利申请的，可以享有优先权，即本国优先权③。

优先权至少有以下作用：①避免他人抢占专利权；②避免新创性被影响；③对发明创造进行补充和完善；④有利于专利申请类型的转换。

优先权号是作为优先权基础的在先申请文件的专利申请号，通过优先权号检索，我们可以检索到在先申请文件作为优先权基础的所有在后申请，从而找到同族专利。同族专利是基于同一优先权文件，在不同国家或地区，以

---

① 韩翻珍. 浅论 PCT 申请国际阶段优先权的审查［C］//2014 年中华全国专利代理人协会年会第五届知识产权论坛论文集（第一部分）. 北京：国家知识产权专利局材料部石油处，2014：124-128.

② 于艳森. 专利申请中分案申请的优先权恢复问题探悉［J］. 商，2016（28）：246.

③ 中华人民共和国全国人民代表大会常务委员会. 中华人民共和国专利法［EB/OL］.（2020-11-19）［2021-06-01］. http://www.npc.gov.cn/npc/c2/c30834/202011/t20201119_308800.html.

及地区间专利组织多次申请、多次公布或批准的内容相同或基本相同的一组专利文献①。通过优先权号检索，我们可以分析该技术主题的布局情况和重要程度。

（六）以日期作为专利信息特征

1. 申请日

用于标识专利申请的日期。申请日具有诸多意义，首先申请日影响专利权的授予，先申请原则使同样的发明创造申请日在前的可以获得专利权，申请日也是评价该专利申请新创性的关键时间；其次，专利权的期限均自申请日起计算；最后，优先权基础的在先申请文件的申请日也是优先权期限的起算点。

如今，每天全球专利文献增长量在一两万件，如果我们能明确我们想要的专利文献的申请日，将排除海量专利文献的干扰。我们可以检索具体申请日的专利文献，还可以检索具体申请日之前或之后的专利文献，甚至可以检索某个区间申请日的专利文献。

以申请日为维度，我们能够分析出专利申请量、申请人数量等随着时间变化的趋势。

2. 申请公布日/授权公告日

申请公布日用于标识发明专利申请的公布日期。授权公告日用于标识专利申请被授予专利权的公告日期。专利申请能否作为现有技术，申请公布日和授权公告日至关重要。当我们需要寻找专利文献来评价某专利的新创性，可以选择早于该专利申请日公布或公告的专利文献作为现有技术。如果我们需要寻找专利文献构成某专利的抵触申请，该专利文献的申请公布日或授权公告日必须在该专利申请日以后。

在我国，发明专利申请公布后，申请人可以要求实施其发明的单位或者

---

① 郝世博，陈雨涵. 基于专利计量的全球量子信息技术发展态势分析［J］. 中国发明与专利，2024，21（3）：29-37.

个人支付适当的费用①。所以，申请公布日也是发明专利申请临时保护的重要起算时间。专利权被授予后，通常任何单位或者个人未经专利权人许可，都不得实施其专利②，也就是说授权公告日是获得正式保护的重要起算时间。所以，申请公布日/授权公告日是排查实施某行为是否存在风险的重要起算时间。

通过申请公布日/授权公告日检索，我们可以分析出具体某时间或之前或之后或某时间区间专利公布和公告的情况。

3. 优先权日

优先权日是用于标识专利申请要求优先权的日期。如果某专利享有优先权，则专利权的授予判断将从申请日起算提前到优先权日起算。我们可以检索具体优先权日的专利文献，还可以检索具体优先权日之前或之后的专利文献，甚至可以检索某个区间优先权日的专利文献。通过优先权日检索，我们可以筛选出享有优先权的专利文献。

（七）其他专利信息特征

1. 专利有效性和法律状态

专利有效性主要有专利有效、专利审中和专利失效。

专利有效对应的法律状态有专利授权、专利权利恢复和专利部分无效。专利授权指的是专利申请被授予专利权，而且不存在专利未缴年费、专利期限届满等专利失效情形。专利权利恢复指的是专利权终止但在后续的恢复程序中恢复权利，例如因年费和/或滞纳金缴纳逾期或者不足而造成专利权终止的，在恢复程序中恢复权利。专利部分无效在我国指的是在无效宣告程序中，无效宣告请求审查决定宣告无效宣告理由成立的部分权利要求无效或者部分产品外观设计专利无效，并且维持其余的权利要求有效或者维持其余产品的

---

① 中华人民共和国全国人民代表大会常务委员会. 中华人民共和国专利法［EB/OL］.（2020-11-19）［2021-06-01］.http://www.npc.gov.cn/npc/c2/c30834/202011/t20201119_308800.html.

② 中华人民共和国全国人民代表大会常务委员会. 中华人民共和国专利法［EB/OL］.（2020-11-19）［2021-06-01］.http://www.npc.gov.cn/npc/c2/c30834/202011/t20201119_308800.html.

外观设计专利有效，简而言之专利失去部分权利但仍可以主张其余部分权利①。

专利审中对应的法律状态有专利公开和专利实质审查。在我国主要指的发明专利申请的公开和实质审查。通常，发明专利申请在其申请日起满18个月公布，此后进入实质审查程序。发明专利申请也可以提前公布后进入实质审查程序。发明专利申请的实质审查程序主要依据申请人的实质审查请求而启动。

专利失效对应的法律状态有专利未缴年费、专利期限届满、专利撤回、专利驳回、专利放弃、专利避免重复授权、专利全部无效。专利未缴年费在我国指的是专利年费滞纳期满仍未缴纳或者缴足专利年费或者滞纳金的，且专利权人未启动恢复程序或者恢复权利请求未被批准的，进行失效处理。专利期限届满指的是专利完整走完专利权的期限，依法被终止保护。专利撤回包括主动撤回和视为撤回。主动撤回指的是授予专利权之前，申请人随时可以主动要求撤回其专利申请。视为撤回指的是专利申请耽误了规定的期限或未缴纳相应费用或未按照要求操作造成专利申请被视为撤回。专利驳回指的是申请人提交的申请文件不符合规定，并通过驳回的方式结束审查程序。专利放弃在我国主要指的是授予专利权后，专利权人随时可以主动要求放弃专利权。专利局发出授予专利权的通知书和办理登记手续通知书后，申请人在规定期限内未按照规定办理登记手续的②，且未办理恢复手续的，或者专利局作出不予恢复权利决定的，将专利申请进行失效处理。专利避免重复授权在我国指的是同一申请人同日对同样的发明创造既申请实用新型专利又申请发明专利，先获得的实用新型专利权尚未终止，且申请人声明放弃该实用新型专利权的，授予发明专利权③。专利全部无效在我国指的是请求宣告专利权全部无效的理由成立的，作出宣告专利权全部无效的审查决定，宣告无效的专利权视为自始即不存在。

---

① 国家知识产权局. 专利审查指南 2023［M］. 北京：知识产权出版社，2024.

② 国家知识产权局. 专利审查指南 2023［M］. 北京：知识产权出版社，2024.

③ 中华人民共和国全国人民代表大会常务委员会. 中华人民共和国专利法［EB/OL］.（2020-11-19）［2021-06-01］.http://www.npc.gov.cn/npc/c2/c30834/202011/t20201119_308800.html.

通过检索专利有效、专利审中状态的专利文献，可以在技术研发和产品上市过程中，避免研发的技术和上市的产品侵犯他人可能的专利权。通过检索专利失效状态的专利文献，我们可以在一定程度上利用其中有价值的技术。特别是专利期限届满和专利全部无效的专利文献，具有较高的借鉴价值。

2. 法律事件

法律事件主要有诉讼、转让、许可、质押、保全、复审、无效等。通过法律事件，我们可以检索出有较高侵权风险和商业价值的专利文献。检索诉讼的专利文献，可以进一步分析风险高发的技术领域、权利人的竞争对手、核心专利、诉讼策略等。检索转让的专利文献，可以进一步分析技术的来源、权利人的侧重领域等。检索许可的专利文献，可以进一步分析专利技术的实施主体情况、蕴含的价值等。检索质押的专利文献，可以进一步分析专利技术的融资价值等。检索保全的专利文献，可以进一步分析权利人曾经被保全的经历等。检索复审和无效的专利文献，可以进一步分析权利人看重的技术等。

3. 引用专利和被引用专利

引用专利用于检索某专利文件引用过哪些专利文献，被引用专利用于检索某专利文件被哪些专利文献引用过。引用的目的一般在于更好地阐述背景技术、技术方案、技术问题、技术效果以及评判新创性。所以通过引用专利和被引用专利，我们可以扩大与某专利相关的专利文献，特别是关键词和分类号也很难找到相关专利文献的时候。被引用专利越多，说明该专利越基础，被引用专利频次越高，说明该专利具有更多竞争优势。通过引用专利和被引用专利，我们还可以分析某专利可以进行布局的方向。

4. 专利类型

专利类型有发明、实用新型和外观设计。在我国实用新型和外观设计能检索的专利文献均为授权的文本。发明能检索的专利文献有申请文本，若该专利授权了则还有授权的文本。

在我国，公开的发明专利申请、实用新型专利申请、外观设计专利申请基本保持着 38：44：18 的比例。如果能够明确专利类型，检索时可以排除很大比例的专利文献，提高检索效率。

通过各专利类型的数量、比例和增长速度，我们可以分析该技术领域的创新阶段、保护强度以及申请人的创新能力等。

四、检索要素和布尔运算

（一）检索要素

通常情况下，我们在检索前仅依赖一段技术内容的大致描述，来匹配专利文献，并不知道我们想要的专利文献的其他专利信息特征。当然，有更多的其他专利信息特征可以进一步缩小我们检索的范围。无论如何，以技术内容作为专利信息特征是专利信息检索最常用的手段。技术内容是一段文字符号，在现今检索系统的智能程度下，我们还无法直接在机检数据库的检索入口直接完整复制这样一段技术内容，否则计算机很有可能检索结果为 0。所以前文提到，对技术内容进行检索主要有两种表达方式：一种是关键词的表达，另一种是分类号的表达。有时候我们需要一个或多个关键词、一个或多个分类号单独或组合来检索表达技术内容。

关键词和分类号的表达应该有规律可循。技术内容的核心是技术方案，我们检索技术内容时要分析其中蕴含的技术方案，即检索技术内容本质上是检索技术方案。因此，我们在这里就需要引入检索要素的概念。检索要素是体现技术方案构思的可检索的要素，也就是我们通过告知机检数据库一个或多个检索要素，它就能够定位到我们想要构思的技术方案，并推送相应的专利文献。

技术方案，是指对要解决的技术问题所采取的利用了自然规律的技术手段的集合[1]。技术手段通常是由技术特征来体现的[2]。技术方案本身与技术领域、技术问题、技术效果难舍难分。所以检索要素的确定，就需要重点考虑技

---

[1]　国家知识产权局. 专利审查指南 2023 [M]. 北京：知识产权出版社，2024.
[2]　国家知识产权局. 专利审查指南 2023 [M]. 北京：知识产权出版社，2024.

术特征，同时技术领域、技术问题、技术效果也应该充分考虑，以此来提炼一个或多个检索要素来定位技术方案。检索要素的表达，即采用关键词和分类号。

定位技术方案，有时候并不需要把所有可能的检索要素都列出来，检索要素越多，符合要求的专利文献越少。我们只需要列出具有特别之处的检索要素，就可以提高检准率和检全率。也就是说检索要素尽量采用基本检索要素，基本检索要素是体现技术方案的基本构思的可检索的要素，确定反映该技术方案的基本检索要素后，再考虑每个要素在计算机检索系统中的各种关键词和分类号表达形式[1]，让检索更有逻辑，还可以减少每个人对技术内容的阐述和分类有所差异带来的检索遗漏。我们常常使用一个检索要素表来记录，进而制订我们的检索策略和检索式，具体见表7-1。

表 7-1　检索要素表

检索要素	基本检索要素 a	基本检索要素 b	基本检索要素 c
分类号	分类号 A……	分类号 B……	分类号 C……
中文关键词	检索词 a1，检索词 a2……	检索词 b1，检索词 b2……	检索词 c1，检索词 c2……
外文关键词	keywords a1，keywords a2……	keywords b1，keywords b2……	keywords c1，keywords c2……

（二）布尔运算

布尔运算是数字符号化的逻辑推演法，包括交集与（and）、并集或（or）、差集非（not）。例如 A 和 B 进行交集与（and）、并集或（or）、差集非（not）运算后，我们可以用图 7-3 阴影的面积依次表示。

图 7-3　布尔运算

---

[1]　国家知识产权局. 专利审查指南 2023［M］. 北京：知识产权出版社，2024.

利用布尔运算，可以表达各关键词、各分类号、各检索要素、各专利信息特征之间的逻辑，形成检索式。我们可以把基本检索要素视为一个检索块，所有的检索块支撑起一个技术方案，因此要定位到含有该技术方案的专利文献，各检索块都是必不可少的，各基本检索要素之间属于交集与（and）的关系。每个基本检索要素可以采用关键词表达，也可以采用分类号表达，那这些各类表达方式之间属于并集或（or）的关系，只要存在任何一种表达方式我们都可以认为这个基本检索要素被体现了。有时，我们可以确定想要的专利文献并不会存在某个关键词、某个分类号、某个检索要素、某个专利信息特征，可以采用差集非（not）予以排除。

例如我们想要一个专利文献，该专利文献的技术方案包含检索要素 A、检索要素 B、检索要素 C。检索要素 A 有检索词 a1、检索词 a2、keywords a1、keywords a2、分类号 A 五种表达方式，该专利文献不会含有专利信息特征 D，那表达式即可表达为"（检索词 a1 or 检索词 a2 or keywords a1 or keywords a2 or 分类号 A）and 检索要素 B and 检索要素 C not 专利信息特征 D"。

五、检索流程

（一）明确检索目标，提高检索效率

1. 查新检索

查新检索是为了确定是否存在使该技术方案丧失新创性的专利文献，常用于专利申请前的评估、专利申请审查等，便于我们制定专利申请策略和把握专利授权预期。

2. 技术主题检索

技术主题检索是为了找到一批与某技术主题相关的专利文献，常用于技术的调查分析，可以了解技术发展概况、该技术的竞争对手、产业分布、专利运营等。

3. 侵权检索

侵权检索是为了避免研发、上市、出口的技术或产品侵犯他人专利权，提前对相应区域的有效专利文献进行检索。

4. 无效检索

无效检索是为了找到专利文献作为对比文件证明授权的专利不具备新创性。常出现在研发、上市、出口的技术或产品具有侵犯他人专利权的风险，为了扫清障碍，进行专利无效检索后续发起专利无效。

5. 其他目标检索

专利信息检索还有很多目标，例如单纯找到某一专利文献，了解某发明人、某申请人、某地区都有哪些专利等，从而在专利信息检索的基础上做大量的专利信息分析。明确检索目标就可以有方向地检索，提高获取专利文献的效率。

（二）阅读有关文件，寻找信息特征

详细阅读手上文件可以获得的信息，然后对该信息进行提炼。思考我们想要的某一个或某一类专利文献所携带的信息可能与其他专利文献所携带的信息相比具有的一项或数项区别之处，从而可以通过这些专利信息特征的限定，从海量专利文献中快速寻找到我们想要的某一个或某一类专利文献。例如某一段信息里面已经明确了该专利文献的申请号，虽然还携带有大量的其他信息的描述，但申请号已经可以作为独一无二的专利信息特征，不用考虑其他信息也能定位我们想要的专利文献。

（三）选择检索资源，圈定数据入口

专利信息检索可能会涉及中文专利文献、外文专利文献，有时为了实现检索目标还需要对非专利文献进行检索，例如国内外科技图书、期刊、学位论文、标准/协议、索引工具及手册等。

1. 各国/地区/组织专利数据源

中国国家知识产权局专利数据库、欧洲专利局专利数据库、美国专利商标局专利数据库、日本特许厅专利数据库、韩国特许厅专利数据库、世界知

识产权组织专利数据库、其他各国/地区/组织专利数据库①。

2. 商用专利数据源

智慧芽（PatSnap）全球专利检索数据库、Incopat 全球专利数据库、德温特专利索引数据库（DII）、佰腾专利数据库、大为全球专利数据库、patentics 专利数据库、patentics 专利数据库。

3. 非专利数据源

文献：论文、期刊、杂志、手册和书籍等。读秀、超星、知网、万方、维普、sciencedirect、Science Citation Index、Engineering Village、APS、ASME、AIP、Cambridge Journals Online、IEEE/IET（IEL）数据库、SpringerLink 电子期刊数据库、Wiley 电子期刊、Web of Science 等。

涉诉信息：中国裁判文书网、中国知识产权裁判文书网、北大法宝、威科先行、OpenLaw、无讼案例、Caseshare 等。

政策和市场情报：中华人民共和国政府网站、国家统计局、中华人民共和国国家发展和改革委员会等中央、地方官网；中商情报网、中国产业调研网、中国产业信息网、行业研报等产业情报网站；新闻报道；等等。

竞争主体信息：国家企业信用信息公示系统、天眼查、启信保、企查查、全国组织机构代码管理中心、各企业官网等。

标准：国家标准信息公共服务平台、国家标准行业标准信息服务网等。

自媒体：抖音、快手、微信公众号、微博、头条号、小红书、哔哩哔哩、知乎等。

电商平台：淘宝、京东、拼多多等。

招聘平台：猎聘、BOSS、智联等。

（四）确定技术主题，提炼检索要素

若有关文件提供的信息不足以找到很特别的信息特征，那么我们就难以快速找到专利文献。因此，我们往往要深入研究一段技术内容的大致描述，来匹配专利文献，即有必要以技术内容作为专利信息特征，直接或进一步专

---

① 刘婕. 世界林业专利信息资源的整合与利用［J］. 世界林业研究，2007（3）：70-73.

利检索。

我们检索技术内容时要分析其中蕴含的技术方案，以技术方案作为检索主题，再提炼检索要素。

（五）初步检索，完善检索要素表

我们可以用关键词、发明名称、发明人等检索入口在机检数据库中初步检索尝试，这可以帮我们更好地理解技术主题、可能的中外文关键词、分类号，还可以利用国际专利分类表寻找分类号，完善检索要素表。初步检索尝试的过程中，我们也可能直接锁定到我们要找的专利文献。这里只需要简单构建检索式检索即可，目的是确定基本检索要素以及基本检索要素的不同表达方式。

（六）块检索，构建检索式

一个基本检索要素的不同表达方式构造成块，结合技术的主题的特点和检索情况，运用逻辑运算符对块进行组合构建检索式。

首先我们采用全要素组合检索，例如基本检索要素有 A、B 和 C，应当先对 A+B+C 的技术方案进行检索，因为这样专利文献限定的要求越多，数量越少。其次如果未查找到想要的专利文献，我们则可以对 A+B、B+C、A+C 的分组组合检索，来降低专利文献限定的要求，专利文献数量会增多，弥补我们对基本检索要素提炼的失误。最后我们还可以对 A、B 和 C 单个要素进行检索，进一步来降低专利文献限定的要求，增加专利文献的数量[1]。

（七）追踪检索，扩展相关文献数量

每个人对技术方案的阐述有所差异，难免会有想要的专利文献通过块检索，仍被遗漏。所以我们找到一个较为相关的专利文献时，可以以此为基础，通过该专利文献的同族、发明人、申请人、引用和被引用等关系，进一步追踪检索，扩展相关文献数量，可能会增加找到专利文献的机会。

---

[1]　国家知识产权局. 专利审查指南 2023［M］. 北京：知识产权出版社，2024.

（八）检索式动态调整，修正和降噪

在检索过程中，通过快速浏览专利文献，我们可能会发现与想要的专利文献相距甚远，原因有三：①在于基本检索要素的构建错误；②在于基本检索要素的表达方式错误；③增加或排除了错误的专利信息特征限定。这时，我们需要对检索式进行动态调整，不断尝试。前期检索帮助了我们进一步理解技术主题、关键词、分类号，我们通过改变、增加或减少基本检索要素及其表达方式、要限定的专利信息特征，不断修正检索式，提高检索命中率并降低噪声。

（九）评估检索结果和中止检索

评估检索结果是为了确认是否获取到我们想要的专利文献。不同的检索目标有不同的评估方式。对于查新检索，若已经找到使该技术方案丧失新创性的专利文献，检索即满足要求。对于侵权检索，若已经找到研发、上市、出口的技术或产品侵犯他人专利权的专利文献，检索即满足要求。对于无效检索，若已经找到专利文献作为对比文件证明授权的专利不具备新创性，检索即满足要求。一般来说，检索可以中止了。

当我们要找批量的目标专利文献时，例如技术主题检索，评估检索结果的指标主要是查全率和查准率。查全率指的是检索出的相关专利文件中占所有相关专利文件的比例，查准率指的是检索出的专利文献中相关专利的比例。查准是建立在查全的基础上，查全率越高则目标文献覆盖面越广，遗漏越少，查准率越高则目标文献高度匹配，噪声越小。

查全率一般采用重要申请人等的全部相关专利文献作为查全样本专利文献集合 P，我们已经检索到的全部专利文献作为查全专利文献集合 S，查全率 $r = num（P \cap S）/num（P）$。查准率一般采用随机抽样的方式，我们对已经检索到的全部专利文献进行抽样，抽样样本作为查准样本专利文献集合 S，S 中相关专利文献作为查准样本相关专利文献集合 s，查准率 $p = num（s）/num（S）$。当查全率和查准率满足了我们要求，检索就可以中止。查全率和查准率在初步检索、块检索、追踪检索中，对于检索式动态调整、修正和降噪具有重要的意义。

　　检索结果未必都能够实现检索目标，考虑到成本，检索要有一定的限度。如果用于检索的成本远大于获得的利益，检索更应该早早地中止。

第八章 专利导航实操流程

> **📖 导读**
>
> 本章全面介绍了专利导航相关知识。本章首先点明了专利导航的重要性，全球海量专利文献蕴藏巨大竞争情报，专利信息能为多方面决策提供支撑。然后介绍了专利导航常用分析模块，如调查分析、趋势分析、构成分析等，从政策、市场、产业等多维度深入剖析。最后详细讲解了专利导航工作流程，为全面理解和开展专利导航工作提供指引。

一、专利导航概述

截至 2025 年 1 月 1 日，全球公开的专利文献数量高达 1.9 亿件（一件专利申请不同阶段可能有多件专利文献）。如此多的专利文献信息，蕴藏着巨大的竞争情报。据 WIPO 统计，专利文献记载了人类 90% 以上的新技术信息。专利文献中公开的技术信息几乎涉及人类生活活动的全部技术领域。专利信息作为承载技术创新的重要载体，不仅创新信息的密度远高于普通信息，而且信息格式趋于标准化，可以高效率、高质量地挖掘，为相关决策提供重要支撑。我们利用专利信息：可以掌握区域和产业格局、竞争对手的技术动态；可以了解和借鉴他人技术，提高创新能力，避免重复劳动，防范侵权风险，让研发提质增效降本；可以挖掘技术供需，促进技术转化；可以为产品开发、投资并购、上市、人才引进和评价等方面提供有效的决策依据。

由此，2013年4月国家知识产权局发布《关于实施专利导航试点工程的通知》首次正式提出"专利导航"的概念。2015年7月国家知识产权局办公室发布《关于推广实施产业规划类专利导航项目的通知》，有效发挥专利信息导航作用，支撑产业创新发展。2016年12月国家知识产权局办公室发布《关于推广实施企业运营类专利导航项目的通知》，有效发挥专利信息导航作用，支撑企业竞争力提升、促进企业创新发展。2021年6月，用于指导规范专利导航工作的《专利导航指南》（GB/T39551-2020）系列国家标准正式实施。专利导航从最初为产业发展服务，之后运用模式越来越丰富，更多的应用场景被发掘。

国家知识产权局专利管理司发布的《专利导航规划项目第一阶段技术要点（暂行）》以区域产业专利导航分析为例，分为产业发展方向导航模块、区域产业发展定位模块和产业发展路径导航模块。产业发展方向导航模块要以全景模式揭示产业发展的整体趋势与基本方向，区域产业发展定位模块要以近景模式聚焦实验区相关产业在全球产业链的基本位置，区域产业发展路径导航模块要以远景模式绘制实验区产业发展当前定位与产业发展规划目标之间的具体路径。构建了专利导航的基本模型"方向-定位-路径"，揭示了专利导航如何像现实生活中的地图导航一样为决策提供指引。

《专利导航指南》（GB/T39551.1-2020）定义："专利导航，是指在宏观决策、产业规划、企业经营和创新活动中，以专利数据为核心深度融合各类数据资源，全景式分析区域发展定位、产业竞争格局、企业经营决策和技术创新方向，服务创新资源有效配置，提高决策精准度和科学性的新型专利信息应用模式。并列举了五类专项，各类专利导航之间相互支撑、互为补充，推动专利导航融入各类主体创新决策过程：

区域规划类专利导航：支撑区域规划决策的专利导航。

产业规划类专利导航：支撑产业创新发展规划决策的专利导航。

企业经营类专利导航：支撑企业投资并购、上市、技术创新、产品开发等经营活动决策的专利导航。

研发活动类专利导航：支撑研发立项评价、辅助研发过程决策的专利导航。

人才管理类专利导航：支撑人才遴选、人才评价等人才管理决策的专利导航。"

二、专利导航与其他分析的关系

除了专利导航，常见的分析还有情报分析、专利分析、专利侵权风险分析、专利预警分析、专利自由实施分析（以下简称"FTO 分析"）等。它们之间的关系可以用图 8-1 表示。

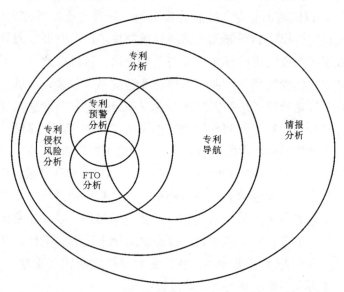

图 8-1　各类专利分析关系

　　情报分析是通过对全源数据进行综合、评估、分析和解读，将处理过的信息转化为情报以满足已知或预期用户需求的过程[①]。理论上，情报一般是有一定价值的信息，情报属于信息，信息范畴要大于情报，因为有的信息并不属于情报。但学术上，情报通常被赋予更广泛的概念，所以情报分析亦称信息分析。

　　专利分析是指通过对相关技术领域的专利信息进行检索和分析，掌握竞争对手的该领域在专利布局，规避专利侵权风险，把握技术发展路线，选择技术突破方向，从而为科技进步、产业规划和政府决策提供客观依据。专利分析必然包含对专利信息的分析，而情报分析包含的可能是对政治、经济、军事、科技、文化、社会等方面信息的分析，而不一定包含对专利信息的分析，所以情报分析范畴要大于专利分析。

　　专利导航是以专利数据为核心深度融合各类数据资源，也会涉及对专利的分析，但又不完全只是专利分析，而是将专利分析与产业、技术、市场等深度融合。所以，专利导航可以看作专利分析的特殊形式。一般的专利查新检索分析、专利无效检索分析、专利预警分析等专利分析不属于专利导航本身，因为这些专利分析一般依赖于专利信息本身，并没有与产业、技术、市场等深度融合。随着专利导航内涵的延伸，更多的专利分析成为专利导航的组成部分。大部分的专利分析也逐渐不只分析专利信息，使专利导航和专利分析的概念和界限变得模糊。整体来看，专利分析范畴要大于专利导航。

　　专利侵权风险分析是指针对某一技术或产品，检索相关的专利文献，评估是否存在侵犯他人专利权风险的分析。这就包括了专利预警分析和 FTO（freedom to operate）分析。专利预警分析是指通过对专利文献等资料进行搜索、整理、分析，预测和研判技术或产品对专利的侵权风险，并及时发出警报的分析。FTO 分析是指技术实施人在不侵犯他人专利权的情况下能否对技术自由使用和实施，技术或者产品是否有专利侵权风险的分析[②]。专利预警分析一般是在技术尚未成熟阶段，通过风险预警避免后续研发的潜在风险，通

① 陈芳，杨建林. 科研成果社会影响力评价研究：评价方法视角下的解读［J］. 现代情报，2021，41（11）：111-119.

② 罗凡. 我国专利侵权惩罚性赔偿制度研究［D］. 北京：中国政法大学，2023.

常要对专利信息的分析更全面。FTO 分析一般是在技术定型阶段，通过分析避免产品上市、出口、参展等风险，通常针对的是更具体的技术方案。专利预警分析和 FTO 分析从前后端对专利侵权风险进行全面把关。一般的专利侵权风险分析不属于专利导航，若专利侵权风险分析与产业、技术、市场等深度融合，既可属于专利侵权风险分析，也可属于专利导航，所以二者并非绝对割裂，特别是专利导航往往会吸收专利侵权风险分析作为组成部分。

三、专利导航常用的分析模块

（一）调查分析

1. 政策调查分析

其分析主要国家/地区的产业技术、区域布局、环保、外贸、金融与税收等政策对某一产业/行业/技术的影响。

2. 市场环境调查分析

其分析主要国家/地区的政治、法律、经济、社会文化、地理、市场竞争等环境对某一产业/行业/技术的影响。

3. 产业调查分析

其分析主要国家/地区产业发展现况、布局、规模、优劣势、上中下游产业链、竞争或联盟关系等。

4. 企业调查分析

其从销售、研发、生产、物流、采购、财务、人力、信息、产品技术、竞争联盟、股权架构等方面分析目标企业，并分析企业专利状况等。

5. 特定产品/技术调查分析

其分析主要产品/技术的定义和概况、产业位置、技术分支和技术难点、市场和需求、竞争和联盟情况、发展历程、趋势和前景、应用情况等。

6. 产品/技术结构调查分析

技术结构按照产品结构、制程、方法、应用等拆解，产品结构继续按照系统、模块、组件拆解，其分析产品/技术价值节点。

7. 特定专利调查分析

其分析说明书和权利要求书，了解技术内容；从保护范围、可规避性、可替代性、依赖性等分析专利技术价值，从无效可能性、同族数、剩余保护期限等分析专利法律价值；从运营情况和市场前景等分析专利经济价值。

（二）趋势分析

1. 专利申请趋势分析

其分析某技术内容、某人（单位）、某地域单独或组合限定下，所有专利或各类型专利的专利申请量/授权量/授权率随时间变化的趋势。

其比较某技术内容、某人（单位）单独或组合限定下或无限定下各地域，某技术内容、某地域单独或组合限定下或无限定下各人（单位），某地域、某人（单位）单独或组合限定下或无限定下各技术内容，专利申请量/授权量/授权率随时间变化的趋势。

其分析某技术内容 IPC 数量、某技术内容申请人数量随时间变化的趋势。

其比较某技术内容各地域首次申请的专利申请量随时间变化的趋势。

2. 技术生命周期分析

其分析某技术处于导入期-成长期-成熟期-衰退期具体的发展阶段。

3. 专利集中度趋势分析

其分析在某技术内容、某地域单独或组合限定下，专利在人（单位）方面的集中程度的变化趋势。

（三）构成分析

1. 技术构成分析

其分析某技术内容、某人（单位）、某地域单独或组合限定下，各技术分支专利申请量/授权量占比。

其比较某技术内容、某人（单位）单独或组合限定下或无限定下各地域，某技术内容、某地域单独或组合限定下或无限定下各人（单位），某地域、某人（单位）单独或组合限定下或无限定下各技术内容，分析各技术分支专利申请量/授权量占比。

2. 人（单位）构成分析

其分析某技术内容、某地域单独或组合限定下或无限定下，各申请人单独和共同研发、申请人类型、申请人、专利权人、发明人（设计人）、专利代理机构、专利代理人专利申请量/授权量比例。

其比较某技术内容限定下或无限定下各地域，某地域限定下或无限定下各技术内容，各申请人单独和共同研发、申请人类型、申请人、专利权人、发明人（设计人）、专利代理机构、专利代理人专利申请量/授权量比例。

3. 地域构成分析

其分析某技术内容、某人（单位）单独或组合限定下或无限定下，各地域专利申请量/授权量占比。

4. 技术来源地和目标地分析

其了解某技术中来自各地域专利申请比例、某技术中各地域受理专利申请比例。

5. 专利类型构成分析

其分析某技术内容、某人（单位）、某地域单独或组合限定下或无须限定，发明、实用新型、外观设计专利申请量/授权量比例。

其比较某技术内容、某人（单位）单独或组合限定下或无限定下各地域，某技术内容、某地域单独或组合限定下或无限定下各人（单位），某地域、某人（单位）单独或组合限定下或无限定下各技术内容，发明、实用新型、外观设计专利申请量/授权量比例。

6. 专利有效性构成分析

其分析某技术内容、某人（单位）、某地域、某时间段单独或组合限定下或无限定下，专利有效、专利审中和专利失效比例。

其比较某技术内容、某人（单位）、某时间段单独或组合限定下或无限定下各地域，某技术内容、某地域、某时间段单独或组合限定下或无限定下各人（单位），某地域、某人（单位）、某时间段单独或组合限定下或无限定下各技术内容，分析专利有效、专利审中和专利失效比例。

专利有效对应的法律状态有专利授权、专利权利恢复和专利部分无效。

专利审中对应的法律状态有专利公开和专利实质审查。专利失效对应的法律状态有专利未缴年费、专利期限届满、专利撤回、专利驳回、专利放弃、专利避免重复授权、专利全部无效。在以上基础上可以继续细化分析。

（四）排序分析

1. 技术分支排序分析

其分析某技术内容、某人（单位）、某地域单独或组合限定下，各技术分支专利申请量/授权量排序以及排序随时间的变化趋势。

其分析某技术内容、某人（单位）、某地域单独或组合限定下，专利 IPC 排序以及排序随时间的变化趋势或各技术分支 IPC 排序。

2. 人（单位）排序分析

其分析某技术内容、某地域单独或组合限定下或无限定下，申请人、专利权人、发明人（设计人）、专利代理机构、专利代理人专利申请量/授权量排序；申请人在某技术内容、某地域单独或组合限定下或无限定下，发明人（设计人）、专利代理机构、专利代理人专利申请量/授权量排序；专利代理机构在某技术内容、某地域单独或组合限定下或无限定下，申请人、发明人（设计人）、专利代理人专利申请量/授权量排序。

3. 地域排序分析

某技术内容、某人（单位）单独或组合限定下或无限定下，各地域专利申请量/授权量排序。

（五）其他分析

1. 技术功效分析

其分析专利在技术-功效两个维度上的分布情况，了解行业专利分布的空白点和研究热点。

2. 专利引证分析

其了解某专利技术的引证关系，深入理解专利技术，梳理专利技术的演进历史，发现专利布局方向。

其了解某专利技术引证关系中的专利申请人情况，发现合作者和竞争对手。

3. 专利运营分析

其分析某技术内容、某人（单位）、某地域单独或组合限定下，诉讼、转让、许可、质押、保全、复审、无效、形成标准等专利运营情况。

4. 失效专利分析

其了解某技术中未缴年费、专利期限届满、专利撤回、专利驳回、专利放弃、专利避免重复授权、专利无效等专利，寻找可直接利用的技术点。

5. 核心专利分析

其综合考虑某技术中发生诉讼、转让、许可、质押、保全、复审、无效、形成标准等专利以及被引次数高、同族数量多、维持年限久、说明书页数多、权利要求项数多、独立权利要求项数多、独立权利要求字数短的专利，挖掘核心专利。

四、专利导航工作流程

（一）前期准备

1. 确定项目需求

我们根据实际项目内容及业务需求展开交流，可以以资料调研、专家访谈、座谈研讨等方式，收集项目需求素材，对需求素材进行甄别、提炼、分析，形成明确的任务需求：支撑区域规划、产业规划、企业经营、研发活动、人才管理等，形成共识后下达任务需求，提供专利导航服务。

2. 选定项目负责人及成员

我们根据项目的目标、复杂程度、实施特点等因素，确定项目负责人。项目负责人根据项目需求，从领域、从业经验、人员数量等方面，确定成员。项目负责人明确各成员在信息采集、数据处理、专利导航分析、质量控制、项目管理方面的分工。

3. 制订工作计划表

工作计划具体见表 8-1。

表 8-1　工作计划

工作项	具体内容	完成时间	投入人员	花费工时	工时单价	预计费用
信息采集	开展信息检索，采集相关信息	……	……	……	……	……
数据处理	将信息通过清洗、筛选、标引等方式进行整理	……	……	……	……	……
导航分析	挖掘数据关联关系，进行定量、定性分析和可视化呈现	……	……	……	……	……
成果产出	分析报告和数据集	……	……	……	……	……
成果验收	解读成果、评价成果和协助运用	……	……	……	……	……
总计		……	……	……	……	……

4. 明确质量要求

细化质量要求包括信息采集来源可靠，符合时效性要求，数据全面准确；数据处理准确、规范、有效；导航分析有效、恰当、可靠；成果产出系统、科学、规范；服务过程准时、及时等方面。

（二）信息采集

具体可参照第七章"五、检索流程"。

（三）数据处理

1. 数据去重、去噪

数据去重指通过一定的手段或方式从原始数据记录中删除重复数据的过程。例如，发明专利申请在不同程序中存在公布或公告两种专利文献，实质上是一件专利申请，一般需要进行去重处理。

数据去噪指通过一定的手段或方式从去重后的数据记录中筛选、删除与检索目标主题不相关的专利数据的过程。

数据去重、去噪为得到客观、真实、准确的分析结论提供可靠依据。

2. 数据项规范化

数据项规范化通常要了解数据的格式和内容，再按照需要对数据进行转换，使其成为方便机器处理的格式。

3. 数据标引

数据标引是指根据不同的目标，对原始数据中的记录加入相应的标识，从而增加额外的数据项来进行特定检索、分析的过程①。例如，对规范后的专利数据增加技术分支、技术功效等标识。数据标引可提高专利分析的效率和深度。

（四）导航分析

此阶段需要根据项目进行定性、定量及组合分析，可参考第三章调取专利导航常用的分析模块，建立专利导航分析模型，得出专利导航的决策建议。

（五）成果产出

1. 分析报告

分析报告包括前置结论和建议、项目需求分析、信息采集范围及策略、数据处理过程与方法、专利导航分析模型和分析过程。

2. 数据集

数据集含专利导航数据处理阶段形成的数据。

（六）成果验收

此阶段交付成果，并进行成果解读。具体内容为：组织人员验收，按照项目目标、内容要求、完成时间、费用、态度、质量要求等进行成果评价，不符合要求的进行返工修改，符合要求的结算费用。售后方面需要协助成果的运用。

---

① 李辉，曾文，谭晓，等. 科技大数据资源平台建设研究 [J]. 科技情报研究，2022，4（1）：71-77.

第九章 专利加快审查实操流程

📖 **导读**

　　本章聚焦专利加快审查相关内容。本章首先点明了专利申请量激增，审查周期长，促使专利加快审查需求凸显；然后介绍了多种加快审查途径，如依赖自身加快审查、专利优先审查、专利快速预审、专利审查高速路等；最后分析了专利代理中不建议加快审查的情形，包括在审专利无授权前景、前后授权前景有变化、技术方案和保护地域不确定、没必要快速授权等，强调应综合考量，使申请人利益最大化。

一、专利加快审查的原因

　　从宏观数据来看，2013 年国家知识产权局全年受理专利申请 238 万件，到 2023 年国家知识产权局全年受理专利申请高达 556 万件（发明专利申请 168 万件，实用新型专利申请 306 万件，外观设计专利 82 万件）。而 2023 年年底专利审查员不足 2 万人。海量的专利案件数量及飞速增长给审查机构不断施加压力。

　　国家知识产权局在专利审查提质增效方面取得了非常显著的成效，以发明专利为例，2024 年我国发明专利平均审查周期压减至 15.5 个月。值得注意的是，审查周期是自进入实质审查阶段开始计算，而发明专利提前公布的话从申请到进入实质审查阶段还有几个月的时间，所以一件发明专利从申请到审查结束还是要在 18 个月左右。当前发明专利授权周期部分超过 18 个月，若严格按照先来后到的顺序审查，过长的审查周期将难以满足创新主体对专利授权的时效性需求。

于个人而言专利加快审查有助于：

第一，尽早通过技术垄断而获得超额利润。专利权被授予后，除《专利法》另有规定的以外，任何单位或者个人未经专利权人许可，都不得实施其专利①。所以，对于有授权前景的技术或设计，申请人总是期待着专利加快审查，从而尽快授权获得垄断利益。

第二，尽早满足就学、就业、评职称、产品宣传、评高企、报项目、补贴、融资等要求。对于有此类需求的申请人，为了满足相关资质对专利授权的要求，往往需要申请专利优先审查以加速获取授权结果。

于国家而言专利加快审查有助于：建立专利加快审查机制，调配优势资源向符合国家战略的案件倾斜，有效地保障相关案件的加快结案，优先满足真正的创新来驱动发展。

对于专利加快审查，我们应该走出误区，其作用只是加快速度得到审查结果，这就意味着其可能是加快授权，也可能是加快驳回。我们还是要根据需要，适当选择专利加快审查。

二、依赖自身加快审查

以发明专利申请为例，为了加快专利审查，申请人可以依赖自身做如下工作：

---

① 中华人民共和国全国人民代表大会常务委员会. 中华人民共和国专利法［EB/OL］.（2020-11-19）［2021-06-01］.http://www.npc.gov.cn/npc/c2/c30834/202011/t20201119_308800.html.

（一）撰写注意技术领域

专利申请的技术优先布局国家鼓励的产业，例如战略性新兴产业（新一代信息技术产业、高端装备制造产业、新材料产业、生物产业、新能源汽车产业、新能源产业、节能环保产业、数字创意产业等[①]）。"每万人口高价值发明专利拥有量"的指标是写入"十四五"规划和2035年远景目标纲要的，而战略性新兴产业的发明专利是高价值发明专利的主要类型，所以战略性新兴产业的发明专利平均审查周期必然要缩短，高价值发明专利审查周期缩短至13个月，审查速度比平均审查周期至少快3个月。

（二）提高质量

申请人应避免形式缺陷和实质缺陷，审查员下发补正通知书、审查意见通知书延长了审查周期。

（三）放弃双报

同一申请人同日对同样的发明创造既申请实用新型又申请发明的，对于其中的发明专利申请一般不予优先审查[②]。专利双报通常也不允许快速预审。2021年国家知识产权局关于就《专利审查指南修改草案（征求意见稿）》公开征求意见明确："同日申请，发明专利延迟4年审查。"虽然最终没有采纳，但至少表达了国家知识产权局对双报延审的态度。

（四）放弃修改

在收到进入实质审查阶段通知书之日起的3个月内，申请人可以对发明专利申请主动提出修改[③]。放弃主动修改有可能缩短主动修改的等待期。

① 冷讷敏. 税收优惠政策激励战略性新兴产业创新效率的实证分析及优化路径研究［D］. 南昌：江西财经大学，2019.
② 国家知识产权局. 专利审查指南 2023［M］. 北京：知识产权出版社，2024.
③ 国家知识产权局. 专利审查指南 2023［M］. 北京：知识产权出版社，2024.

（五）提前公布

申请人在申请时选择提前公布，专利申请初步审查合格后立即进入公布准备。否则专利申请自申请日起满 18 个月才公布，延长了审查周期。

（六）提出实审

申请人在申请时提出实质审查请求，初步审查合格后可以尽快进行实质审查。

（七）不提延审

申请人若对专利申请提出延迟审查请求，发明专利延迟期限为自延迟审查请求生效之日起 1 年、2 年或 3 年，实用新型专利延迟期限为自延迟审查请求生效之日起 1 年，外观设计专利延迟期限以月为单位，最长延迟期限为自延迟审查请求生效之日起 36 个月。

（八）及时缴费

申请人及时缴纳申请费、公布印刷费、实审费、授权办登后的年费等，便于专利尽快进入下一个流程，及时结案。

（九）放弃分案

分案申请会涉及申请文件的修改，审查对象的改变会延长审查周期。

（十）及时答复

申请人收到补正通知书或者审查意见通知书后，及时在指定的期限内补正或者陈述意见，一次性解决形式缺陷和实质缺陷，避免再次下发补正通知书或者审查意见通知书延长审查周期。

（十一）及时沟通

申请人尽可能提高沟通效率，必要时，可以通过与审查员会晤、电话讨论①及其他方式加速审查。

以上工作具体见图 9-1。

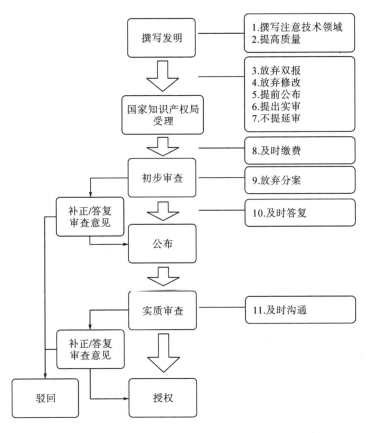

图 9-1 依赖自身做专利加快关键节点

---

① 国家知识产权局. 专利审查指南 2023 ［M］. 北京：知识产权出版社，2024.

三、专利优先审查

为了促进产业结构优化升级，推进国家知识产权战略实施和知识产权强国建设，服务创新驱动发展，完善专利审查程序，2017 年 8 月 1 日起施行了《专利优先审查管理办法》①。该办法不仅规定了实质审查阶段的发明专利申请的优先审查，还涉及实用新型和外观设计专利申请，以及专利复审和专利权无效宣告案件，形成系统完整的专利优先审查制度。

（一）专利申请优先审查流程

专利申请优先审查流程见图 9-2。

---

① 国家知识产权局. 专利优先审查管理办法［EB/OL］.（2017 - 06 - 27）［2025 - 04 - 11］.https://www.cnipa.gov.cn/attach/0/d3d601d435014dfaa79d3e545a921d2b.pdf.

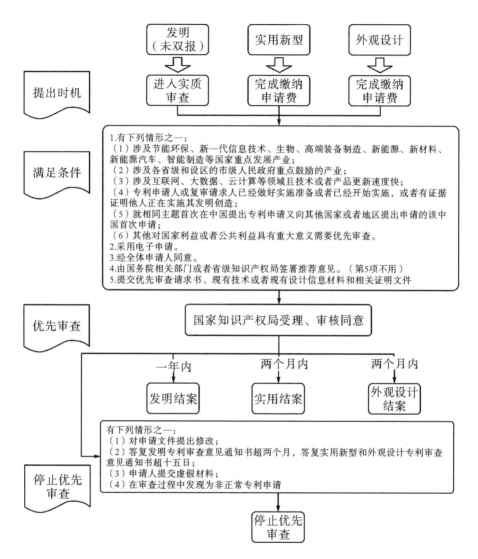

图 9-2 专利申请优先审查流程

（二）专利复审优先审查流程

专利复审优先审查流程见图 9-3。

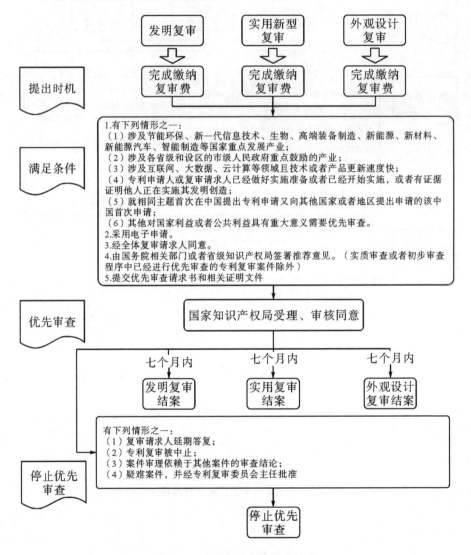

图 9-3　专利复审优先审查流程

（三）专利无效优先审查流程

专利无效优先审查流程见图9-4。

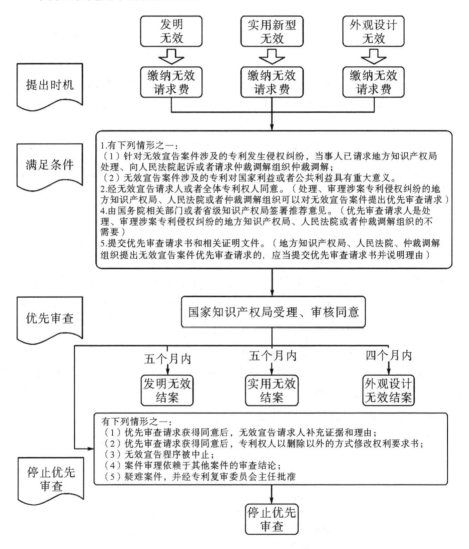

图9-4　专利无效优先审查流程

（四）相关流程说明

1. 提出时机

发明专利申请在具备开始实质审查的条件时提出，实用新型或外观设计专利申请应当已足额缴纳专利申请费，并已完成分类，具有分类号后提出；专利复审和专利权无效宣告案件，在缴纳专利复审或专利权无效宣告请求费后提出①。同一申请人同日（仅指申请日）对同样的发明创造既申请实用新型又申请发明的，对于其中的发明专利申请一般不予优先审查②。

2. 提出主体

专利申请为全体申请人；专利复审案件为全体复审请求人。

专利无效案件为无效宣告请求人或者全体专利权人，处理、审理涉案专利侵权纠纷的地方知识产权局、人民法院或者仲裁调解组织也可以对专利权无效宣告案件提出优先审查请求（可以加快专利侵权纠纷的解决）③。

3. 请求优先审查的专利申请、复审、无效是否必须电子申请

请求优先审查的专利申请以及专利复审案件，应当采用电子申请方式④。对于专利权无效宣告案件无限制，一般也会要求当事人采用电子请求方式（因为纸质文件会涉及较长的数据采集和代码化周期，电子请求可以加快案件审查流程，建议申请人采用 XML 格式文件的电子申请，该格式文件的电子申请有利于规范化管理，并能充分保证专利申请在整个流程的快速、准确；而对于 PDF 格式或 word 格式文件，系统需要时间转换为审查用的 XML 格式文件，将影响整个审查周期）。

4. 专利申请、专利复审案件要满足的条件

有下列情形之一的专利申请或者专利复审案件，可以请求优先审查：

---

① 国家知识产权局. 知识产权政务服务事项办事指南［EB/OL］.北京：国家知识产权局，2023（2023-02）［2025-04-11］.https：//ggfw.cnipa.gov.cn/home.

② 国家知识产权局. 专利审查指南 2023 ［M］. 北京：知识产权出版社，2024.

③ 国家知识产权局. 专利优先审查管理办法［EB/OL］.（2017-06-27）［2025-04-11］.https：//www.cnipa.gov.cn/attach/0/d3d601d435014dfaa79d3e545a921d2b.pdf.

④ 国家知识产权局. 专利优先审查管理办法［EB/OL］.（2017-06-27）［2025-04-11］.https：//www.cnipa.gov.cn/attach/0/d3d601d435014dfaa79d3e545a921d2b.pdf.

（1）涉及节能环保、新一代信息技术、生物、高端装备制造、新能源、新材料、新能源汽车、智能制造等国家重点发展产业（因为这类技术面向国家重大发展需求，是推动产业创新发展的重要资源）。

（2）涉及各省级和设区的市级人民政府重点鼓励的产业（主要从支持地方经济建设、鼓励优势产业发展的角度考虑）。

（3）涉及互联网、大数据、云计算等领域且技术或者产品更新速度快（在新一代技术革命中蓬勃发展的互联网、大数据、云计算等前沿热点领域，技术更新迭代快、产品生命周期短，对涉及的专利申请进行优先审查能够更好地满足该领域创新主体"快获权"的需求）。

（4）专利申请人或者复审请求人已经做好实施准备、已经开始实施，或者有证据证明他人正在实施其发明创造（从尽快确定权利状态、有效保护权利人利益角度考虑）。

（5）就相同主题首次在中国提出专利申请又向其他国家或者地区提出申请的该中国首次申请（鼓励海外专利布局，这类专利需要投入大量申请成本，一般价值高、稳定性好）。

（6）其他对国家利益或者公共利益具有重大意义需要优先审查（通过优先审查来更好地维护国家利益或者社会公共利益）[①]。

5. 专利无效案件要满足的条件

有下列情形之一的无效宣告案件，可以请求优先审查：

（1）针对无效宣告案件涉及的专利发生侵权纠纷，当事人已请求地方知识产权局处理、向人民法院起诉或者请求仲裁调解组织仲裁调解（更加准确、及时地确定专利权的有效性，解决目前专利制度运行中突出存在的专利维权"周期长"的问题）；

（2）无效宣告案件涉及的专利对国家利益或者公共利益具有重大意义（通过优先审查来更好地维护国家利益或者社会公共利益）[②]。

---

① 国家知识产权局. 专利优先审查管理办法［EB/OL］.（2017－06－27）［2025－04－11］.https://www.cnipa.gov.cn/attach/0/d3d601d435014dfaa79d3e545a921d2b.pdf.

② 国家知识产权局. 专利优先审查管理办法［EB/OL］.（2017－06－27）［2025－04－11］.https://www.cnipa.gov.cn/attach/0/d3d601d435014dfaa79d3e545a921d2b.pdf.

6. 数量限制

国家知识产权局根据不同专业技术领域的审查能力、上一年度专利授权数量以及本年度待审案件数量等情况确定。2023 年共予以优先审查三种专利申请 13.8 万件，其中发明专利申请 13.7 万件。由于数量有限，各省级知识产权局在满足相应条件时，未必都会签署推荐意见。例如，个别申请人提出的优先审查数量过多占用大量审查资源，不太鼓励实用新型专利申请走优先审查，双报的专利申请拒绝优先审查，专利技术从分类号来看其主分类号不属于国家重点发展产业等。所以，代理机构无法确保每件专利申请都能够通过专利优先审查，只能尽量去尝试，了解好当地政策倾向。

7. 不需要由国务院相关部门或者省级知识产权局签署推荐意见的情况

"国务院相关部门"是指国家科技、经济、产业主管部门，以及国家知识产权战略部际协调成员单位。"省级知识产权局"是指优先审查申请人所在省行政区划的省级知识产权局，

专利申请、复审关注第一专利申请人的地址，专利无效关注提出优先审查的无效请求人或专利权人的地址。

专利申请优先审查中，属于"就相同主题首次在中国提出专利申请又向其他国家或者地区提出申请的该中国首次申请"情形，无须国务院相关部门或者省级知识产权局签署推荐意见。

专利复审优先审查中，属于"专利复审案件涉及的专利申请在实质审查或者初步审查程序中已经进行了优先审查"情形，无须国务院相关部门或者省级知识产权局签署推荐意见。

专利无效优先审查中，属于"处理、审理涉案专利侵权纠纷的地方知识产权局、人民法院、仲裁调解组织对专利权无效宣告案件请求优先审查"情形，无须国务院相关部门或者省级知识产权局签署推荐意见。

8. 需要提供现有技术或者现有设计信息材料的情况

申请人提出专利申请优先审查请求的，才需要提供现有技术或者现有设计信息材料。专利复审、无效优先审查则不需要。

同日申请，还需要在请求书中提供相对应的同日申请的申请号。同一申请人同日（仅指申请日）对同样的发明创造既申请实用新型又申请发明的，

对于其中的发明专利申请一般不予优先审查。

现有技术是指（发明或者实用新型专利）申请日以前在国内外为公众所知的技术。包括在申请日（有优先权的，指优先权日）以前在国内外出版物上公开发表、在国内外公开使用或者以其他方式为公众所知的技术。申请人应重点提交与发明或者实用新型专利申请最接近的现有技术文件。现有设计是指（外观设计专利）申请日以前在国内外为公众所知的设计。申请人应重点提交与外观设计专利申请最接近的现有设计信息。对于专利文献，可以只提供专利文献号和公开日期，对于非专利文献，如期刊或书籍，建议提供全文或相关页。

9. 需要提供相关证明文件的情况

相关证明文件主要指证明该专利申请、专利复审、专利权无效宣告案件是符合《专利优先审查管理办法》所列优先审查情形的必要的证明文件。

证明属于"涉及节能环保、新一代信息技术、生物、高端装备制造、新能源、新材料、新能源汽车、智能制造等国家重点发展产业"，可以提供本专利属于国家重点发展产业的证明，例如五年规划提到本专利相关技术，以及《战略性新兴产业分类与国际专利分类参照关系表（2021）（试行）》《绿色技术专利分类体系》《关键数字技术专利分类体系（2023）》能够找到本专利相关分类号（最好是主分类号）等。

证明属于"涉及各省级和设区的市级人民政府重点鼓励的产业"可以提供本专利属于重点鼓励的产业的证明，例如各省级和设区的市级人民政府的相关文件中提到鼓励本专利相关技术等。

证明属于"涉及互联网、大数据、云计算等领域且技术或者产品更新速度快"，可以提供本专利属于互联网、大数据、云计算等领域的证明，例如专利分类号划分到该领域等。

证明属于"专利申请人或者复审请求人已经做好实施准备或者已经开始实施，或者有证据证明他人正在实施其发明创造"，申请人已经做好实施准备或者已经开始实施的，需要提交的相关证明文件是指原型照片或证明、样本证明、工厂注册证书、产品目录、产品手册；申请人有证据证明他人正在实施其发明创造的，需提交的相关证明文件是指交易或销售证明（例如，买卖合同、产品供应协议、采购发票）。

证明属于"就相同主题首次在中国提出专利申请又向其他国家或者地区提出申请的该中国首次申请"，向外提出申请的中国首次申请包含 PCT 途径和《巴黎公约》途径两种情形。对于通过 PCT 途径向其他国家或地区提出申请的，PCT 国际申请受理局为中国局的，无须提交证明文件，仅在优先审查请求书中写明国际申请号即可，PCT 国际申请受理局为非中国局的，需要提交 PCT 国际申请受理（105 表）、缴费（102 表）、优先权（304 表）等文件及中译文；对于通过《巴黎公约》途径提交的，需要提交对应国家或地区专利审查机构的受理通知书、缴费凭证、优先权信息等文件及中文译文。

证明属于"对国家利益或者公共利益具有重大意义需要优先审查"，可以提供本专利技术满足或能够满足国家以生存发展为基础的某些方面需要并且对国家在整体上具有好处，能够满足一定范围内所有人生存、享受和发展的、具有公共效用的资源和条件的证明等。

证明属于"针对无效宣告案件涉及的专利发生侵权纠纷，当事人已请求地方知识产权局处理、向人民法院起诉或者请求仲裁调解组织仲裁调解"，可以提供相应的立案通知书、答辩通知书、起诉状、应诉通知书等证明文件。

地方知识产权局、人民法院、仲裁调解组织提出无效宣告案件优先审查请求的，不需要相关证明文件，但需要说明理由。

优先审查请求人提交的附件文件信息，涉及专利文献的，应当填写专利文献号、公开日期及涉及的相关段落和/或图号；涉及非专利文献的，应当填写非专利文献书名、期刊或文摘名称、出版日期及涉及的相关页数。

10. 国家知识产权局发出是否同意优先审查审核意见的时间

对于专利申请，通常自收到优先审查请求之日起 3~5 个工作日向申请人发出是否同意进行优先审查的审核意见。对于专利复审、专利权无效宣告案件，在收到优先审查请求书后，会尽快对该请求进行审核，并发出相应通知书来通知请求人是否进入优先审查程序。

11. 结案时间

对于国家知识产权局同意进行优先审查的申请或者案件，自同意优先审查之日起，发明专利申请在 45 日内发出第一次审查意见通知书并在一年内结案；实用新型和外观设计专利申请 2 个月内结案；专利复审案件 7 个月内结案；发明和实用新型专利权无效宣告案件 5 个月内结案，外观设计专利权无效宣告案件 4 个月内结案。

12. 答复期限

申请人答复发明专利审查意见通知书的期限为通知书发文日起 2 个月，申请人答复实用新型和外观设计专利审查意见通知书的期限为通知书发文日起 15 日。"发文日"即为通知书上注明的发文日期。

请求优先审查的专利复审案件和专利权无效宣告案件的通知书答复期限与普通案件相同。

13. 优先审查程序是否会被停止

专利申请的审查过程中存在多种非审理原因而延长审查期限的情形，专利复审、专利权无效宣告案件的审理过程中也存在多种需要延长审查期限的情形。

专利申请优先审查中，有下列情形之一国家知识产权局可以停止优先审查程序，按普通程序处理：

（1）对专利申请主动提出修改（修改将造成审查周期延长）；

（2）未在通知书发文日起 2 个月答复发明专利审查意见，未在通知书发文日起 15 日内答复实用新型和外观设计专利审查意见（造成审查周期延长）；

（3）提交虚假材料（违背了诚实信用原则的行为）；

（4）非正常专利申请（违背了诚实信用原则的行为）①。

专利复审优先审查中，有下列情形之一国家知识产权局可以停止优先审查程序，按普通程序处理：

（1）延期答复（造成审查周期延长）；

（2）复审被中止（不能保证在规定的期限内结案）；

（3）案件审理依赖于其他案件的审查结论（不能保证在规定的期限内结案）；

（4）疑难案件，并经专利复审委员会主任批准（一般是遇到疑难案件，

---

① 国家知识产权局. 专利优先审查管理办法［EB/OL］.（2017－06－27）［2025－04－11］.https://www.cnipa.gov.cn/attach/0/d3d601d435014dfaa79d3e545a921d2b.pdf.

为了保证审理质量，维护当事人权益，也需要较长的审理时间)①。

专利无效优先审查中，有下列情形之一国家知识产权局可以停止优先审查程序，按普通程序处理：

（1）无效宣告请求人补充证据和理由（造成审查周期延长）；

（2）专利权人以删除以外的方式修改权利要求书（造成审查周期延长）；

（3）无效宣告程序被中止（不能保证在规定的期限内结案）；

（4）案件审理依赖于其他案件的审查结论（不能保证在规定的期限内结案）；

（5）疑难案件，并经专利复审委员会主任批准（一般是遇到疑难案件，为了保证审理质量，维护当事人权益，也需要较长的审理时间)②。

四、专利快速预审

近年来，为营造良好创新创业和营商环境，为社会公众提供更加便捷、高效、低成本的服务，国家知识产权局不断完善知识产权快速协同保护机制，与地方共同建设知识产权保护中心和快速维权中心。目前全国在建和已建成运行的国家级知识产权保护中心、快速维权中心数量达到 76 家和 48 家，分布在 29 个省（自治区、直辖市)③。知识产权保护中心主要面向省（自治区、直辖市）、市（地、州）的优势产业，可针对发明、新型、外观三种专利提供快速预审服务；快速维权中心主要面向区（县、旗）、镇的产业集聚区，尤其是小商品、快消品产业集聚区，主要针对外观设计专利提供快速预审服务，业务运行良好且满足条件的快速维权中心，部分也会申请开展实用新型专利

① 国家知识产权局. 专利优先审查管理办法［EB/OL］.（2017－06－27）［2025－04－11］.https：//www.cnipa.gov.cn/attach/0/d3d601d435014dfaa79d3e545a921d2b.pdf.

② 国家知识产权局. 专利优先审查管理办法［EB/OL］.（2017－06－27）［2025－04－11］.https：//www.cnipa.gov.cn/attach/0/d3d601d435014dfaa79d3e545a921d2b.pdf.

③ 数据截至 2025 年 1 月 7 日。

快速预审试点工作，如中国中山（灯饰）知识产权快速维权中心。辖区内相应产业的企事业单位可自愿进行备案，其专利申请经保护中心预审合格后，再正式提交至专利局即可进入快速审查通道。部分中心陆续可能会开通针对专利复审无效快速审查的确权预审、专利权评价报告预审等。本书的专利快速预审主要还是指大部分创新主体关心的专利申请快速预审。

专利快速预审的好处主要就是结案快、授权率高、保证专利质量、节约成本、促进地区优势产业发展、增强企业竞争力。专利快速预审相当于由中心先审了一道，确保了专利质量，提高授权率，符合要求的打上标记，进入快速审查通道，缩短审查周期。在预审过程中发现不符合要求的，可以不再进行专利申请，避免成本增加。专利快速预审可以增加地区优势产业的专利数量和保护力度，创新主体也可以尽早通过技术垄断而获得超额利润，同时尽早满足产品宣传、评高企、报项目、补贴、融资等要求。

全国在建和已建成运行的国家级知识产权保护中心见表 9-1、快速维权中心清单见表 9-2。

表 9-1　国家级知识产权保护中心清单

序号	名称	序号	名称	序号	名称
1	安徽省知识产权保护中心	27	中国（甘肃）知识产权保护中心	53	中国（山西）知识产权保护中心
2	海口知识产权保护中心	28	中国（赣州）知识产权保护中心	54	中国（陕西）知识产权保护中心
3	湖北省知识产权保护中心	29	中国（广东）知识产权保护中心	55	中国（汕头）知识产权保护中心
4	湖南省知识产权保护中心	30	中国（广州）知识产权保护中心	56	中国（上海）知识产权保护中心
5	嘉兴知识产权保护中心	31	中国（贵阳）知识产权保护中心	57	中国（深圳）知识产权保护中心
6	景德镇知识产权保护中心	32	中国（杭州）知识产权保护中心	58	中国（沈阳）知识产权保护中心
7	连云港知识产权保护中心	33	中国（合肥）知识产权保护中心	59	中国（四川）知识产权保护中心

表9-1(续)

序号	名称	序号	名称	序号	名称
8	南宁知识产权保护中心	34	中国（河北）知识产权保护中心	60	中国（苏州）知识产权保护中心
9	青岛知识产权保护中心	35	中国（黑龙江）知识产权保护中心	61	中国（泰州）知识产权保护中心
10	绍兴知识产权保护中心	36	中国（吉林）知识产权保护中心	62	中国（天津）知识产权保护中心
11	台州知识产权保护中心	37	中国（济南）知识产权保护中心	63	中国（潍坊）知识产权保护中心
12	唐山知识产权保护中心	38	中国（江苏）知识产权保护中心	64	中国（无锡）知识产权保护中心
13	温州知识产权保护中心	39	中国（克拉玛依）知识产权保护中心	65	中国（武汉）知识产权保护中心
14	厦门知识产权保护中心	40	中国（昆明）知识产权保护中心	66	中国（西安）知识产权保护中心
15	湘潭市知识产权保护中心	41	中国（辽宁）知识产权保护中心	67	中国（新乡）知识产权保护中心
16	中国（北京）知识产权保护中心	42	中国（洛阳）知识产权保护中心	68	中国（徐州）知识产权保护中心
17	中国（滨海新区）知识产权保护中心	43	中国（南昌）知识产权保护中心	69	中国（烟台）知识产权保护中心
18	中国（常州）知识产权保护中心	44	中国（南京）知识产权保护中心	70	中国（浙江）知识产权保护中心
19	中国（长春）知识产权保护中心	45	中国（南通）知识产权保护中心	71	中国（中关村）知识产权保护中心
20	中国（长沙）知识产权保护中心	46	中国（内蒙古）知识产权保护中心	72	中国（珠海）知识产权保护中心
21	中国（成都）知识产权保护中心	47	中国（宁波）知识产权保护中心	73	中国（淄博）知识产权保护中心
22	中国（大连）知识产权保护中心	48	中国（宁德）知识产权保护中心	74	重庆知识产权保护中心
23	中国（德州）知识产权保护中心	49	中国（浦东）知识产权保护中心	75	宁夏回族自治区知识产权保护中心

表9-1(续)

序号	名称	序号	名称	序号	名称
24	中国（东营）知识产权保护中心	50	中国（泉州）知识产权保护中心	76	绵阳市知识产权保护中心
25	中国（佛山）知识产权保护中心	51	中国（三亚）知识产权保护中心	—	—
26	中国（福建）知识产权保护中心	52	中国（山东）知识产权保护中心	—	—

注：数据截至 2025 年 1 月 7 日。

表 9-2　快速维权中心清单

序号	名称	序号	名称
1	白沟新城（箱包）知识产权快速维权中心	25	中国晋江（鞋服和食品）知识产权快速维权中心
2	常熟（纺织服装）知识产权快速维权中心	26	中国景德镇（陶瓷）知识产权快速维权中心
3	广州番禺（珠宝和动漫产业）知识产权快速维权中心	27	中国南通（家纺）知识产权快速维权中心
4	海安（家具）知识产权快速维权中心	28	中国宁津（健身器材和家具）知识产权快速维权中心
5	湖州吴兴（童装和丝绸）知识产权快速维权中心	29	中国汕头（玩具）知识产权快速维权中心
6	金华永康（五金）知识产权快速维权中心	30	中国绍兴柯桥（纺织）知识产权快速维权中心
7	开平（水暖卫浴）知识产权快速维权中心	31	中国顺德（家电）知识产权快速维权中心
8	临海（时尚休闲）知识产权快速维权中心	32	中国桐乡（现代服饰）知识产权快速维权中心
9	平乡（自行车）知识产权快速维权中心	33	中国温岭（通用机械）知识产权快速维权中心
10	台州黄岩（塑料制品）知识产权快速维权中心	34	中国武汉（汽车及零部件）知识产权快速维权中心
11	兴城（泳装）知识产权快速维权中心	35	中国西海岸（机电产品）知识产权快速维权中心

表9-2(续)

序号	名称	序号	名称
12	宜兴（陶瓷）知识产权快速维权中心	36	中国厦门（厨卫）知识产权快速维权中心
13	余姚（塑料制品）知识产权快速维权中心	37	中国阳江（五金刀剪）知识产权快速维权中心
14	中国安吉（绿色家居）知识产权快速维权中心	38	中国义乌（小商品）知识产权快速维权中心
15	中国霸州（家具）知识产权快速维权中心	39	中国禹州（钧瓷）知识产权快速维权中心
16	中国北京朝阳（设计服务业）知识产权快速维权中心	40	中国云和（木制玩具）知识产权快速维权中心
17	中国曹县（演出服装和林产品）知识产权快速维权中心	41	中国镇江丹阳（眼镜）知识产权快速维权中心
18	中国潮州（餐具炊具）知识产权快速维权中心	42	中国郑州（创意产业）知识产权快速维权中心
19	中国成都（家居鞋业）知识产权快速维权中心	43	中国中山（灯饰）知识产权快速维权中心
20	中国东莞（家具）知识产权快速维权援助中心	44	中国重庆（汽车摩托车）知识产权快速维权中心
21	中国奉贤（化妆品）知识产权快速维权中心	45	中国邳州（生态家居）知识产权快速维权中心
22	中国广州花都（皮革皮具）知识产权快速维权中心	46	中国鄞州（智能电器）知识产权快速维权中心
23	中国海宁（纺织服装与家居）知识产权快速维权中心	47	中国漯河经济技术开发区（食品）知识产权快速维权中心
24	中国杭州（制笔）知识产权快速维权中心	48	德化（陶瓷）知识产权快速维权中心

注：数据截至 2025 年 1 月 7 日。

　　各地中心对备案主体以及预审条件有各种要求，差异一般不大，本书以重庆市知识产权保护中心为例进行讲解，实践中应以具体中心的要求为准。

（一）专利快速预审流程

专利快速预审流程见图 9-5。

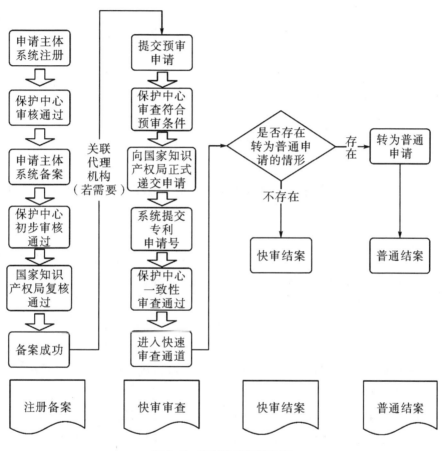

图 9-5　专利快速预审流程

（二）申请主体系统注册

申请主体登录网址（https://cnippc.cn/ippc-web-dzsq/）填写申请主体相关信息，上传加盖红色公章的统一社会信用代码证附件（TIFF 格式）（有费减需求的建议提前完成费减资格备案，网址为 https://cponline.cnipa.gov.cn）。

填写完成后点击提交按钮，保护中心会对其进行审核，审核结果会以邮件和短信通知申请主体。

（三）申请主体备案

为更好地推进专利申请预审工作，提升专利申请预审效能，服务创新主体，相关主体要预审备案后，才能开展相关预审业务。

注册审核通过后，申请主体登录系统，进行备案申请。在新增备案申请页面填写法定代表人姓名，上传：

第一，法定代表人身份证复印件（加盖公章）。

第二，专利预审服务备案申请表（excel 格式和加盖公章的 PDF 格式申请表扫描件）。

第三，营业执照复印件、事业单位法人证书或相关法人证书复印件（加盖公章）。

第四，专利预审承诺书（加盖公章）。

第五，其他证明材料（能够证明备案主体的产品、研发、知识产权管理能力、专利工作基础符合备案主体的申请条件，加盖公章）。

上传完成后点击"提交"按钮。

保护中心对提交的备案材料进行初步审核，初审通过后提交国家知识产权局复核，复核通过后予以备案并公告。备案成功后方可向保护中心提交专利预审请求。审核结果会以邮件和短信的方式通知申请主体。审核不通过，也会收到系统发送的审核结果信息。

备案申请审核通过后，若申请主体想和代理机构建立委托关系，可在信息维护模块中进行操作，勾选已经在系统中成功注册的代理机构即可。

备案主体应确保信息的准确性，备案信息发生变更的，应及时完成更新，备案更新审核合格前，暂缓预审服务。

已备案申请主体（须作为第一申请人）与未备案申请主体作为共同专利申请人提出预审服务请求，需提交共同研发证明，盖字+加盖公章。

备案主体的申请条件：

第一，注册或登记地在重庆市行政区域内，具有独立法人资格的企事业单位或符合条件的其他单位（中心一般面向的是辖区内相应产业的企事业单位）。

第二，生产、研发或经营范围属于国家知识产权局批复保护中心服务的预审产业领域，且具有真实的研发场地、研发团队和较强的研发创新能力（因为专利预审是以服务地方产业发展为目标，各地专利预审技术领域会有所不同。而且专利预审的审查员人数有限，也无法涵盖很多技术领域。重庆市知识产权保护中心负责重庆市新一代信息技术和生物产业领域，根据国家知识产权局批复产业领域调整）。

第三，具备良好的专利工作基础，有稳定的知识产权管理团队或人员，建立规范的知识产权管理制度（专利快速预审不仅需要专利局的努力，更需要申请人的配合，内部良好的知识产权条件有利于高质量申请，使专利申请能够快速结案）。

第四，三年内无国家知识产权局和重庆市知识产权管理部门认定的失信行为，无故意侵犯他人知识产权等不良记录（强化以诚信为基础的备案主体管理，避免扰乱正常专利工作秩序）。

（四）预审请求

在预审平台上传专利申请文件、自检表及其他相关文件。应在提交专利预审申请前，在专利费减备案系统进行专利费减备案。

申请人将通过电子客户端或交互式平台提交符合格式要求（XML 格式）的申请文件。

提交专利申请预审请求时，应同时满足以下条件：

第一，备案主体或代理机构处于正常运营状态。

第二，专利申请的发明创造属于国家知识产权局批复保护中心服务的预审产业领域。

第三，专利申请的发明创造应当与申请人的主营业务范围、研发能力及资源条件相符合。

第四，其他相关要求。

（五）预审受理

保护中心核实预审请求主体的身份信息和备案资格，给出申请文件预分类号，核查申请文件以及相关材料的完整性，排除不符合国家知识产权局专利快速审查相关政策要求的情形，根据核查结果发出受理或不予受理通知书。

在预审受理阶段出现以下情形之一的，不予受理：

第一，备案主体或代理机构未处于正常运营状态的。

第二，明显不属于保护中心预审服务产业领域的。

第三，共同申请的第一申请人未备案的。

第四，共同申请的第一申请人已备案，其他申请人未备案且未提交共同研发证明材料的。

第五，专利申请缺少必要申请文件、未使用中文撰写或请求书未写明申请人名称或详细地址的。

第六，重复提交的方案实质相同的预审请求（应预审工作人员同意提交完善的预审请求不计入）。

第七，专利申请属于按照专利合作条约（PCT）提出的专利国际申请、进入中国国家阶段的 PCT 国际申请、根据《专利法》第 9 条第 1 款所规定的同一备案主体同日对同样的发明创造所申请的实用新型专利和发明专利、分案申请和根据《专利法实施细则》第 7 条所规定的需要进行保密审查的申请（因为快速预审是服务于国内申请，PCT 涉及了国际阶段程序，不适合快速预审；同日申请制度通过实用新型专利授权快特点解决了发明授权慢的问题，当发明符合授权条件时通过放弃实用新型而获得保护期限更长的发明专利。这个制度本身已经解决了发明审查周期长的问题，多占用了审查资源，如果再占用稀缺的预审资源，有损公众利益，另外若可以快速预审可能钻了公开时间差的空子，导致重复授权；分案申请会涉及申请文件的修改，审查对象的改变会延长审查周期，所以不适用快速预审；保密审查有其特殊程序，涉及国防利益需要保密的专利申请，由国防知识产权局进行审查，涉及国防利益以外的国家安全或者重大利益需要保密的发明或者实用新型专利申请，由专利局指定的审查员进行，所以也不适用快速预审）。

第八，其他不予受理的情形。

（六）预审审查

保护中心在规定期限内完成预审审查，发出预审通过或不予通过通知书。

预审审查阶段的专利申请文件须同时满足以下要求：

第一，初步审查要求：符合《审查指南》第一部分第一章至第三章的规定，专利申请文件不存在形式缺陷和明显实质性缺陷。

第二，实质审查要求：符合《审查指南》第二部分第一章至第十一章的规定，发明专利申请文件不存在缺乏新颖性、明显创造性、实用性、单一性等实质性缺陷。

在预审审查阶段出现以下情形之一的，预审不予通过：

第一，备案主体或代理机构未处于正常运营状态的。

第二，存在多项形式缺陷或明显实质性缺陷的。

第三，经核查确定不属于保护中心预审服务产业领域的。

第四，未在指定的答复期限内修改、答复专利申请预审审查意见、答复意见并未针对专利申请预审审查意见或经多次修改、答复后仍不符合专利申请预审要求的。

第五，专利申请属于不以保护创新为目的的。

第六，专利申请在未收到预审结论前，已经向国家知识产权局提交正式专利申请的。

第七，专利申请文件中含有违反法律、社会公德或者妨害公共利益的内容，以及含有意识形态敏感信息的。

第八，其他违反诚实信用原则或扰乱正常专利预审工作秩序的情形。

（七）正式提交

预审通过后，申请主体应按照规定流程在 3 个工作日内向国家知识产权局以 XML 格式提交正式专利申请，确保正式申请文件与预审通过文件的一致性，在收到国家知识产权局发出的受理通知书起 1 个工作日内完成网上缴费，并向保护中心提交专利申请号及缴费凭证。

预审提交日不等同于专利申请日，经预审审查通过后，申请人方可正式向国家知识产权局提交专利申请。在未收到预审结论前向国家知识产权局提交正式申请的，预审不予通过。

对于发明专利申请，申请人在请求书中选择"请求早日公布该专利申请"，并勾选"放弃主动修改的权利"，在提交专利申请的同时提交实质审查请求书，以及申请日前与发明有关的参考资料。放弃在专利申请授权登记前进行著录项目变更的权利。

答复国家知识产权局审查意见通知书的期限应在快速审查规定时间内。未能在预审意见通知书中规定期限内答复修改和/或陈述意见的，视为申请人放弃该专利申请预审。对于发明专利申请，针对国家知识产权局发出的第一、二次审查意见通知书，申请人分别在 10 个、5 个工作日内提交符合要求的 XML 格式答复意见。对于实用新型专利申请，针对国家知识产权局发出的审查意见通知书，申请人在 5 个工作日内提交符合要求的 XML 格式答复意见。

申请人对于根据《专利法实施细则》第 24 条规定需要对生物材料提交保藏的专利申请，在申请时提交保藏单位出具的保藏证明和存活证明；对于根据《专利法》第 24 条和《专利法实施细则》第 30 条第 3 款的需要提交证明文件的情形，相关证明文件将在申请日一并提交；对于根据《专利法》第 29 条的规定要求优先权的，将在先申请文本副本一并提交。

申请人对同一专利申请不进行重复提交。

申请人承诺提交的专利申请不涉及国家知识产权局《规范申请专利行为的规定（2023）》（局令第 77 号）所规定的非正常申请专利行为。

申请人在国家知识产权局发出专利申请受理通知书起 1 个工作日内完成下列费用的网上足额缴费：申请费（含附加费）、公布印刷费（仅限发明专利申请）、实质审查费（仅限发明专利申请）、授权后第一年的年费、印花税等费用，并向保护中心反馈申请号、缴费凭证及受理通知书。但缴纳上述费用并不意味相关专利申请必将获得授权。如最终该项专利申请未被授权，则上述费用未被实际使用，申请人可以提出退款请求。

对于将预审通过后授权的专利进行专利权转让的，申请人在国家知识产权局核准的专利权转移登记生效日起 3 个月内向保护中心提交报备材料，对转让理由进行合理说明。

（八）预审核查

保护中心收到反馈的专利申请号及缴费凭证后，在规定时限内完成对预审通过文件及国家知识产权局受理正式专利申请文件的一致性核查，并将核查结果通知申请人。

在预审核查阶段出现以下情形之一的，核查不通过，不予进入国家知识产权局专利快速审查通道：

第一，备案主体或代理机构未处于正常运营状态的。

第二，向国家知识产权局提交的正式专利申请文件与预审通过文件不一致的。

第三，在收到国家知识产权局受理通知书后未在规定时限内完成网上缴费或未及时向保护中心提交专利申请号和缴费凭证的。

第四，其他不符合国家知识产权局要求的情形。

（九）转为普通申请

有下列情形之一的，进入快速审查通道的专利申请将自动转为普通申请，继续进行审查：

第一，申请不接受保护中心提供的专利预审服务、提交专利预审的申请主体不是在保护中心备案的创新主体、提交的专利申请不属于国家知识产权局批复保护中心服务的预审产业领域、需要费减的未在提交专利预审申请前在专利费减备案系统进行专利费减备案。

第二，申请人违背所签署的专利预审承诺书的。

第三，在外观设计专利申请初步审查中专利局需要发出审查意见通知书的。

第四，在实用新型专利申请初步审查中申请人针对第一次审查意见通知书作出答复后仍未满足授权条件的。

第五，在发明专利申请实质审查中申请人针对第二次审查意见通知书作出答复后仍未满足授权条件的。

（十）注意事项

以下事项须注意，否则可能被采取提醒、约谈、警告、暂停预审服务、取消备案（登记）资格等措施：

第一，信息发生变更后及时更新。

第二，要在指定的答复期限内修改、答复专利申请预审审查意见，答复意见应针对专利申请预审审查意见，避免经多次修改、答复后仍不符合专利申请预审要求。

第三，避免专利申请在未收到预审结论前，已经向国家知识产权局提交正式专利申请。

第四，专利申请文件中不得含有违反法律、社会公德或者妨害公共利益的内容，以及意识形态敏感信息。

第五，避免提交的专利申请预审请求撰写质量低、形式问题过多，或经多次修改仍不符合预审要求。

第六，专利申请应以保护创新为目的，避免非正常专利申请。

第七，确保专利预审达到一定合格率。

第八，专利申请进入国家知识产权局快速审查通道后，主动撤回的要与保护中心沟通。

第九，未按规定的时限、格式等要求答复审查意见通知书。

第十，避免被注销、宣告破产等致使备案主体丧失法律主体资格，避免被列入经营异常名录、提交虚假材料，违反诚信原则，被列入严重违法失信名单。

第十一，避免注册地址变更后不属于重庆市行政区域内。

第十二，备案成功之日起三年内应向保护中心提交专利申请预审请求。

第十三，避免存在专利侵权行为和假冒专利行为。

第十四，授权后专利维持年限要少于两年。

第十五，其他干扰或不配合专利申请预审相关工作的情形，其他严重违反诚信原则、干扰或不配合专利申请预审相关工作的情形。

（十一）预审有数量限制吗？

保护中心根据国家知识产权局关于专利申请预审业务的相关规定，对预审请求量额度、预审流程以及预审质量进行科学化、规范化管理。保护中心根据自身预审人力资源状况，在保障备案主体基本预审额度的基础上，综合备案主体前期专利授权数量质量、备案主体创新能力和保护水平、国家或市委和市政府重点支持的产业领域等因素，对预审请求量额度实行动态化管理。

（十二）专利快速预审结案周期

专利快速预审结案周期：发明专利结案周期 3~6 个月，实用新型和外观设计 1 个月左右（实践中一般更快，与具体案件有关）。

五、专利申请集中审查

随着我国创新主体创新能力的不断增强和知识产权保护水平的提高，公众对围绕一项关键技术进行专利布局的系列专利申请进行集中审查的需求越来越强烈。2015 年发布的《国务院关于新形势下加快知识产权强国建设的若干意见》（国发〔2015〕71 号）（以下简称"71 号文"）也明确要求"建立重点优势产业专利申请的集中审查制度"。为支持培育核心专利，加快产业专利布局，推进国家知识产权战略实施和知识产权强国建设，服务创新驱动发展战略，国家知识产权局在前期课题研究成果和试点工作经验基础上，试行专利申请集中审查。

集中审查是指为了加强对专利申请组合整体技术的理解，增强审查意见通知书的有效性，提升审查质量和审查效率，国家知识产权局依据申请人或省级知识产权管理部门等提出的请求，围绕同一项关键技术的专利申请组合集中进行审查的专利审查模式。

（一）专利申请集中审查流程

专利申请集中审查流程见图9-6。

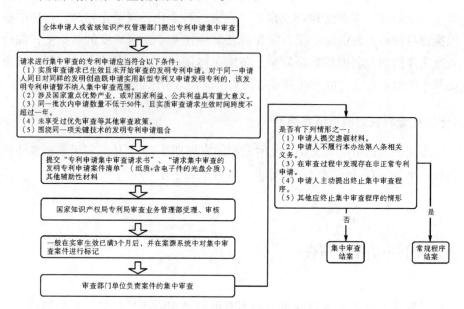

图9-6　专利申请集中审查流程

（二）相关流程说明

1. 谁可以请求专利申请集中审查？

全体申请人或省级知识产权管理部门可以提出专利申请集中审查。

2. 请求进行集中审查的专利申请有什么条件？

请求进行集中审查的专利申请应当符合以下条件：

（1）围绕同一项关键技术的发明专利申请组合。

（2）实质审查请求已生效且未开始审查的发明专利申请。对于同一申请人同日对同样的发明创造既申请实用新型专利又申请发明专利的，该发明专利申请暂不纳入集中审查范围（为避免重复配置审查资源）。

（3）涉及国家重点优势产业，或对国家利益、公共利益具有重大意义

（出于国家需求考虑）。

（4）同一批次内申请数量不少于50件，且实质审查请求生效时间跨度不超过一年（侧重于进行专利布局的高质量批量案件）。

（5）未享受过优先审查等其他审查政策。

3. 提交集中审查请求要提交哪些材料？

提出集中审查的请求人须向国家知识产权局专利局审查业务管理部（以下简称"审查业务管理部"）通过信函方式提交集中审查请求材料：

（1）专利申请集中审查请求书：填写请求人信息、所涉关键技术内容、请求集中审查的案件数量、请求集中审查的理由、全体专利申请人签字或盖章（帮助国家知识产权局判断进行集中审查的必要性和可行性）。

（2）专利申请清单：填写各专利申请号、发明名称、申请人、与关键技术的对应关系。专利申请清单同时还应当提交一份电子件，以光盘介质的形式随纸件一并寄送（帮助国家知识产权局判断进行集中审查的必要性和可行性）。

（3）其他需要的支撑性材料：可提交其他辅助性材料，包括说明其专利重要性的材料，例如国家重大专项立项证明或者专家推荐，以及可专利性说明和现有技术等。

4. 提交到哪里？

寄件地址为：北京市海淀区西土城路6号国家知识产权局专利局审查业务管理部，邮编为100088（请于信封上注明"集中审查"）。

5. 审核不通过怎么办？

对集中审查请求的审核结果将通过请求书中注明的联系方式及时反馈给联系人。经审核决定不予集中审查的申请将继续按照常规程序进行审查。

6. 集中审查多久启动？

综合考虑申请人需求、案源审序和所属技术领域的审查能力等因素，集中审查的启动时间一般在实审生效已满3个月后，并在案源系统中对集中审查案件进行标记。

7. 为提高审查质量，集中审查更注重审查过程中与申请人的充分沟通，经审批同意进行集中审查的，专利申请人应当积极配合集中审查实施，主要包括哪些？

（1）根据审查部门单位的要求，提供相关技术资料。

（2）积极配合审查部门单位提出的技术说明会、会晤、调研、巡回审查等（集中审查更侧重审查过程中与申请人的充分沟通）。

（3）及时对集中审查开展过程中的问题、经验、效果和价值等情况进行反馈。

（4）其他需要配合的工作。

8. 审查业务管理部或审查部门单位什么情况下可以终止同批次集中审查程序？

（1）申请人提交虚假材料。

（2）申请人不积极配合集中审查实施。

（3）在审查过程中发现存在非正常专利申请。

（4）申请人主动提出终止集中审查程序。

（5）其他应终止集中审查程序的情形。

整个批次的案件都将被终止集中审查程序，转为按照常规程序进行审查。

9. 集中审查时限及答复有何要求？

集中审查涉及大量申请，每件申请的情况各异，故没有设置最长结案时限。

专利申请人答复审查意见通知书的期限与普通案件相同。

10. 集中审查与优先审查的区别

集中审查与优先审查各有侧重，优先审查侧重于高质量个案，集中审查侧重于进行专利布局的高质量批量案件，从整体上有加快的趋势。

优先审查对结案时限有明确要求，集中审查更侧重审查过程中与申请人的充分沟通，提高审查质量。

六、专利审查高速路

专利审查高速路（PPH）是专利审查机构之间开展的审查结果共享的业务合作，旨在帮助申请人的海外申请早日获得专利权。具体是指当申请人在先审查局（OEE）提交的专利申请中所包含的至少一项或多项权利要求被确定为可授权时，便可以此为基础向在后审查局（OLE）的对应申请提出加快审查请求。其具有加快审批、节省费用、授权率高等优势。

PPH 是目前在国际上以双边协议或多边协议形式存在的一种加快协议国之间专利审查的程序性机制，自 2011 年 11 月启动首项 PPH 试点至今，与中国国家知识产权局建立 PPH 合作的国家或地区专利审查机构达到 33 个，覆盖 84 个国家。

PPH 仅仅是一种便利申请人的加快审查机制，是共享审查结果而非相互承认审查结果的机制，所以没有突破"独立审查"原则，各国对具体的专利申请仍旧按照本国法进行审查。

目前常见 PPH 有三种模式：①常规 PPH，指申请人利用首次申请受理局做出的国内工作结果向后续申请受理局提出的 PPH 请求；②PCT-PPH，指申请人利用 PCT 国际阶段工作结果向有关专利局提出的 PPH 请求；③PPH-MOTTAINAI，是在常规 PPH 的基础上扩展了 PPH 受理条件，增加了首次申请源于其他局或后续申请受理局率先做出审查结果等情形。

（一）五局专利审查高速路（IP5 PPH）试点项目

对有关专利局的工作成果能否向国知局提出 PPH 以及提出哪种模式的 PPH、哪些具体要求需要看双方签署合作协议，可能会有所不同，具体以国知局官方规定为准。我们以常见的五局专利审查高速路（IP5 PPH）试点项目下向中国国家知识产权局（CNIPA）提出 PPH 请求的流程为例进行介绍。

欧洲专利局（EPO）、日本特许厅（JPO）、韩国特许厅（KIPO）、中国国家知识产权局（CNIPA）和美国专利商标局（USPTO）五局（IP5）于2013年9月就启动一项全面的五局专利审查高速路（IP5 PPH）试点项目达成一致，以更好地加快处理在这些局提出的专利申请。IP5 PPH试点项目自2014年1月6日起，至2026年1月5日止。必要时，试点时间将延长或终止。

申请人可以就基于 EPO、JPO、KIPO 或 USPTO 申请在 CNIPA 提出的且满足以下 IP5 PPH 试点项目要求的申请，按照规定流程，包括提交与申请相关的文件，请求加快审查。或者申请人可以根据由 EPO、JPO、KIPO 或 USPTO 作出的 PCT 国际阶段工作结果就在 CNIPA 提出的、且满足以下 IP5 PPH 试点项目要求的申请，按照规定流程，包括提交与申请相关的文件，请求加快审查（PCT-PPH 试点项目）。

（二）专利审查高速路请求流程

专利审查高速路请求流程见图9-7。

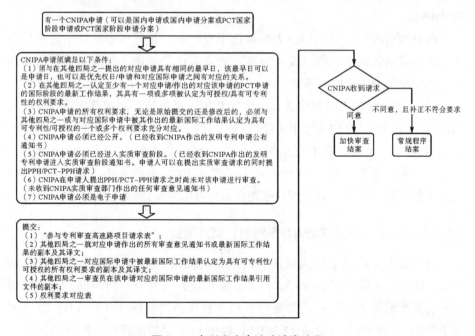

图9-7 专利审查高速路请求流程

（三）相关流程说明

1. 向国知局请求 PPH 的专利申请要求？

CNIPA 申请可以是国内申请或国内申请分案或 PCT 国家阶段申请或 PCT 国家阶段申请分案，CNIPA 申请类型必须是发明专利申请。CNIPA 申请必须已经公开，即申请人在提出 PPH 请求之前或之时必须已经收到 CNIPA 作出的发明专利申请公布通知书。CNIPA 申请必须已经进入实质审查阶段，即申请人在提出 PPH 请求之前或之时必须已经收到 CNIPA 作出的发明专利申请进入实质审查阶段通知书。需注意的是，一个被允许的例外情形是，申请人可以在提出实质审查请求的同时提出 PPH 请求。CNIPA 在申请人提出 PPH 请求之时尚未对该申请进行审查，即申请人在提出 PPH 请求之前及之时尚未收到 CNIPA 实质审查部门作出的任何审查意见通知书。CNIPA 申请必须是电子申请[①]。

2. 依申请与对应申请满足要求的关系

（1）申请人若提出 PPH 请求

提出参与 IP5 PPH 试点项目的 CNIPA 申请必须与在其他四局之一提出的对应申请具有相同的最早日，该最早日既可以是申请日，也可以是优先权日。

该 CNIPA 申请（包括 PCT 国家阶段申请）包括：

①依《巴黎公约》有效要求在其他四局之一提出之对应申请优先权的申请；

②作为依《巴黎公约》在其他四局之一提出之对应申请（包括 PCT 国家/地区阶段申请）的有效优先权请求基础的申请；

③与在其他四局之一提出之对应申请（包括 PCT 国家/地区阶段申请）具有相同优先权的申请；

④PCT 国家阶段申请，该申请与在其他四局之一局提出之对应申请系同

---

①　国家知识产权局. IP5 PPH 指南［EB/OL］.（2019-12-31）［2025-04-11］.https://www.cnipa. gov.cn/art/2019/12/31/art_341_187609.html.

一 PCT 国际申请的国家/地区阶段申请，该 PCT 国际申请未要求优先权①。

（2）申请人若提出 PCT-PPH 请求

申请和对应国际申请之间的关系满足以下要求之一：

①申请是对应国际申请的国家阶段申请；

②申请是作为对应国际申请的优先权要求基础的国家申请；

③申请是要求了对应国际申请的优先权的国际申请的国家阶段申请；

④申请是要求了对应国际申请的国外/国内优先权的国家申请；

⑤申请是满足以上①至④要求之一的申请的派生申请（分案申请和要求国内优先权的申请等）②。

3. 对应申请具有一项或多项被四局之一认定为可授权/具有可专利性的权利要求

（1）申请人若提出 PPH 请求

对于 EPO 申请而言，权利要求"被认定为可授权/具有可专利性"是指，EPO 审查员针对该权利要求作出了授予欧洲专利之意向的通知书；EPO 审查员作出的审查意见通知书或其附加文件明确指出该权利要求"可授权/具有可专利性"。如果 EPO 审查员作出的审查意见通知书及其附加文件未明确指出特定的权利要求"具有可专利性/可授权"，申请人应当随参与 PPH 试点项目请求附上"EPO 审查意见通知书未就某权利要求提出驳回理由，因此，该权利要求被 EPO 认定为可授权/具有可专利性"之解释。同时，申请人还应当提供该权利要求相对于 EPO 审查员引用的对比文件具有可专利性/可授权的说明。

对于 JPO 申请而言，权利要求"被认定为可授权/具有可专利性"是指，JPO 审查员在最新的审查意见通知书中明确指出权利要求"具有可专利性/可授权"，即使该申请尚未得到专利授权。所述审查意见通知书包括：①授权决定；②驳回理由通知书；③驳回决定；④申诉决定。

---

① 国家知识产权局. IP5 PPH 指南［EB/OL］.（2019-12-31）［2025-04-11］.https://www.cnipa. gov.cn/art/2019/12/31/art_341_187609. html.

② 国家知识产权局. IP5 PPH 指南［EB/OL］.（2019-12-31）［2025-04-11］.https://www.cnipa. gov.cn/art/2019/12/31/art_341_187609. html.

对于 KIPO 申请而言，申请的权利要求经 KIPO 审查后通常在审查意见通知书中会被认定为"具有可专利性"或"存在驳回理由"，因此，权利要求"被认定为可授权/具有可专利性"是指 KIPO 审查员在最新的审查意见通知书中明确指出权利要求"具有可专利性"，即使该申请尚未得到专利授权。以下情形下，权利要求也"被认定为可授权/具有可专利性"：如果 KIPO 审查意见通知书未明确指出特定的权利要求"具有可专利性"或"存在驳回理由"，申请人必须随参与 PPH 试点项目请求附上"KIPO 审查意见通知书未就某权利要求提出驳回理由，因此，该权利要求被 KIPO 认定为可授权/具有可专利性"之解释。所述审查意见通知书包括：①驳回理由通知书；②驳回决定；③授予专利权决定。上述审查意见通知书①至③可以在实质审查阶段、复审阶段或上诉阶段作出。

对于 USPTO 申请而言，可授权/具有可专利性的权利要求是指：①在授权及缴费通知的授权通知部分的"可授权的权利要求是＿＿＿＿＿＿"栏中（"The allowed claim（s）is/are ＿＿＿＿＿＿"）列出的权利要求；②在非最终驳回意见或最终驳回意见的意见总结部分的"可授权的权利要求是＿＿＿＿＿＿"栏中（"Claim（s）＿＿＿＿＿＿ is/are allowed"）列出的权利要求；③在非最终驳回意见或最终驳回意见的意见总结部分的"被拒绝的权利要求是＿＿＿＿＿＿"栏中（"Claim（s）＿＿＿＿＿＿ is/are objected to"）列出的权利要求，并且 USPTO 审查员指出，上述权利要求被拒绝是由于从属于被驳回的基础权利要求，如果上述权利要求改写成包括基础权利要求和关联权利要求的所有限定内容的独立权利要求形式，则是可授权的①。

（2）申请人若提出 PCT-PPH 请求

对应该申请的 PCT 申请的国际阶段的最新工作结果（"国际工作结果"），即国际检索单位的书面意见（WO/ISA3）、国际初步审查单位的书面意见（WO/IPEA4）或国际初步审查报告（IPER5），指出至少一项权利要求具有可专利性/可授权（从新颖性、创造性和工业实用性方面）。

———————————

① 国家知识产权局. IP5 PPH 指南［EB/OL］.（2019-12-31）［2025-04-11］. https://www.cnipa. gov.cn/art/2019/12/31/art_341_187609.html.

需要注意的是，作出 WO/ISA、WO/IPEA 和 IPER 的 ISA 和 IPEA 仅限于 EPO、JPO、KIPO 和 USPTO。申请人不能仅基于国际检索报告（ISR）提出 PCT-PPH 请求。若构成 PCT-PPH 请求基础的 WO/ISA、WO/IPEA 或 IPER 的第Ⅷ栏记录有任何意见，申请将不能够要求参与 PCT-PPH 试点项目。

自 2017 年 7 月 1 日起，当第Ⅷ栏中的书面意见属于下述情形者，申请人可以向国家知识产权局提交 PCT-PPH 请求。所述情形包括：①第Ⅷ栏中的审查意见不涉及向国家知识产权局提出 PPH 请求所对应的权利要求；②第Ⅷ栏中的审查意见仅涉及说明书或附图所存在的缺陷。

对于上述两种情形，在满足其他 PPH 请求适格性条件的前提下，申请人可向国家知识产权局提出 PPH 请求，并在"参与专利审查高速路（PPH）试点项目请求表"的 E 栏"说明事项"的第 3 项"特殊项的解释说明"中简述符合第Ⅷ栏提交情形的理由。

若经国家知识产权局审查符合上述情形者，则该申请可按照 PPH 规定予以加快审查。若申请人未进行解释或经过审查不符合上述情形者，该申请将予以驳回，驳回后的救济程序同 PPH 请求的其他驳回情形[①]。

4. CNIPA 申请的所有权利要求与具有一项或多项被四局之一认定为可授权/具有可专利性的权利要求充分对应

考虑到翻译和权利要求格式造成的差异，如果 CNIPA 申请的权利要求与在其他四局之一或被最新国际工作结果认为具有可专利性/可授权的权利要求有着同样或相似的范围或者权利要求范围更小，那么，权利要求被认为是"充分对应"。

在此方面，当在其他四局之一或被最新国际工作结果认为具有可专利性/可授权的权利要求修改为被说明书（说明书正文和/或权利要求）支持的附加技术特征所进一步限定时，权利要求的范围变小。权利要求引入新的/不同类型权利要求时，不被认为是充分对应。

不需要包含认定为具有可专利性/可授权的所有权利要求，删去某些权利要求是允许的。

申请人参与 PPH 试点项目或 PCT-PPH 试点项目的请求获得批准后、收到有关实质审查的审查意见通知书之前，任何修改或新增的权利要求需要与在其他四局之一或被最新国际工作结果认为具有可专利性/可授权的权利要求充分对应；申请人参与 PPH 试点项目或 PCT-PPH 试点项目的请求获得批准后，为克服审查员提出的驳回理由对权利要求进行修改，任何修改或新增的权利要求不需要与在其他四局之一或最新国际工作结果认为具有可专利性/可授权的权利要求充分对应。任何超出权利要求对应性的修改或变更由审查员裁量决定是否允许①。

5. 提交的文件

以下文件（2）至（5）必须随附（1）"参与专利审查高速路（PPH）试点项目请求表"一并提交。需注意的是，即使某些文件不必提交，其文件名称亦必须列入"参与专利审查高速路项目请求表"中。

（1）"参与专利审查高速路（PPH）试点项目请求表"

申请人必须说明申请与对应申请满足所要求的关系。请求在 PPH 试点项目下请求加快审查，还必须注明在其他四局之一提出的对应申请的申请号、公开号或授权专利号。若有一个或多个具有可专利性/可授权权利要求的申请与满足所要求的关系的申请不同（例如基础申请的分案申请），必须指明该具有可专利性/可授权权利要求的申请的申请号、公开号或授权专利号，以及与相关申请间的关系。请求在 PCT-PPH 试点项目下请求加快审查，还必须注明对应国际申请的申请号。申请人只能以电子形式向 CNIPA 提交"参与专利审查高速路项目请求表"。

（2）认为对应申请权利要求具有可专利性/可授权的四局之一的审查意见通知书或最新国际工作结果（WO/ISA 或 WO/IPEA 或 IPER）的副本及其中文或英文译文

若审查员无法理解审查意见通知书或国际工作结果译文，可要求申请人

---

① 国家知识产权局. IP5 PPH 指南［EB/OL］.（2019-12-31）［2025-04-11］.https://www.cnipa.gov.cn/art/2019/12/31/art_341_187609.html.

重新提交译文。申请是对应国际申请的国家阶段申请，申请人不需要提交关于可专利性的国际初审报告（IPRP）的副本及其英文译文，因为这些文件的副本已包含于申请案卷中。此外，若最新国际阶段工作结果的副本及其译文可通过"PATENTSCOPE © 7"获得，除非 CNIPA 要求，申请人不需要提交这些文件（WO/ISA 和 IPER 通常自优先权日起 30 个月内按"IPRP 第 I 章"和"IPRP 第 II 章"可获得）。

（3）认为对应申请具有可专利性/可授权的权利要求的副本及其中文或英文译文

若审查员无法理解权利要求译文，可要求申请人重新提交译文。如果被认为具有可专利性/可授权的权利要求的副本可以通过"PATENTSCOPE ©"获得（例如，国际专利公报已公开），除非 CNIPA 要求，申请人不需要提交这些文件。

（4）对应申请引用文件的副本

需提交的文件指前述审查意见通知书或最新国际工作结果中引用文件的副本。仅系参考文件而未构成驳回理由的引用文件可不必提交。若引用文件是专利文献，申请人不必提交该文件。若 CNIPA 没有这些专利文献，应审查员要求，申请人必须提交专利文献。非专利文献必须提交。申请人不需要提交引用文件的译文。

（5）权利要求对应表

申请人必须提交权利要求对应表，说明 CNIPA 申请的所有权利要求如何与对应申请中具有可专利性/可授权的权利要求充分对应。若权利要求在文字上是完全相同的，申请人可仅在表中注明"它们是相同的"。若权利要求有差异，需要解释每个权利要求的充分对应性①。

---

① 国家知识产权局. IP5 PPH 指南［EB/OL］.（2019-12-31）［2025-04-11］.https：//www.cnipa. gov.cn/art/2019/12/31/art_341_187609.html.

七、专利代理中不建议加快审查的情形

专利加快审查可以大幅度缩短审查周期，使申请人受益，减少审查机构案件积压，并帮助申请人尽快获得专利权①。申请人知晓有加快审查渠道的，基本希望搭上快审便车。由此而引发的问题是，大量专利都尝试走加快审查渠道，势必导致审查资源配置无法达到最优。专利加快审查虽然能够快速获取专利审批结果，但这意味着可能被快速授权，也可能被快速驳回。专利代理机构在专利代理过程中，应该合理建议申请人是否要走专利加快审查渠道，使其利益最大化或损失最小化。

2019年11月1日起施行的《审查指南》增加了"延迟审查"情形，延迟审查对审查资源的瓶颈具有一定的疏导作用，而且使申请人有足够的时间考虑专利保护策略以及最大程度减少成本支出，同时也使公众无法确定专利最终要保护的范围，对公众利益产生一定影响。不管怎样，这是我国专利制度的重大创新，至少业内已经注意到"加快审查"并非符合所有人的利益。"加快审查"和"延迟审查"各有利弊。接下来，我们尝试分析专利代理中不建议加快审查的情形。

（一）在审专利无授权前景的情形

审查机构通过各种形式要件和实质要件的审查，确保授权专利的质量，将不符合规定的专利申请予以驳回，实现专利权人和社会公众利益的平衡。专利代理中，在充分得知在审专利无授权前景且无法挽回的情况下，利用加快审查通道，不仅占用审查资源，而且意味着专利会被快速驳回。在该情形下，专利代理机构作为被委托人，为了维护委托人的合法权益，应当不建议

---

① 范崇飞，陈冬冰，李书蝶. 关于建立我国专利加快和特快审查机制的探讨［J］. 中国发明与专利，2012（S1）：107-110.

加快审查，主要出于以下四点考虑：

1. 为了维护既得专利权

《专利法》第9条对"一案两报"进行了规定，申请人可以就同样的发明创造同时申请发明专利和实用新型专利，由于实用新型审查期限较短，申请人可以给发明创造尽早提供专利权保护，待将来发明专利授权时，再通过声明放弃实用新型专利权而取得发明专利权①。然而，《最高人民法院知识产权法庭裁判要旨（2020）》公布一则案例——（2020）最高法知民终699号上诉某园林绿化工程服务有限公司与被上诉人孙某侵害实用新型专利权纠纷案。该案例提炼成裁判规则，即当事人就同一技术方案同日申请发明专利和实用新型专利，发明专利申请因不具备新颖性或者基于相同技术领域的一篇对比文件被认定不具备创造性而未获授权且其法律状态已经确定，当事人另行依据授权的实用新型专利请求侵权损害救济的，人民法院不予支持。也就是说，在一案两报的情况下，发明专利驳回可能会对授权的实用新型专利的权利行使造成影响。为此，专利代理机构为了维护委托人既得实用新型专利权的利益，得知在审发明专利可能要驳回时，不仅不要进行加快审查，而且应该想办法延长获取发明专利审批结果，以维护既得专利权的持久性，甚至可以在产生不利的审查意见或结论前尽快撤回其专利申请，从而增强既得专利权的稳定性。

2. 为了增加收益

《专利法》第13条规定"发明专利申请公布后，申请人可以要求实施其发明的单位或者个人支付适当的费用"。只要发明专利申请公布后且没有获得审批结果前，就会一直处于受临时保护的状态，尽管这种临时保护在专利授权前不具有强制力。一旦有合作方愿意支付这笔费用，意味着在审专利无授权前景时，临时保护的期限越长越有利于我们的委托人。此时专利代理机构应该在合法合规的前提下尽量延长专利审查，而非加快专利审查，从而为委托人争取更多的收入，充分利用在审专利的剩余价值。

---

① 李雷雷，施小雪. 论实用新型专利权终止对同日申请的发明专利授权的影响：兼评专利法第九条 [J]. 经济研究导刊，2018（11）：194-196.

3. 为了减少损失

专利代理中，如果进入实质审查程序前得知在审专利无授权前景，专利代理机构应当建议委托人不要为快速获得审批结果而进行加快审查，匆忙进入实质审查程序。特别是资金紧张的个人申请，可以考虑不进入实质审查程序而节约实质审查费，等待专利视为撤回，为委托人减少官费损失。如果在实质审查程序中，从审查员下发的第一次审查意见通知书中得知在审专利无授权前景，在第一次审查意见通知书答复期限届满前主动申请撤回发明专利申请的，可以请求退还 50% 的专利实质审查费，同样可以为委托人减少官费损失。有时在审专利的缺陷是需要等待一定时间才能够发现，例如委托人不确定合作方有无在敏感期抢先对该专利进行申请，我们通过不加快审查，耐心等待申请日起满 18 个月，此时合作方如果有影响在审专利新颖性的发明专利，必然已经公布，那委托人同样的专利申请，就无须再损失实质审查费而加快专利审查。如果在审专利还没公布就发现无授权前景，及时撤回专利申请，还可以避免技术泄露，减少委托人的损失。加快审查反而导致专利技术公布太早，同行基于公布的技术快速研发新的方案，与之形成强劲竞争。

4. 为了谈判争取有利条件

基础专利和核心专利因为其技术原创性和关键性，在市场竞争中为企业谋取巨大的商业价值。为了牵制同行技术的垄断，竞争对手一般会围绕这些专利布局大量的外围专利。如果在具体实施的时候碰到外围专利，双方互相授权使用对方的专利，实现共赢，就可以避免专利的侵权[①]。外围专利的技术原创性往往不足，其改进的技术点如果不具创造性而被驳回就无法对同行形成牵制。所以在得知与外围布局相关的在审专利无授权前景时，专利代理机构应当提醒委托人在获得专利审批结果前尽早和目标同行达成协议，专利审批结果不确定的情况下，可以为谈判争取有利条件。专利一旦加快审查，导致在审专利被快速驳回，委托人就失去了谈判的有利条件。

---

① 张莹. 从核心和外围专利的关联性论企业专利战略 [J]. 科技创业月刊，2013，26（1）：17-19.

（二）在审专利前后授权前景有变化的情形

在审专利要满足或经修改后满足规定的形式要件和实质要件，才能够具有授权前景。事实上形式要件和实质要件的具体标准并非一成不变的，尤其是在漫长的审查过程中更是如此。如果在审专利无授权前景是由于不满足某些形式要件或实质要件，专利代理机构通过预先掌握的信息得知该形式要件或实质要件可能要发生变化，在审专利后面又会满足新的形式要件或实质要件，那自然不必加快审查，而是耐心等待专利审查跨过该形式要件或实质要件变化节点，使在审专利的授权前景发生改变，为委托人争取到授权专利。在上述情形中，如果贸然采用加快审查，那在审专利很可能还没跨过该形式要件或实质要件变化节点，就被驳回了。一般形式要件或实质要件发生变化会提前公开，征求公众意见，并确定具体的实施时间，专利代理机构利用对信息的预见能力，尽早为委托人占据申请日，采用延长审查的技巧，使委托人利益最大化。

《专利法》第 5 条规定，对违反法律、社会公德或者妨害公共利益的发明创造，不授予专利权。发明创造不能与法律相违背，但法律具有典型的变动性，变动性使得法律保持活力，法律必然随着社会的变迁而改变，在一定情况下甚至推动或决定社会的前进①。理论上存在这种情况，即在审专利要保护的发明创造与现行某个法律相违背，不具备授权前景，而该法律即将作废或修订，使得在审专利又不与法律相违背，那加快审查而导致在审专利无法跨过法律变化节点，明显损害了委托人的利益。社会公德基于一定的文化背景，随着时间的推移和社会的进步也会不断地发生变化，存在某种可能，社会公德的变化导致在审专利前后授权前景的不同，那延长专利审查使在审专利跨过可能变化的节点，或许也能够为委托人减少损失。妨害公共利益也是同样的道理，基于对法律法规及政策的准确把握，专利代理中有时不建议加快审查，反而能够真正体现专利代理机构的高质量代理服务水平。

我们从药品专利保护的改法历程可以一探究竟。1992 年 9 月 4 日，第七

---

① 张婉洁. 论法的社会适应性 [D]. 上海：华东政法大学，2015.

届全国人大常委会第 27 次会议通过了修改《专利法》的决定，取消了"对食品、饮料和调味品，药品和用化学方法获得的物质不授予专利权"的限制，扩大了专利保护范围①。如果在法律条文修改之前我们申请药品专利，加快审查只会加快驳回，通过延长专利审查，使药品专利跨过改法节点，既满足了授权要求，又可以使在审专利早早地占据申请日，这会帮委托人获取巨大的利益。

（三）技术方案和保护地域不确定的情形

1. 技术方案不确定的情形

专利先申请原则是世界通行的做法，申请人要想自己的发明创造优先得到保护，就必须尽快提出专利申请。当发明人要解决某个技术问题时，往往会提出多个不同的技术方案，这些技术方案有时又不属于一个总的发明构思，只能分别单独去申请专利，唯恐被竞争对手抢先申请。这就需要申请人对所有的技术方案进行保护。对于中小企业来说，这样批量申请专利所付出的官费和代理费将是一笔不小的开销。而这些不同的技术方案，很多未经过验证，也没有经过市场考验，能否给申请人带来足够的利益仍属于未知的情况。对于发明专利来说，原本申请日起满 18 个月即行公布，再进入实质审查程序，如果采用加快审查，所有的专利很快进入实质审查程序并且都要缴纳实质审查费，委托人没有时间去考虑哪些是需要放弃的技术方案，盲目加快审查并支付大量实质审查费明显增加了委托人的支出，而且早日公开申请也让竞争对手更容易把握技术动态，不利于委托人。

专业的专利代理机构会巧用优先权制度或分案申请制度来解决技术方案不确定的困扰。专利代理师会将所有可能的技术方案写进说明书中，作为在先申请或母案。《专利法》第 29 条对优先权的申请期限进行了规定，在优先权的申请期限内把在先申请撤回，再以在先申请作为优先权基础，将其中想要的技术方案单独去申请专利，不仅早早占据申请日，还可以节约大量的成本。时间是检验技术方案是否能带来利益的重要方式，越逼近优先权的申请

---

① 程永顺，吴莉娟. 中国药品专利链接制度建立的探究 [J]. 科技与法律，2018（3）：1-10.

绝限，申请人越能够清楚明白要选定的技术方案。如果在先申请进行了加快审查，没有足够时间考虑选定的技术方案。一旦被授予了专利权，在先申请将无法再作为优先权基础，在先申请中未被保护的方案都将白白贡献给社会，造成申请人的重大损失。

《专利法实施细则》第 48 条规定，申请人可以在国务院专利行政部门发出授予专利权的通知之日起 2 个月的期限届满前，向国务院专利行政部门提出分案申请。在这个期限内，从包含多个不同技术方案的母案中选出想要的技术方案单独去分案，可以精准申请专利，并节约大量的成本。如果母案进行了加快审查，申请人没有足够时间去筛选和验证想要的技术方案，就达到了分案绝限，将因无法分案来节约成本。或者加快审查后母案所保护的技术方案不符合授权条件被快速驳回，驳回生效后通常无法分案来选出我们明确要保护的技术方案，从而给委托人造成重大损失。

所以，在技术方案不确定时，巧妙利用优先权制度或分案申请制度规定的期限，可以对专利进行充分有效的修改，保护经过时间验证并且委托人想要的技术方案。此时，尽量延长专利审查，也是有价值的。如果任由其进行加快审查，错过专利的筛选时间，委托人必然偿付大量的专利申请成本并且很难对在审专利进行优化和挑选。

2. 保护地域不确定的情形

地域性是专利权重要的特质之一。专利权的取得只能按照本国专利法进行授予，并且只在本国内有效，其他国家没有保护的义务。各国所授予的专利权彼此独立，互不相关，这一原则也被写进了《巴黎公约》。所以当申请人希望在多个地域获得专利权时，需要单独向每个国家进行申请，这往往需要承担巨额的专利申请费用。如果申请人一味地想快速获得每个国家的专利审批结果，那就需要尽快向每个国家进行申请，而事实上专利技术最终会在哪些国家落地，申请人在申请专利时往往是不确定的。这时，尽早占据申请日，延长专利审查的价值就显得格外重要，因为能够给申请人足够的时间去考虑要进入哪些国家，从而放弃不必要的国家达到节约申请费用的目的。

《巴黎公约》通过优先权原则突破了现有技术认定日期的地域性，使各国专利申请对新颖性和创造性的判断日期由本国申请日提前到了优先权日①。《专利合作条约》也是一份拥有 158 个缔约国的国际条约。通过提交一份"国际"专利申请获得为数众多的国家认可的申请日。这些国际条约协助申请人尽早占据申请日，也给予申请人足够的时间考虑要进入的地域而不必担心在这段时间内其他人抢先在他国申请，从而减轻申请人的负担。这时，延长专利审查的价值是要远高于加快审查的，因为快速获得每个国家的专利审批结果成本太高了。

（四）在审专利没必要快速授权的情形

在发明人和专利代理师通力配合下，也不乏专利申请能够直接满足规定的形式要件和实质要件，从而具有授权前景，但这样就一定要加快审查吗？作为专业的专利代理机构，在专利代理过程中，仍应为委托人合理地建议，通盘为委托人考虑快速获得专利审批结果的利弊，使其利益最大化或损失最小化。尽管在审专利具有授权前景，但有些情形却不建议加快审查，主要是出于以下四点考虑：

1. 为了更好授权

在实质审查阶段，审查机构会对发明专利的创造性进行审查。创造性要求发明专利与现有技术相比具有突出的实质性特点和显著的进步。尽管《审查指南》对创造性的评判进行了规定，但审查员仍然有可能会基于一定主观认识否定一些具有创造性的发明专利或要求申请人缩小保护范围以满足创造性的要求。因为部分发明专利的创造性需要通过商业上获得成功来进行评定。如果这类发明专利直接进行加快审查，可能商业上获得的成功还未体现出来，就被审查员驳回了。如果我们想方设法延长审查，通过专利产品投入市场在商业上获得成功后，采用商业数据支撑的方式来向审查员说明创造性，本专利没准就可以获得更好的授权前景。

---

① 张今. 专利国际保护制度的过去、现在与未来［M］//吴汉东. 知识产权国际保护制度研究. 北京：知识产权出版社，2007：351.

2. 为了节约成本

申请人在申请专利的过程中，发现本专利已经具有很好的授权前景，但事实上专利技术却被市场淘汰或者因为某种原因不会实施，即便专利授权也只是一纸精神证书，对申请人没有太大的意义。此时加快专利审查，只会让申请人快速缴纳实质审查费、年费等各种官费，而且专利授权后还要给相应发明人支付奖金。所以，申请人此时应该考虑更多的是撤回其专利申请，达到节约成本的目的，而不是加快审查。另外，在上一节中我们将所有可能的技术方案写进说明书中，作为在先申请或母案，来实现技术方案不确定时，节约选定成本的方法。对于在先申请或母案，即便有授权前景也不应该加快审查，因为我们需要足够的时间来选定技术方案，然后提优先权或分案进行选定技术方案的保护。如果盲目加快审查，将损失选定的时机。

3. 为了保密

为了维护专利权人的合法权益，专利权的期限不宜过短；同时，为了维护广大公众的利益，专利权的期限又不宜过长。不管怎样，专利权都会有一定的期限，而且从申请日起算。所以，申请人从申请专利开始，就进入了生命的倒计时，尽管该专利具有授权前景。只要技术足够隐蔽，即使在实施时，竞争对手也很难通过逆向工程破解或者破解的成本非常高，那这类技术完全可以利用商业秘密进行保护。采用加快审查，导致这类技术很快地公之于众，申请人在公布前没有及时撤回，加快审查虽然能够使专利快速授权，但仍旧不符合委托人的利益。

4. 为了期限利益

专利技术从研发到量产实施往往需要很长的周期，其中不乏技术资料的出具、小量产品的试制、原料设备的采购、工艺标准的制定、检测试验的保证等因素的拖延，这一阶段专利技术给申请人带来的利益非常有限，因为申请人无法充分实施。但专利期限越往后，专利技术经过充分实施，其在市场上体现出竞争力时，模仿者就会纷纷涌来，此时专利的排他性才具有经济利益。如果此时专利期限越能往后延长，其带来的经济利益总和越大。

《专利法》第42条，规定了发明专利在授权过程中的不合理延迟给予专利权期限补偿以及补偿新药上市审评审批占用的时间。如果我们不采用专利加快审查，有可能会符合该条款补偿专利期限的规定，从而延长专利在后期的期限。由于后期专利技术已经充分实施，其一年带来的利益或许数倍于前期的利益，能够为已经占据市场的专利技术带来非常可观的收益。

在专利期限不能延长的情况下，如果能够使专利整体期限后移，也可以给申请人带来巨大的经济利益。这里可以巧用优先权制度，例如在后申请提出以在先申请为基础的优先权，这样不仅能将在先申请的申请日作为优先权日，而且实际上在后申请的专利期限却以实际申请日开始计算，导致专利整体期限后移，申请人在后期充分实施专利技术，能够带来非常可观的利益。所以，为了期限利益提出的在先申请，即使能够授权，也没必要加快审查，因为快速授权后将无法作为在后申请的优先权基础。

自 2021 年 6 月 1 日起施行的专利法将外观设计专利权的保护期限从 10 年改为 15 年。国家知识产权局第 423 号公告规定，申请日为 2021 年 5 月 31 日（含该日）之前的外观设计专利权的保护期限为 10 年，自申请日起算。所以，如果在先申请在 2021 年 5 月 31 日之前，以其为优先权基础，而在 2021 年 5 月 31 日之后提出外观设计的专利申请，不仅可以尽早占据优先权日，还能够使专利期限延长。此时，在先申请就不该加快审查，确保优先权的有效，实现期限利益的扩大。

第十章　规避非正常专利申请实操流程

📖 导读

　　本章围绕非正常专利申请展开。本章首先阐述了正常专利制度，接着指出我国因早期专利制度激励政策，导致大量非正常专利申请，虽专利申请量跃居全球第一，但出现"质""量"失衡问题，影响专利制度稳定运行；然后介绍非正常专利申请的概念，还从申请文件撰写、申请人行为等角度讲解认定方式及规避方法，阐述处理程序、法律救济途径，以及被认定后的严重后果。本章旨在让读者全面认识非正常专利申请及其危害，强调维护专利制度正常秩序的重要性。

一、正常的专利制度

　　专利制度是知识产权制度的一个重要部分。我们知道，知识产权有三大板块：专利权、著作权和商标权。除此之外，还包括商业秘密权、植物新品种权、集成电路布图设计权、地理标志权等。知识产权通过保护不同的客体，从而间接保护了我们的智力劳动。知识产权制度是一个不断平衡利益的制度。专利制度也一样。

　　专利制度通过表彰专利权人的发明创造所作出的贡献，给予他们的发明创造在一定期限内的特权，在这个期限内专利权人利用其垄断地位获得市场竞争优势，从而保障了私人利益。作为换取垄断的对价，专利权人必须公开其发明创造。发明创造公开后，其他人就可以减少不必要的重复研究，就有更多的精力去开发新的发明创造。从而保障了他人利益。垄断期限一过，发明创造进入公共领域，人人都可以自由享受该发明创造所带来的福利。从而保障了公共利益。总的来说，专利制度的立法宗旨，就是通过保护专利权人的合法权益，鼓励发明创造，推动发明创造的应用，提高创新能力，促进科学技术进步和经济社会发展①。

二、出现非正常专利申请行为的原因

我国《专利法》自 1985 年施行，可以说在此之前，我国实质上处于无专利制度的状态。我国要建立专利制度，一方面想利用专利制度促进科学技术进步和经济社会发展，另一方面为了满足对外开放的需求。

西方的专利制度已发展几百年，即便是解决知识产权保护地域问题的《巴黎公约》也走过了百年历史，而我国专利制度才实施 40 多年。因此，为了快速提高我们的创新能力，必须来一剂"猛药"。为此大量补贴政策和资质政策与专利申请量挂钩，在这种激励下，我国的专利申请量迅速跃居全球第一。专利价值对创新主体而言，可以帮助其获取相关知识产权荣誉和资助，为了低价值而用，很少会享受到专利技术垄断带来的高价值，也就是说并不是以保护为目的。大量的非正常专利申请造成我国专利"量"的虚胖，以至于"质"与"量"的不平衡，"大而不强、多而不优"成为突出问题。

2013 年国家知识产权局全年受理专利申请 238 万件，到 2023 年国家知识产权局全年受理专利申请达 556 万件（发明专利申请 168 万件，实用新型专

---

①　中华人民共和国全国人民代表大会常务委员会. 中华人民共和国专利法［EB/OL］.（2020-11-19）［2021-06-01］.http://www.npc.gov.cn/npc/c2/c30834/202011/t20201119_308800.html.

利申请 306 万件，外观设计专利 82 万件）。截至 2025 年 1 月 1 日，全球公开的专利文献数量高达 1.9 亿件（一件专利申请不同阶段可能有多件专利文献）。专利是体现国家创新实力的一个重要标志，但我们的创新实力真的得到释放吗？专利数量不能体现创新实力，其中最主要的一部分原因在于存在非正常专利申请行为，编造、拼凑、抄袭的专利申请影响了专利制度稳定运行。

三、非正常专利申请动了谁的"奶酪"

从私人利益来看：非正常申请专利行为属于违法失信行为。

从他人利益来看：非正常申请专利行为占用了审查资源，延长了他人专利授权的周期。非正常申请专利行为所编造、拼凑、抄袭的专利申请，并不会减少不必要的重复研究，甚至会误导他人的研究。

从公共利益来看：非正常专利申请行为影响到正常的专利工作秩序，破坏公平竞争秩序和扰乱市场秩序，最终影响专利制度稳定运行。

非正常专利申请虽然短期能够满足一定的私人利益，但长期来看，却有损于私人利益、他人利益和公共利益。所以必须打击非正常专利申请。

四、非正常专利申请数据现状

国家知识产权局分别于 2018 年年底、2019 年年初向地方通报两批次非正常专利申请线索，其中 92% 的申请被主动撤回，7% 的申请被视为撤回或驳回，其余 1% 的申请经申请人陈述意见并经国家知识产权局认可后，正处于审查程序。

2021 年通报非正常专利申请 81.5 万件①。2021 年我国发明专利申请量为 158.6 万件，我国实用新型专利申请量为 285.2 万件，我国外观设计专利申请量为 80.6 万件②。2021 年非正常专利申请通报量占全年专利申请量 15.5%。非正常专利申请，前 3 批撤回率达 97%。

2022 年通报非正常专利申请 95.5 万件③。2022 年我国发明专利申请量为 161.9 万件，我国实用新型专利申请量为 295.1 万件，我国外观设计专利申请量为 79.5 万件④。2022 年非正常专利申请通报量占全年专利申请量 17.8%。

可见，专利申请基本上会有 1~2 成被通报的可能，撤回率更是在 9 成以上，申诉成功的更是寥寥无几。国家知识产权局运用文本识别、语义聚类等大数据和人工智能处理技术搭建语义检索引擎，为非正常专利申请排查处理提供技术支持。如果遇到非正常专利申请，请不要着急，我们要面对的不仅有人工智能还有逻辑独到的审查员，应撤尽撤是最好的办法。如果一定要申诉，准备好充分的证据是必不可少的。

五、非正常申请专利行为的概念

2024 年 1 月 20 日施行的《规范申请专利行为的规定》：

"第三条 本规定所称非正常申请专利行为包括：

（一）所提出的多件专利申请的发明创造内容明显相同，或者实质上由不同发明创造特征、要素简单组合形成的；

（二）所提出专利申请存在编造、伪造、变造发明创造内容、实验数据或者技术效果，或者抄袭、简单替换、拼凑现有技术或者现有设计等类似情况的；

---

① 张晨. 非正常专利申请行为法律规制问题研究［D］. 南宁：广西大学，2023.
② 国家知识产权局. 2021 年中国专利调查报告［R/OL］.（2022-07-13）［2025-04-11］.https://www.cnipa.gov.cn/art/2022/7/13/art_88_176539.html.
③ 张晨. 非正常专利申请行为法律规制问题研究［D］. 南宁：广西大学，2023.
④ 国家知识产权局. 2022 年中国专利调查报告［R/OL］.（2022-07-13）［2025-04-11］.https://www.cnipa.gov.cn/art/2022/12/28/art_88_181043.html.

（三）所提出专利申请的发明创造内容主要为利用计算机技术等随机生成的；

（四）所提出专利申请的发明创造为明显不符合技术改进、设计常理，或者变劣、堆砌、非必要缩限保护范围的；

（五）申请人无实际研发活动提交多件专利申请，且不能作出合理解释的；

（六）将实质上与特定单位、个人或者地址关联的多件专利申请恶意分散、先后或者异地提出的；

（七）出于不正当目的转让、受让专利申请权，或者虚假变更发明人、设计人的；

（八）违反诚实信用原则、扰乱专利工作正常秩序的其他非正常申请专利行为。

第四条　任何单位或者个人不得代理、诱导、教唆、帮助他人实施各类非正常申请专利行为。"

《规范申请专利行为的规定》第十三条规定：

"2007 年 8 月 27 日国家知识产权局令第四十五号公布的《关于规范专利申请行为的若干规定》，2017 年 2 月 28 日国家知识产权局令第七十五号公布的《国家知识产权局关于修改〈关于规范专利申请行为的若干规定〉的决定》和 2021 年 3 月 11 日国家知识产权局公告第四一一号公布的《关于规范申请专利行为的办法》同时废止。"

六、非正常申请专利行为的认定及规避方法

（一）从申请文件撰写的角度认定

1. 所提出的多件专利申请的发明创造内容明显相同，或者实质上由不同发明创造特征、要素简单组合形成的

发明创造内容明显相同或经过简单组合变化而形成多件专利申请，无论

这些专利申请是同时提交还是先后提交的，既包括提交多件不同材料、组分、配比、部件等简单替换或拼凑的发明或实用新型申请，也包括对不同设计特征或要素原样或细微变化后，进行简单拼合、替换得到的外观设计申请。需要特别指出的是，"发明创造内容明显相同"并不包括《专利法》第9条第1款所允许的同一申请人同日对同样的发明创造既申请实用新型专利又申请发明专利的情形。

规避方法：同时或者先后提交发明创造内容应有明显的保护侧重点，使其因为不具备单一性而无法作为一件专利申请。创新主体应该对所有的专利申请文件进行统一审核，并自行或委外进行专利申请前的评估。

2. 所提出专利申请存在编造、伪造、变造发明创造内容、实验数据或者技术效果，或者抄袭、简单替换、拼凑现有技术或者现有设计等类似情况的

"编造、伪造或变造"主要指编造、伪造不存在的发明创造内容、实验数据、技术效果等行为，或者对已有技术或设计方案加以修改变造后，夸大其效果，但实际无法实现该效果的行为。

规避方法：提供第三方检测报告来说明并未造假。提供专利申请前的评估报告证明具有新创性，而非抄袭、简单替换、拼凑现有技术或现有设计。

3. 所提出专利申请的发明创造内容主要为利用计算机技术等随机生成的

没有科研人员实际参与，仅利用计算机手段随机、无序地形成技术方案或设计方案，不是真实的创新活动。例如，提交的多件申请内容完全是利用计算机技术随机生成的技术方案、产品形状、图案或者色彩。

规避方法：科研人员参与的研发记录等，证明其不是主要利用计算机程序或者其他技术随机生成的。

4. 所提出专利申请的发明创造为明显不符合技术改进、设计常理，或者变劣、堆砌、非必要缩限保护范围的

站位本领域技术人员角度，申请人为规避可专利性审查目的，往往故意将本领域常规的或本可以通过简单步骤实现的技术路线或设计方案复杂化处理，但实际上并没有实现技术改进和设计改进，尤其是通过罗列大量、细微非必要技术特征形成的权利要求，本质上毫无必要地缩限保护范围。

规避方法：提供专利申请前的评估报告，各类性能检测报告、产品实物

照片、应用场景照片、产线照片、销售合同、发票等资料。

（二）从申请人的申请行为角度认定

1. 申请人无实际研发活动提交多件专利申请，且不能作出合理解释的

发明创造往往是基于申请人的研发活动，若无实际研发活动，却提交多件专利申请，又不能作出合理解释，很大概率是弄虚作假。例如：某公司短期内提交了大量专利申请，但经查证，该公司没有参保人员和实缴资本，实际为无科研投入、无研发团队、无生产经营的空壳公司。

规避方法：提供发明人的研发能力证明材料，例如学历证明、职称证明等、研发条件证明（例如研发测试设备清单、照片等）。如果专利申请是从第三方转让的，提供技术委托开发协议、转让协议等资料，同时要提供第三方研发能力的证明材料。

2. 将实质上与特定单位、个人或者地址关联的多件专利申请恶意分散、先后或者异地提出的

为逃避被认定为非正常申请专利行为，故意通过注册多个公司、利用多个身份证件号码或使用多个公司地址而将本属于同一申请人的专利申请从时间、地点、申请人等多个角度进行分散提交的行为。

规避方法：除非理由恰当，提供理由恰当的资料文件。

3. 出于不正当目的转让、受让专利申请权，或者虚假变更发明人、设计人的

主要包括两种情形：一是出于不正当目的倒买倒卖专利申请权的行为。例如，某机构或个人将审查期间的专利申请进行批量转让，且转让人所持有的专利申请与其经营业务没有必然关联；或者受让人明显不是出于技术实施或其他合理法律目的受让专利申请的行为。二是虚假变更发明人、设计人的行为。实践中发现存在出于不正当利益目的，将未对发明创造作出贡献的人变更为发明人或设计人的情况，而《专利法实施细则》第13条规定，发明人或设计人应当是对发明创造的实质性特点作出创造性贡献的人。

规避方法：提供发明人/设计人在研发/设计过程的记录性文件，实施技术的证明文件。

（三）从代理人的代理行为角度认定

任何单位或者个人不得代理、诱导、教唆、帮助他人实施各类非正常申请专利行为。

规避方法：不代理、诱导、教唆、帮助他人实施各类非正常申请专利行为。

（四）从其他角度认定

违反诚实信用原则、扰乱专利工作正常秩序的其他非正常申请专利行为。非穷举式列举，兜底条款。

规避方法：诚实信用原则。

七、非正常申请专利行为的处理程序

非正常申请专利行为的处理程序流程见图 10-1。

申请人或代理人提交的陈述意见应当旨在证明其申请行为或代理行为不属于非正常申请专利行为，针对非正常申请专利行为初步认定通报、"审查业务专用函（非正常）"或"审查意见通知书"中指出的非正常申请专利行为认定情形、根据相关认定角度（申请文件撰写、申请行为或代理行为等）陈述意见并提交证明材料。

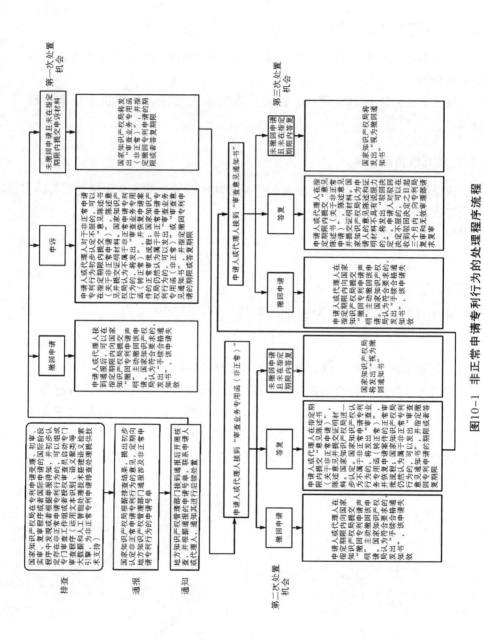

图10-1 非正常申请专利行为的处理程序流程

证明材料可以包括：

第一，申请基础真实性的证明材料，例如：证明真实的发明创造活动的材料，与申请人、发明人实际研发能力及资源条件有关的证明材料。

第二，申请目的真实性的证明材料，例如：证明申请以保护创新为目的，而非为牟取不正当利益或者虚构创新业绩、服务绩效等的材料。

第三，申请行为、代理行为和转让行为真实性的证明材料，例如：相关行为真实存在的证明材料、相关行为参与人身份及联系方式真实性的材料等。

需要注意的是，针对问题结合证据说明，避免答非所问。专利申请前保存好研发记录文件（包括但不限于立项书、项目总结报告、检测报告等）、开卷资料（技术交底书、评估报告、技术方案沟通记录、案件审核记录等）、专利技术应用证明资料（产品实物照片、产线照片、销售合同、发票、用户使用报告等）、研发能力证明资料（发明人学历/职称证明、申请人研发/测试设备照片、获得政府或第三方的认定的研发/测试平台证明，委外协议等研发能力证明资料）等。

八、相关法律救济途径

国家知识产权局对非正常申请专利行为将在充分考虑相关证据的基础上，秉持客观、公正、审慎的审查原则进行处理。经申请人意见陈述后，国家知识产权局认为不属于非正常申请专利行为的，将纳入正常审查程序继续审查。如公民、法人或其他组织对于国家知识产权局处理非正常申请专利行为的具体行政行为不服的，可以依照《国家知识产权局行政复议规程》有关规定向国家知识产权局申请行政复议，或直接向人民法院提起行政诉讼。如专利申请人对国家知识产权局驳回申请的决定不服的，可以依照《专利法》第41条的规定向国家知识产权局请求复审。

九、非正常申请专利行为认定的后果

第一，申请人或者专利权人被认定为非正常申请专利行为的，由县级以上负责专利执法的部门予以警告，可以处 10 万元以下的罚款。专利代理机构，以及擅自开展专利代理业务的机构或者个人代理、诱导、教唆、帮助他人实施各类非正常申请专利行为，将依据《专利代理条例》及相关规定实施行政处罚。对于违反本规定涉嫌犯罪的，依法移送司法机关追究刑事责任；

第二，对该非正常专利申请不予减缴专利费用；对于 5 年内多次实施非正常申请专利行为等情节严重的申请人，其在该段时间内提出的专利申请均不予减缴专利费用；已经减缴的，要求其补缴相关减缴费用。

第三，在国务院专利行政部门政府网站和有关媒体上予以公告，并将相关信息纳入全国信用信息共享平台。

第四，实施非正常申请专利行为损害社会公共利益，并受到市场监督管理等部门较重行政处罚的，依照国家有关规定列入市场监督管理严重违法失信名单。

第五，在国务院专利行政部门的专利申请数量统计中扣除非正常申请专利行为相关的专利申请数量。

第六，对申请人和相关代理机构不予资助或者奖励；已经资助或者奖励的，全部或者部分追还。

第七，对于优先审查的专利申请，在审查过程中发现为非正常专利申请，国家知识产权局可以停止优先审查程序，按普通程序处理，并及时通知优先审查请求人（2017 年 8 月 1 日国家知识产权局《专利优先审查管理办法》）。

第八，正在实施集中审查的专利申请，审查业务管理部或审查部门单位在审查过程中发现存在非正常专利申请可以终止同批次集中审查程序（2019 年 8 月 30 日国家知识产权局《专利申请集中审查管理办法（试行）》）。

第九，出现下列情形的取消国家知识产权试点或示范城市称号：发生重大群体性、反复、恶意知识产权侵权事件或出现较大数量的非正常专利申请，在全国范围内造成恶劣影响，未能采取有效措施及时遏制的城市（2016 年 11 月 18 日国家知识产权局《国家知识产权试点、示范城市管理办法》）。

第十，不以保护创新为目的的非正常专利申请行为，国家知识产权局依法依规将该行为列为失信行为，但能够及时纠正、主动消除后果的，可以不被认定为失信行为。依据非正常专利申请驳回通知书，认定非正常专利申请失信行为。国家知识产权局对失信主体实施以下管理措施：①对财政性资金项目申请予以从严审批；②对专利、商标有关费用减缴、优先审查等优惠政策和便利措施予以从严审批；③取消国家知识产权局评优评先参评资格；④取消国家知识产权示范和优势企业申报资格，取消中国专利奖等奖项申报资格；⑤列为重点监管对象，提高检查频次，依法严格监管；⑥不适用信用承诺制；⑦依据法律、行政法规和党中央、国务院政策文件应采取的其他管理措施（2022 年 1 月 24 日《国家知识产权局知识产权信用管理规定》）。

第十一，存在非正常申请专利行为的专利代理机构或者专利代理师，由中华全国专利代理师协会采取自律措施，对于屡犯等情节严重的，由国家知识产权局或者管理专利工作的部门依法依规进行处罚。例如："从事非正常专利申请行为，严重扰乱专利工作秩序"属于《专利代理条例》第 25 条规定的"疏于管理，造成严重后果"的违法行为。省、自治区、直辖市人民政府管理专利工作的部门责令限期改正，予以警告，可以处 10 万元以下的罚款；情节严重或者逾期未改正的，由国务院专利行政部门责令停止承接新的专利代理业务 6~12 个月，直至吊销专利代理机构执业许可证。

第十二，存在非正常申请专利行为的其他机构或个人，由管理专利工作的部门依据查处无资质专利代理行为的有关规定进行处罚，违反其他法律法规的，依法移送有关部门进行处理。

第十一章　专利挖掘与布局实操流程

📚 **导读**

专利制度的"公开换保护"机制和"新创性"要求，督促我们要对创新成果进行充分的专利挖掘与布局，否则创新点保护的遗漏以及被竞争对手包抄或规避，将不利于形成严密的专利保护网络，阻碍创新成果商业利益最大化。专利挖掘与布局，是一项技术性、方法性很强的工作。本章将让大家理解何为专利挖掘与布局以及如何进行专利挖掘与布局，以期提高创新主体专利挖掘与布局的能力，促进专利转化。

一、专利挖掘与布局的定义

专利挖掘，是指在创新活动中，对所取得的创新成果进行剖析、整理、拆分和筛选，从而确定创新点以及用以申请专利的技术方案或设计的过程①。专利挖掘的意义包括：①明确创新点，为后续研发重点提供指引；②避免专利保护漏洞，为专利布局提供技术支撑；③防止专利资产流失，提升研发成果的保护力度。

专利布局，是指创新主体结合自身、市场、法律等相关因素，对专利加以分

---

① 徐晓梅. 技术分解在高价值专利培育中的重要性探究［J］. 科技资讯，2020，18（20）：87-88，91.

析整合，在时间、地域、申请人、领域等维度进行系统筹划，布置专利申请的行为[①]。专利布局的意义包括：①合理地进行专利申请，节约成本；②形成严密的专利保护网络，提高专利的整体价值；③建立专利攻防体系，形成竞争优势。

专利挖掘与专利布局相辅相成，专利挖掘为专利布局提供技术支撑，专利布局使专利挖掘的这些成果有机结合。二者互为前提，共同帮助创新主体形成专利竞争优势，实现商业利益最大化。

二、专利挖掘与布局操作流程

专利挖掘与布局操作流程见图 11-1。

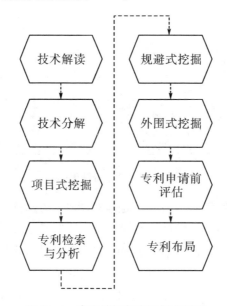

图 11-1　专利挖掘与布局操作流程

---

① 马天旗，等. 专利布局［M］. 北京：知识产权出版社，2016.

（一）技术解读

对我们的研发成果进行深入技术解读，包括技术背景、技术原理、应用场景、发展趋势等方面，帮助我们更好地理解研发成果。

技术背景：了解技术的发展背景、起源和演进过程，包括技术的历史背景、相关领域的研究成果等。

技术原理：深入分析技术的原理、材料、结构、方法等。

应用场景：技术在实际应用中的具体场景和案例。

发展趋势：从技术发展的角度解读技术的前景和趋势，包括技术的研究热点、发展方向、潜在挑战和机遇等。

（二）技术分解

技术分解架构见图 11-2。

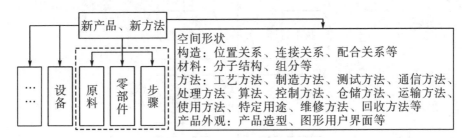

图 11-2　技术分解架构

《专利法》第 2 条规定："发明，是指对产品、方法或者其改进所提出的新的技术方案。实用新型，是指对产品的形状、构造或者其结合所提出的适于实用的新的技术方案。""外观设计，是指对产品的整体或者局部的形状、图案或者其结合以及色彩与形状、图案的结合所作出的富有美感并适于工业应用的新设计。"总的来说，要通过专利保护的技术必得有个新的产品或方法。

而且，新的产品或方法通常可以是："空间形状：凸轮形状、刀具形状等。构造：位置关系、连接关系、配合关系等。材料：分子结构、组分等。方法：工艺方法、制造方法、测试方法、通信方法、处理方法、算法、控制方法、仓储方法、运输方法、使用方法、特定用途、维修方法、回收方法等；产品外观：产品造型、图形用户界面等。"

这些新的产品或方法按照"能够相对独立地执行一定的技术功能、并能产生相对独立的技术效果"进行功能性划分，可以划分为若干个技术单元，若干个技术单元又可以作为新的产品或方法继续分割，直至最小的技术单元。有的新的产品可以按照"形状、图案、色彩等部分设计要素或产品组成部分"进行视觉性划分，可以划分为若干个设计单元，若干个设计单元又可以作为新的产品继续分割，直至最小的设计单元。

新的产品或方法通常是原料、零部件、步骤或者它们之间的相互结合在设备的作用下产生的，因此新的产品或方法可以被技术分解为若干原料、零部件、步骤。

技术分解的目的是在于不断地剖析新的产品或方法有多少创新点，从而挖掘出可以作为专利申请的技术方案或设计。

例如，创新点仅在于其中的零部件，我们可以按照图11-3进行分解。

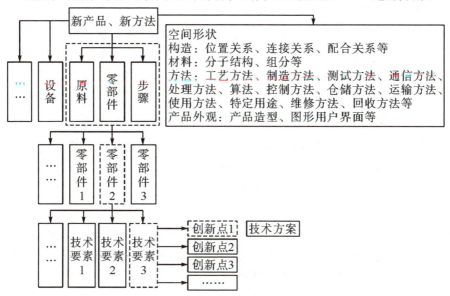

图11-3　创新点仅在于其中的零部件的技术分解架构

（三）项目式挖掘

申请专利前需要先有创新成果，而创新成果源于技术研发，技术研发通常以项目的形式开展。所以，我们初步地进行专利挖掘，可以以项目成果作为基础进行技术分解，挖掘其中的创新点，形成可申请专利的技术方案或设计。

《专利法》第22条、第23条规定专利授权的新创性条款，"区别"是新创性的必备条件。在项目成果技术分解时，我们需要不断寻找区别点，每一个区别点都可能会被作为创新点，从而形成专利。如果在分解的过程中，某个技术单元或设计单元与现有的技术或设计并无区别，也就没有必要继续分解。

我们以混合动力驱动系统项目为例，进行项目式专利挖掘。混合动力驱动系统主要包括充电接口、电池组、控制系统、牵引电机、发动机、电动发电机、离合器或扭矩分配总成及其他，按照上述结构进行初步技术分解。充电接口、牵引电机、电动发电机及其他均为现有技术，因此无须再继续技术分解。电池组、控制系统、发动机、离合器或扭矩分配总成与现有技术有所区别，因此可以继续技术分解。以电池组为例继续技术分解，电池组包括正极、负极、电解液和外壳，因为正极与现有技术有所区别，所以正极可以继续被分解。正极包括导电基体、正极材料，正极材料与现有技术有所区别，因此正极材料可以继续被分解。正极材料包括导电剂、黏合剂和正极活性物质，因为正极活性物质与现有技术有所区别，所以正极活性物质可以继续被分解。正极活性物质由现有的物质按照一定配比组成，这些现有物质已经是最小技术单元了，所以无须再技术分解。

正极活性物质的技术方案为：

"背景技术：正极活性物质是锂离子电池的重要组成部分，目前公开的有将钴酸锂、锰酸锂、三元素材料、镍钴铝酸锂、磷酸亚铁锂、钒酸锂中的一种或几种混合作为电池正极活性材料。

技术问题：当充电电压高于4.0伏特时，正极体系不稳定，电池的循环性能差，并不适宜高电压充电，电池的容量并不能达到理想要求。

技术方案：所述正极活性物质含有层状镍钴铝酸锂和橄榄石型磷酸亚铁锂，以正极活性材料的总重量为基准，所述层状镍钴铝酸锂的含量为 5~20 重量百分比，所述橄榄石型磷酸亚铁锂的含量为 80~95 重量百分比；所述层状镍钴铝酸锂的颗粒中值粒径为 6~9 微米，所述橄榄石型磷酸亚铁锂的颗粒中值粒径为 600~900 纳米。

技术效果：能够在高电压下不仅具有较高的容量，而且体系稳定，电池的循环性能优异。二维迁移隧道的层状镍钴铝酸锂和橄榄石型磷酸亚铁锂具有很好的结合，能相互补充，相互作用。"

因此正极活性物质的创新点在于其组分，可以构成技术方案，作为专利进行申请。与此同时，包含正极活性物质的正极材料、正极、电池组、混合动力驱动系统、汽车都可以作为不同的保护主题进行专利申请。

通常，一个研发项目会存在大量的类似正极活性物质的创新点，它们均可以通过提炼，形成多个独立或相互组合或相互嵌套的技术方案，从而挖掘出大量的专利。

混合动力驱动系统技术分解见图 11-4。

（四）专利检索与分析

通过专利检索与分析，我们对研发项目的相关技术有了更进一步的了解。我们首先更深刻地理解所要解决的技术问题，包括自身的技术问题、延伸的上位和下位的技术问题、类似的技术问题以及引发的新的技术问题；其次，我们更深刻地理解所采用的技术方案，包括自身的技术方案和可能采用的减少技术特征、替换技术特征、改变技术特征、进一步改进的技术特征而产生的可规避性的技术方案；最后，我们更深刻地理解创新技术的上下游产业链，从原料、零部件、步骤、设备开始，到产生新产品、新方法，不断往复地拓展，对创新技术无死角地全面覆盖挖掘。

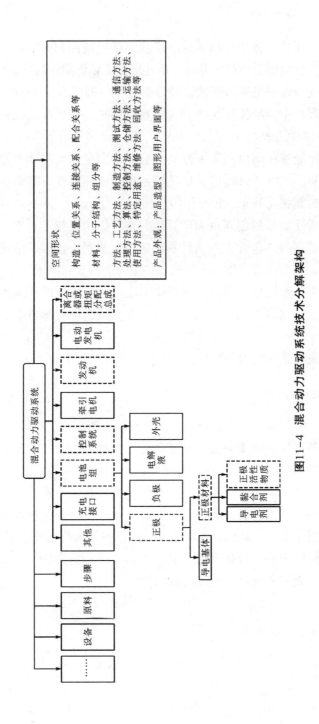

图11-4 混合动力驱动系统技术分解架构

（五）规避式挖掘

规避式挖掘可参考图 11-5。

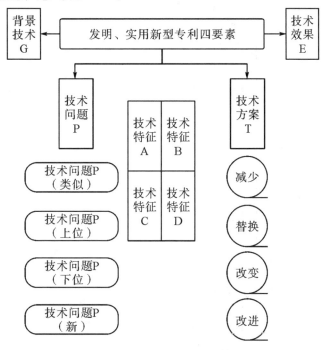

图 11-5　规避式挖掘参考

《专利法》第 2 条规定的发明和实用新型本质上保护的都是技术方案。通常，要充分阐述一套技术方案，需要从背景技术、技术问题、技术方案、技术效果四个要素进行充分说明，任何一个要素的改变，都可能产生一套类似的技术方案或者规避的技术方案或者全新的技术方案。所以，在规避式挖掘中，可以在四个要素不断变化中进行挖掘。

《审查指南》规定，技术方案是指对要解决的技术问题所采取的利用了自然规律的技术手段的集合。技术手段通常是由技术特征来体现的。在规避式挖掘中，四个要素最核心的还是从技术问题和技术方案的技术特征入手。

例如汽车主动安全问题可以如图 11-6 所示进行细分。

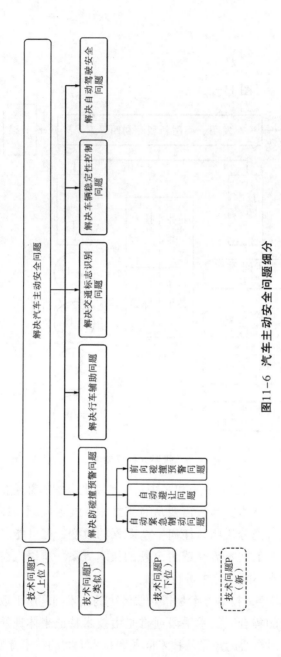

图11-6 汽车主动安全问题细分

　　除了思考自身的技术问题，我们还要思考延伸的上位和下位的技术问题、类似的技术问题以及引发的新的技术问题，技术方案的价值本身其实就是解决了我们关心的技术问题。假设我们的技术方案解决的技术问题是防碰撞预警问题，它上位的问题是汽车主动安全问题，它下位的问题是自动紧急制动问题、自动避让问题、前向碰撞预警问题，它类似的问题是行车辅助问题、交通标志识别问题、车辆稳定性控制问题和自动驾驶安全问题，我们还可以基于此联想到新的技术问题。我们就可以以该技术问题为导向挖掘不同的技术方案，避免他人规避或者帮助我们规避他人保护的技术方案。

　　《最高人民法院关于审理侵犯专利权纠纷案件应用法律若干问题的解释》第7条规定，被诉侵权技术方案包含与权利要求记载的全部技术特征相同或者等同的技术特征的，人民法院应当认定其落入专利权的保护范围；被诉侵权技术方案的技术特征与权利要求记载的全部技术特征相比，缺少权利要求记载的一个以上的技术特征，或者有一个以上技术特征不相同也不等同的，人民法院应当认定其没有落入专利权的保护范围。《最高人民法院关于审理专利纠纷案件适用法律问题的若干规定》第13条规定：等同特征，是指与所记载的技术特征以基本相同的手段，实现基本相同的功能，达到基本相同的效果，并且本领域普通技术人员在被诉侵权行为发生时无须经过创造性劳动就能够联想到的特征。因此，技术方案除了思考自身的技术方案，还要思考可能采用的减少技术特征、替换技术特征、改变技术特征、进一步改进技术方案而产生的可规避性的技术方案，避免他人依据我们创新的技术方案轻松规避。

　　假设我们保护的技术方案为：

　　技术方案T=技术特征A+技术特征B+技术特征C+技术特征D。

　　减少技术特征规避：

　　技术方案T1=技术特征A+技术特征B+技术特征C，技术方案T1成功规避技术方案T，因为缺少技术特征D。

　　技术方案T2=技术特征C+技术特征D，技术方案T2成功规避技术方案T，因为缺少技术特征A、B。

　　技术方案T3=技术特征B，技术方案T3成功规避技术方案T，因为缺少技术特征 A、C、D。

替换技术特征规避：

技术方案 T4=技术特征 A1+技术特征 B+技术特征 C+技术特征 D，若 A1 和 A 等同，则技术方案 T4 未成功规避技术方案 T；若 A1 和 A 不等同，则技术方案 T4 成功规避技术方案 T；但对于创新主体来说保护技术方案时应提前将技术特征 A1 考虑到保护范围内，尽可能采用相同侵权应对。

改变技术特征规避：

技术方案 T5=技术特征 H+技术特征 I+技术特征 J+技术特征 K，技术方案 T5 成功规避技术方案 T，因为缺少技术特征 A、B、C、D，产生了完全不同于技术方案 T 的技术方案 T5，技术方案 T5 需要付出较大的创新研发成本，例如形成一种新的技术思路。

进一步改进技术方案规避：

技术方案 T6=技术特征 A+技术特征 B+技术特征 C+技术特征 D+技术特征 H，技术方案 T6 未成功规避技术方案 T，纳入技术方案 T 的保护范围，但是《专利法》第 56 条规定"一项取得专利权的发明或者实用新型比前已经取得专利权的发明或者实用新型具有显著经济意义的重大技术进步，其实施又有赖于前一发明或者实用新型的实施的，国务院专利行政部门根据后一专利权人的申请，可以给予实施前一发明或者实用新型的强制许可。在依照前款规定给予实施强制许可的情形下，国务院专利行政部门根据前一专利权人的申请，也可以给予实施后一发明或者实用新型的强制许可"。

如果技术特征 H 使技术方案 T6 比技术方案 T 更具有显著经济意义的重大技术进步，而二者之间可以形成强制交叉许可，某种程度上规避了技术方案 T 的技术垄断。因此，在规避式专利挖掘中，应将进一步改进的技术方案纳入保护范围，提前做好布局，避免被他人交叉许可所牵制。

对于外观设计来说，可以进行设计特征的减少、替换、改变、改进，形成新的外观予以挖掘保护。

（六）外围式挖掘

外围式挖掘框架见图 11-7。

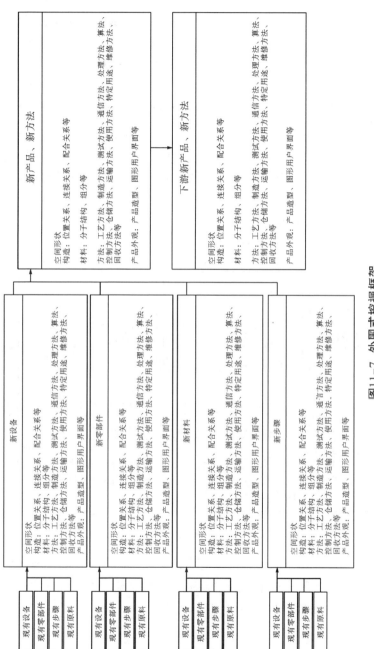

图11-7 外围式挖掘框架

　　基于我们新的产品或方法的产生，新的产品或方法上游会涉及若干原料、零部件、步骤、设备，一旦这些在上游被布局相关专利，将导致我们新的产品或方法无法形成，因此要围绕我们技术方案在上游进行专利挖掘。

　　新的产品或方法形成后，还需要在下游进行应用，如果下游被布局相关专利，将导致我们新的产品或方法虽有专利保护但无法应用。一旦应用就会侵犯他人的专利权，因此要围绕我们技术方案在下游进行专利挖掘。

　　新的产品或方法在上下游挖掘的技术方案还可以作为另一套新的产品或方法继续在上下游挖掘，不断循环拓展，使我们新的产品或方法外围坚不可摧，无法规避。

　　锂电池产业链外围式挖掘框架见图11-8。

上游	中游	下游
正极材料：三元材料、磷酸铁锂、钴酸锂、锰酸锂等 负极材料：碳系负极材料、非碳系负极材料等 电解液：有机溶剂、六氟磷酸锂等 隔膜、铝塑膜、铝箔、铜箔、电池外壳等	动力锂电池、消费锂电池、储能锂电池	新能源汽车、储能、消费电子、电动工具
空间形状 构造：位置关系、连接关系、配合关系等 材料：分子结构、组分等 方法：工艺方法、制造方法、测试方法、通信方法、处理方法、算法、控制方法、仓储方法、运输方法、使用方法、特定用途、维修方法、回收方法等 产品外观：产品造型、图形用户界面等		

图11-8　锂电池产业链外围式挖掘框架

　　以锂电池产业链外围式挖掘为例，锂电池自身专利挖掘后，可以进行上游的正负极材料技术、电解液技术、隔膜技术等专利挖掘，还可以进行下游的新能源汽车、储能、消费电子等应用场景专利挖掘。

（七）专利申请前评估

专利申请前评估，是指在专利申请文件正式提交之前进行分析、评价，并形成结论的过程。专利申请前评估可以排查非正常专利申请，确保申请前的合规操作和风险防控，减少低质量专利的数量，汇聚更多的资源去支持高质量专利的培育和转化。

专利申请前评估主要是评估该技术是否具有专利性，即客体是否符合法律法规，是否具备新创性、实用性，是否属于非正常专利申请等；是否具有市场性，即市场规模如何，是否具备市场竞争性等；是否具备经济性，即付出与回报是否值得等；是否具备战略性，即能否规避他人专利、防止他人规避专利、围堵他人专利、防止他人围堵专利等。

（八）专利布局

创新主体要结合自身、市场、法律等相关因素，对专利加以分析整合，在时间、地域、申请人、领域等维度进行系统筹划，布置专利申请。此时我们主要考虑的是申请哪些专利，以及申请多少专利。根据自身财务能力、研发能力和专利管理能力的情况，创新主体可以采用点状专利布局、线状专利布局、链状专利布局、分块状专利布局、群岛状专利布局、面状专利布局。

点状专利布局适用于财务能力弱，研发能力弱，专利管理能力弱的创新主体，如普通中小企业。由于其本身没有足够经费支撑更多专利申请以及没有研发能力对创新技术进一步扩展，点状专利布局只需要针对已研发的创新技术进行保护即可。点状专利布局见图11-9。

线状专利布局适用于财务能力弱，研发能力中等，专利管理能力弱的创新主体，如创新型中小企业。由于其本身没有足够经费支撑更多专利申请，但有一定研发能力，较为容易地对创新技术的规避方案进一步扩展。线状专利布局可以在点状专利布局基础上，对规避技术方案进一步保护。线状专利布局见图11-10。

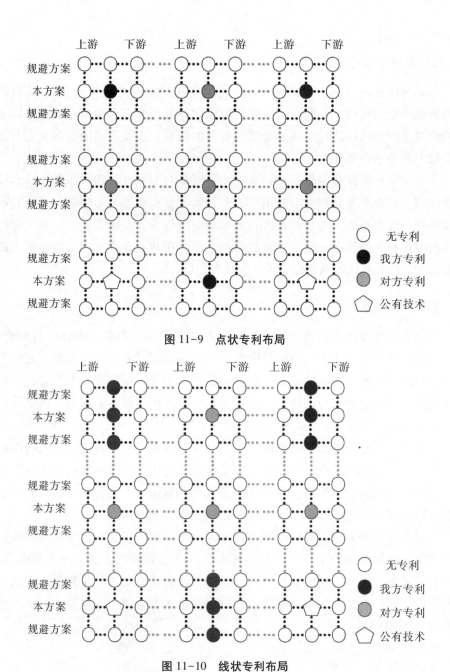

图 11-9　点状专利布局

图 11-10　线状专利布局

链状专利布局适用于财务能力中等，研发能力强，专利管理能力中的创新主体，如专精特新中小企业。此时其有一定经费支撑更多专利申请，也有较强的研发能力。采用链状专利布局，可以在上下游充分专利布局，让创新技术的实施没有障碍。链状专利布局见图11-11。

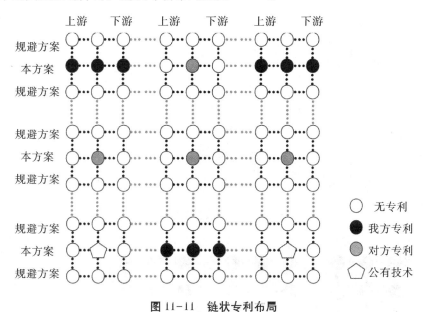

图 11-11　链状专利布局

分块状专利布局适用于财务能力强，研发能力强，专利管理能力中等的创新主体，如专精特新"小巨人"企业。此时其有足够经费支撑更多专利申请，也有较强的研发能力。采用分块状专利布局，不仅在上下游充分保护，让创新技术的实施没有障碍，而且在规避方案上进一步扩展，避免他人绕过，保护更加全面。分块状专利布局见图11-12。

群岛状专利布局适用于财务能力强，研发能力强，专利管理能力强的创新主体，如制造业单项冠军企业。此时其有足够经费支撑更多专利申请，也有较强的研发能力，还拥有较强的专利管理能力。其在分块状专利布局的基础上，还要对竞争对手的专利进行上下游包抄，让其创新技术的实施存在障碍，也要对其规避方案进行保护，规避竞争对手专利技术。群岛状专利布局见图11-13。

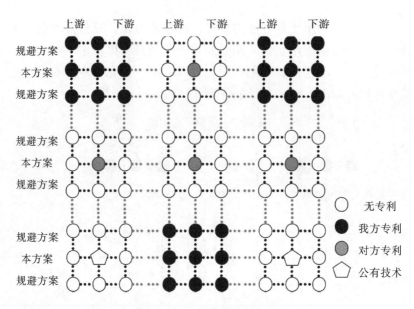

图 11-12　分块状专利布局

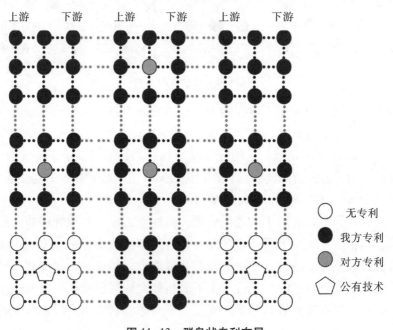

图 11-13　群岛状专利布局

面状专利布局适用于财务能力特强,研发能力特强,专利管理能力特强的创新主体,如产业链领航企业。此时其有充足经费支撑更多专利申请,也有特强的研发能力,还拥有特强的专利管理能力。其在群岛状专利布局的基础上,还要对现有技术进行上下游包抄和规避,实现产业链的全面技术垄断。面状专利布局见图11-14。

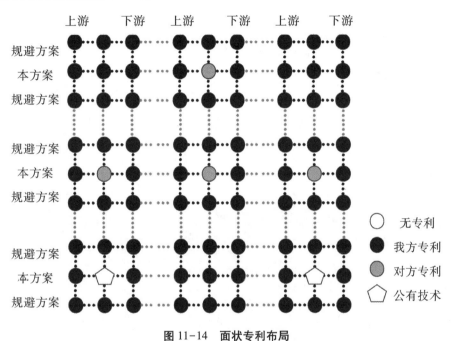

图 11-14 面状专利布局

第三部分　撰写

第十二章　撰写专利申请文件要点

📖 **导读**

　　本章详细阐述了撰写专利申请文件的规范要求。本章重点讲解了专利申请文件中说明书摘要、附图、权利要求书、说明书的各项要求并予以释义，强调了申请专利应当遵循诚实信用原则。本章撰写了专利申请文件要点，主要以现行《专利法》《专利法实施细则》《审查指南》、司法解释以及相关法律法规为依据。

一、说明书摘要

（一）摘要文字部分

1. 格式要求

　　摘要文字部分不得使用标题。摘要文字部分出现的附图标记应当加括号。避免文字错误、标点符号错误、文本编辑错误、明显多余的信息。

　　释义：不得使用标题是为了格式统一。出现的附图标记加括号是为了快速确定技术特征，与说明书附图彼此联系，快速理解技术要点。避免文字错误等是为了便于阅读，避免歧义。

2. 内容要求

摘要文字部分应写明发明或实用新型的名称和所属的技术领域，清楚反映所要解决的技术问题，解决该问题的技术方案的要点以及主要用途。对于实用新型尤其应当写明反映该实用新型相对于背景技术在形状和构造上作出改进的技术特征。

释义：摘要是说明书记载内容的概述，通过发明或实用新型的名称、所属的技术领域，清楚反映所要解决的技术问题、解决该问题的技术方案的要点以及主要用途可以快速理解说明书的关键内容。对于实用新型而言，与背景技术在形状和构造上作出改进的技术特征是该类专利技术方案的核心，有必要在摘要中写明。需要注意的是，说明书摘要仅是一种技术信息，不具有法律效力。摘要的内容不属于发明或者实用新型原始记载的内容，不能作为以后修改说明书或者权利要求书的根据，也不能用来解释专利权的保护范围，也不能作为要求优先权的考虑内容。

3. 形式要求

摘要文字部分可以有化学式或数学式；不使用商业性宣传用语；不得写成广告或者单纯功能性的产品介绍。

释义：有些技术方案的要点恰恰是以化学式或数学式体现的。多余的信息影响快速查阅和理解发明创造。写成广告或单纯功能性的产品介绍涉嫌不道德竞争。

4. 字数要求

摘要文字部分（包括标点符号）不得超过 300 个字。

释义：字数限制可以使公众通过阅读简短的文字，就能够快捷地获知发明创造的基本内容，300 个字足以对说明书记载内容进行概述。当然，在没有多余词句的情况下，也不会要求申请人修改或依职权修改。

（二）摘要附图

1. 指定要求

摘要附图必须是说明书附图之一。说明书有附图的，指定最能说明该发明或实用新型技术方案主要技术特征的附图作为摘要附图。实用新型说明书摘要应当有摘要附图。

释义：摘要是说明书记载内容的概述，因此摘要附图只能是说明书附图之一。为便于快速理解技术方案的要点，指定时应优先考虑最能说明技术方案主要技术特征的附图。实用新型保护的是形状和结构方面技术方案，摘要附图可以快速、清楚、直观、形象地理解技术方案，补充文字描述的不足，因此实用新型说明书摘要应当有摘要附图。

2. 清晰度要求

附图的线条（如轮廓线、点划线、剖面线、中心线、标引线等）应当清晰可辨。摘要附图的大小及清晰度应当保证在该图缩小到 4 厘米×6 厘米时，仍能清楚地分辨出图中的各个细节。

释义：使公众清楚地分辨出图中的各个细节。

二、说明书附图

（一）格式要求

附图总数在两幅以上的，应当使用阿拉伯数字顺序编号，并在编号前冠以"图"字，如图 1、图 2。该编号应当标注在相应附图的正下方。附图应当尽量竖向绘制在图纸上，彼此明显分开。当零件横向尺寸明显大于竖向尺寸必须水平布置时，应当将附图的顶部置于图纸的左边。一页图纸上有两幅以上的附图，且有一幅已经水平布置时，该页上其他附图也应当水平布置。页码应当分别连续编写。

释义：统一格式，美观，方便阅读。

（二）绘制要求

我们使用计算机在内的制图工具绘制；一般使用黑色墨水绘制，文字和线条应当是黑色，必要时可以提交彩色附图；同一附图中应当采用相同比例绘制，为使其中某一组成部分清楚显示，可以另外增加一幅局部放大图。附图的周围不得有与图无关的框线。

释义：图面整洁，精度高。考虑到印刷出版和复印扫描的成本问题及便利性，尽量采用黑色，因为往往白底黑线条就可以满足大部分附图的展示，但也存在一部分附图需要通过色彩来清楚描述专利申请的相关技术内容。附图要清楚描述专利申请的相关技术内容。

（三）清晰度要求

线条（如轮廓线、点划线、剖面线、中心线、标引线等）应当均匀清晰、足够深，不得涂改。剖面图中的剖面线不得妨碍附图标记线和主线条的清楚识别。附图的大小及清晰度，应当保证在该图缩小到三分之二时仍能清晰地分辨出图中各个细节，以能够满足复印、扫描的要求为准。

释义：为了能清晰地分辨出图中各个细节，能够满足复印、扫描的要求。对于附图中明显可见并有唯一解释的结构，有机会补入说明书并写入权利要求书中。

（四）形式要求

结构框图、逻辑框图、工艺流程图应当在其框内加入必要的文字和符号。流程图、方框图、曲线图、相图等，只可以作为说明书的附图。计算机程序的主要技术特征，说明书附图中应当给出该计算机程序的主要流程图。附图不得使用工程蓝图、照片，但特殊情况下，例如，当显示金相结构、组织细胞或者电泳图谱时，我们可以使用照片贴在图纸上作为附图。

释义：便于阅读，清楚、完整地描述。工程蓝图、照片包含的无关内容过多，较难对技术内容清楚表达。

（五）注释要求

附图中除必需的词语外，不得含有其他注释。附图中的词语应当使用中文，必要时，可以在其后的括号里注明原文。

释义：避免影响附图清楚表达。

（六）附图标记要求

附图标记应当使用阿拉伯数字编号。说明书文字部分中未提及的附图标记不得在附图中出现。申请文件中表示同一组成部分的附图标记应当一致。

释义：统一格式，附图标记清楚。

（七）附图必要性要求

实用新型专利申请的说明书必须有附图，附图中应当有表示要求保护的产品的形状、构造或者其结合的附图，不得仅有表示现有技术的附图，也不得仅有表示产品效果、性能的附图，如温度变化曲线图等。用文字足以清楚、完整地描述技术方案的发明专利申请，可以没有附图。涉及计算机程序的发明专利申请包含对计算机装置硬件结构作出改变的发明内容的，说明书附图应当给出该计算机装置的硬件实体结构图。

释义：附图是说明书的一个组成部分，附图的作用在于用图形补充说明书文字部分的描述，使人能够直观地、形象地理解每个技术特征和整体技术方案。实用新型保护的是形状构造类技术方案，特别需要附图来清楚地反映实用新型的内容。单纯的现有技术的附图，表示产品效果、性能的附图，无法清楚地反映实用新型的内容。发明专利申请有时候保护的是方法、材料，对附图依赖性不强，文字足以清楚、完整描述，所以可以没有附图。

三、权利要求书

（一）格式要求

权利要求书有几项权利要求的，应当用阿拉伯数字顺序编号，编号前不得冠以"权利要求"或者"权项"等词；权利要求书不得加标题；权利要求书应当用阿拉伯数字顺序编写页码；一项发明或者实用新型应当至少包括且只有一个独立权利要求；直接或间接从属于某一项独立权利要求的所有从属权利要求都应当写在该独立权利要求之后，另一项独立权利要求之前；权利要求书应避免文字错误、标点符号错误、文本编辑错误、明显多余的信息；每一项权利要求仅允许在权利要求的结尾处使用句号；一项权利要求可以用一个自然段表述，也可以在一个自然段中分行或者分小段表述，分行和分小段处只可用分号或逗号，必要时可在分行或小段前给出其排序的序号；权利要求中使用的科技术语应当与说明书中使用的科技术语一致；权利要求中的技术特征可以引用说明书附图中相应的标记，但是，这些标记应当用括号括起来，并放在相应的技术特征后面，权利要求中使用的附图标记，应当与说明书附图标记一致；除附图标记或者化学式及数学式中使用的括号之外，权利要求中应尽量避免使用括号。

释义：统一格式，简要，方便阅读，使权利要求书从整体上更清楚、简要；可以快速识别有多少技术方案要保护以及保护梯度是如何设置的；方便阅读，满足清楚、简要要求；出现的附图标记应当加括号是为了快速确定技术特征，与说明书附图彼此联系起来，快速理解技术方案；除附图标记或者化学式及数学式中使用的括号之外，权利要求中应尽量避免使用括号，以免造成权利要求不清楚。

（二）内容要求

权利要求书应当记载技术特征，不得包含不产生技术效果的特征；包含算法特征或商业规则和方法特征的发明专利申请，权利要求应当记载技术特征以及与技术特征功能上彼此相互支持、存在相互作用关系的算法特征或商业规则和方法特征；对于实用新型专利，可以使用已知方法的名称限定产品的形状、构造或包含已知材料的名称，但不得包含方法的步骤、工艺条件等；权利要求书中可以有化学式或者数学式，通常不允许使用表格，除非使用表格能够更清楚地说明发明或者实用新型要求保护的主题；一般不得含有用图形表达的技术特征；权利要求书中不得使用与技术方案内容无关的词句，例如"请求保护该专利的生产、销售权"等，不得使用商业性宣传用语，也不得使用贬低他人或者他人产品的词句；除绝对必要外，不得使用"如说明书……部分所述"或者"如图……所示"的用语；权利要求中不得使用技术概念模糊或含义不确定的用语。

释义：发明（或者实用新型）本质上是保护技术方案，技术方案是技术手段的集合，技术手段通常是由技术特征来体现的，所以权利要求主要就是写系列技术特征来反映要保护的技术方案；技术特征是指在权利要求所限定的技术方案中，能够相对独立地执行一定的技术功能、并能产生相对独立的技术效果的最小技术单元，不产生技术效果的特征不属于技术特征，可以是构成发明或者实用新型技术方案的组成要素，也可以是要素之间的相互关系；实用新型专利仅保护针对产品形状、构造提出的改进技术方案，所以包含对方法本身或材料本身提出的改进不属于实用新型专利保护的客体；权利要求书用来限定要求专利保护的范围，化学式或者数学式都可能是保护的要点，表格也是一种表达方式，但插图往往无法清楚确定保护的要点是什么；影响清楚、简要地限定要求专利保护的范围；涉嫌不道德竞争；当发明或者实用新型涉及的某特定形状仅能用图形限定而无法用语言表达时，权利要求可以使用"如图……所示"等类似用语。

（三）客体要求

权利要求保护的是技术方案；发明是对产品、方法或者其改进所提出的新的技术方案；实用新型，是对产品的形状、构造或者其结合所提出的适于实用的新的技术方案。不得是科学发现；不得是智力活动的规则和方法；不得是疾病的诊断和治疗方法；不得是动物和植物品种（生产方法除外）；不得是原子核变换方法以及用原子核变换方法获得的物质；不得是对平面印刷品的图案、色彩或者二者的结合作出的主要起标识作用的设计。

释义：发明和实用新型首先得是"技术方案"，技术方案是对要解决的技术问题所采取的利用了自然规律的技术手段的集合，技术手段通常是由技术特征来体现的；发明可以保护结构、材料、方法，而实用新型只能保护结构，对象有所不同；实用新型制度旨在鼓励和保护中小微创新，而结构类技术方案存在大量的中小微创新，实用新型通过降低授权实质条件，简便审查程序，起到鼓励和保护中小微创新的作用，同时也缩短了保护期限。科学发现，是指对自然界中客观存在的物质、现象、变化过程及其特性和规律的揭示，这些被认识的物质、现象、过程、特性和规律不同于改造客观世界的技术方案；智力活动的规则和方法是指导人们进行思维、表述、判断和记忆的规则和方法，由于其没有采用技术手段或者利用自然规律，也未解决技术问题和产生技术效果，因而不构成技术方案；疾病的诊断和治疗方法是指以有生命的人体或者动物体为直接实施对象，进行识别、确定或消除病因或病灶的过程，出于人道主义的考虑和社会伦理的原因，医生在诊断和治疗过程中应当有选择各种方法和条件的自由，另外，这类方法直接以有生命的人体或动物体为实施对象，无法在产业上利用，不属于专利法意义上的发明创造；动物和植物是有生命的物体，可以通过专利法以外的其他法律法规保护，微生物和微生物方法可以获得专利保护；原子核变换方法以及用该方法所获得的物质关系到国家的经济、国防、科研和公共生活的重大利益，不宜为单位或私人垄断；标识作用的平面图案设计容易引发外观设计专利权与商标专用权、著作权之间的交叉与冲突。

（四）新颖性要求

每项权利要求具备新颖性，新颖性是指该发明或者实用新型不属于现有技术；也没有任何单位或者个人就同样的发明或者实用新型在申请日以前向国务院专利行政部门提出过申请，并记载在申请日以后公布的专利申请文件或者公告的专利文件中。

释义：申请专利的发明或者实用新型应当具有新颖性，才能被授予专利权，这是由专利制度的性质所决定的。国家之所以对一项发明创造授予专利权，为专利权人提供一定期限内的独占权，是因为他向社会公众提供了前所未有的发明创造，值得被授予这样的权利。对于已经公知的技术来说，公众有自由使用的权利，任何人都无权将它纳入其专利独占权的范围之内，否则就损害了公众的利益。规定新颖性条件的目的，就在于防止将已经公知的技术批准为专利[①]。

---

① 尹新天. 中国专利法详解［M］. 北京：知识产权出版社，2012.

（五）创造性要求

每项权利要求具备创造性，创造性是指与现有技术相比，该发明具有突出的实质性特点和显著的进步，该实用新型具有实质性特点和进步。

释义：申请专利的发明或者实用新型仅仅具有新颖性还是不够的。虽然前所未有，但如果所属领域的技术人员很容易想到，也不应当授予专利权，否则专利就会太多太滥①，这在一定程度上妨碍了新技术的产生，对公众正常的生产经营活动产生不适当的限制。没有创造性限制就授予专利权，容易导致与现有的技术区别不大的发明创造被授予专利权，不利于发挥专利制度鼓励发明创造②，增强创新能力的作用。所以，专利法规定发明和实用新型还必须具有创造性，才能被授予专利权。

（六）实用性要求

每项权利要求具备实用性，实用性是指该发明或者实用新型能够制造或者使用，并且能够产生积极效果。

释义：申请专利的发明或者实用新型要取得专利权，还必须能够在产业上应用，产生积极的效果，也就是必须具有实用性。建立专利制度的目的并非仅仅为了鼓励发明创造，更重要的是有利于发明创造的实施应用。

（七）以说明书为依据要求

权利要求书中的每一项权利要求所要求保护的技术方案应当是所属技术领域的技术人员能够从说明书充分公开的内容中得到或概括得出的技术方案，并且不得超出说明书公开的范围；应当尽量避免使用功能或者效果特征来限定专利；禁止纯功能性的权利要求。

释义：权利要求书之所以独立于说明书，是因为说明书为了公开充分披露了大量信息，反而无法让公众确定保护范围是什么；基于说明书，要提炼

---

① 尹新天. 中国专利法详解［M］. 北京：知识产权出版社，2012.

② 陈广吉. 专利契约论新解［D］. 上海：华东政法大学，2011.

出权利要求来向公众表明要保护的范围；"权利要求书要以说明书为依据"是因为权利要求是在说明书基础上提炼的，必然要得到说明书支持，否则权利要求将与说明书脱节，权利要求所要求的保护范围将与说明书所公开的技术信息的贡献不匹配；可以采用上位概念概括或用并列选择方式概括，但其效果应可以预先确定和评价，且所包含的一种或多种下位概念或选择方式要解决发明或者实用新型所要解决的技术问题，并达到相同的技术效果；如果是技术特征概括得不合理，以致所属技术领域的技术人员有理由怀疑该范围中存在不能解决发明所要解决的技术问题，并且不能达到相同的技术效果的部分，则该权利要求没有得到说明书支持；在权利要求中作出记载但未记载在说明书中的内容应当补入说明书中；虽然功能性技术特征的使用受到较为严格的限制，但并不为法律法规所禁止，只有在某一技术特征无法用结构特征来限定，或者技术特征用结构特征限定不如用功能或者效果特征来限定更为恰当，而且该功能或者效果在说明书中有充分说明时，使用功能或者效果特征来限定专利才可能是允许的。对于权利要求中所包含的功能性限定的技术特征，在专利审查中应当理解为覆盖了所有能够实现所述功能的实施方式；对于含有功能性限定的特征的权利要求，应当审查该功能性限定是否得到说明书的支持；纯功能性的权利要求得不到说明书的支持。

（八）主题名称清楚要求

权利要求的主题名称应当能够清楚地表明该权利要求的类型是产品权利要求还是方法权利要求；权利要求的主题名称还应当与权利要求的技术内容相适应。

释义：主题名称是对权利要求包含的全部技术特征所构成的技术方案的抽象概括，是对专利技术方案的简单命名，其代表的技术方案需要通过权利要求的全部技术特征来体现；在确定权利要求的保护范围时，权利要求记载的主题名称应当予以考虑；但其实际的限定作用取决于对所要求保护的技术方案本身带来何种影响；产品权利要求适用于产品发明或者实用新型，通常应当用产品的结构特征来描述；方法权利要求适用于方法发明，通常应当用工艺过程、操作条件、步骤或者流程等技术特征来描述；如果全部以计算机程序流程为依据，按照与该计算机程序流程的各步骤完全对应一致的方式，或者按照与反映该计算机程序流程的方法权利要求完全对应一致的方式，撰写装置权利要求，即这种装置权利要求中的各组成部分与该计算机程序流程的各个步骤或者该方法权利要求中的各个步骤完全对应一致，则这种装置权利要求中的各组成部分应当理解为实现该程序流程各步骤或该方法各步骤所必须建立的程序模块，由这样一组程序模块限定的装置权利要求应当理解为主要通过说明书记载的计算机程序实现该解决方案的程序模块构架，而不应当理解为主要通过硬件方式来实现该解决方案的实体装置。计算机程序产品应当理解为主要通过计算机程序来实现其解决方案的软件产品。

（九）保护范围清楚要求

每项权利要求所确定的保护范围应当清楚；权利要求中不得使用含义不确定的用语，如"厚""薄""强""弱""高温""高压""很宽范围"等，除非这种用语在特定技术领域中具有公认的确切含义，如放大器中的"高频"；权利要求中不得出现"例如""最好是""尤其是""必要时"等类似用语；在一般情况下，权利要求中不得使用"约""接近""等""或类似物"等类似的用语。

释义：权利要求书是否清楚，对于确定发明或者实用新型要求保护的范围是极为重要的。

（十）引用关系清楚要求

权利要求之间的引用关系应当清楚；当从属权利要求是多项从属权利要求时，其引用的权利要求的编号应当用"或"或者其他与"或"同义的择一引用方式表达。

释义：确保权利要求书的所有权利要求作为一个整体。

（十一）简要要求

每一项权利要求应当简要，构成权利要求书的所有权利要求作为一个整体也应当简要；除记载技术特征外，不得对原因或者理由作不必要的描述，也不得使用商业性宣传用语；权利要求的数目应当合理；为避免权利要求之间相同内容的不必要重复，在可能的情况下，权利要求应尽量采取引用在前权利要求的方式撰写；避免出现两项或两项以上保护范围实质上相同的同类权利要求。

释义：避免权利要求书过于复杂，聚焦创新点，便于阅读和划定保护范围。

（十二）完整性要求

独立权利要求应当从整体上反映发明或者实用新型的技术方案，记载解决技术问题的必要技术特征。

释义：必要技术特征是指，发明或者实用新型为解决其技术问题所不可缺少的技术特征，其总和足以构成发明或者实用新型的技术方案，使之区别于背景技术中所述的其他技术方案；要求独立权利要求不能缺少必要技术特征，旨在进一步规范说明书与权利要求书中保护范围最大的权利要求之独立权利要求的对应关系，使得独立权利要求限定的技术方案能够与说明书中记载的内容，尤其是与背景技术、技术问题、有益效果等内容相适应，有助于独立权利要求表述了一个针对发明所要解决的技术问题的完整技术方案，提高专利撰写质量；专利权的保护范围应当与其创新程度相适应，记载的技术特征越多，保护范围越小；技术特征越少，保护范围越大；如果没有对保护范围最大的独立权利要求进行技术特征的限制，专利申请人为了获得更大的保护范围，会想尽办法减少技术特征，保护范围过大而与其创新程度不相适应；但专利申请人可以在独立权利要求中包含非必要技术特征，缩小独立权利要求的保护范围，这是对自身权利的处分自由，这并不会对社会公众利益产生影响，是被允许的。

（十三）单一性要求

作为一件专利申请提出时，多个独立权利要求之间，应当在技术上相互关联，包含一个或者多个相同或者相应的特定技术特征。

释义：特定技术特征是指每一项发明或者实用新型作为整体，对现有技术作出贡献的技术特征；特定技术特征是专门为评定专利申请单一性而提出的一个概念，应当把它理解为体现发明或者实用新型对现有技术作出贡献的技术特征，也就是使发明或者实用新型相对于现有技术具有新颖性和创造性的技术特征，并且应当从每一项要求保护的发明或者实用新型的整体上考虑后加以确定；专利申请应当符合单一性要求的主要原因是：①经济上的原因：为了防止申请人只支付一件专利的费用而获得几项不同发明或者实用新型专利的保护。②技术上的原因：为了便于专利申请的分类、检索和审查。缺乏单一性不影响专利的有效性，因此缺乏单一性不应当作为专利无效的理由；一般情况下，审查员只需要考虑独立权利要求之间的单一性，从属权利要求与其所从属的独立权利要求之间不存在缺乏单一性的问题；但是，在遇有形式上为从属权利要求而实质上是独立权利要求的情况时，应当审查其是否符合单一性规定；如果一项独立权利要求由于缺乏新颖性、创造性等理由而不能被授予专利权，则需要考虑其从属权利要求之间是否符合单一性的规定；某些申请的单一性可以在检索现有技术之前确定，而某些申请的单一性则只有在考虑了现有技术之后才能确定。

（十四）多引多要求

引用两项以上权利要求的多项从属权利要求只能以择一方式引用在前的权利要求，并不得作为被另一项多项从属权利要求引用的基础，即在后的多项从属权利要求不得引用在前的多项从属权利要求。

释义：方便阅读；"多引多"会导致专利中技术方案成倍增加，会给审查带来极大的不便。

（十五）独立权利要求结构要求

除必须用其他方式表达的以外，独立权利要求应当包括前序部分和特征部分，前序部分应写明要求保护的专利技术方案的主题名称和专利主题与最接近的现有技术共有的必要技术特征，特征部分使用"其特征是……"或者类似的用语，写明专利区别于最接近的现有技术的技术特征。

释义：将独立权利要求中的必要技术特征划分为"与最接近的现有技术

共有的必要技术特征"和与"最接近的现有技术不同的区别技术特征"，在于
更清楚地看出独立权利要求的全部技术特征中与最接近的现有技术的共有点
和区别点，以便于审查员对新颖性和创造性进行审查和社会公众理解专利对
现有技术做出的创造性贡献；发明或者实用新型的性质不适于用上述方式撰
写的，独立权利要求也可以不分前序部分和特征部分。

（十六）从属权利要求结构要求

从属权利要求应当用附加技术特征，对引用的权利要求作进一步的限定，
其撰写应当包括引用部分和限定部分，引用部分写明引用的权利要求的编号
及与独立权利要求一致的主题名称，限定部分写明专利附加的技术特征。

释义：如果从属权利要求不采用附加技术特征来表述，而呈现出完整的
技术方案，那权利要求书从整体上无法更清楚、简要，权利要求之间的区别
也无法一目了然，从而增加专利审批、保护、阅读的难度，所以有必要规定
从属权利要求除了引用部分，在限定部分只需写明发明或者实用新型附加的
技术特征，大大减少字数，权利要求更清楚、简要。

（十七）附加的技术特征要求

从属权利要求中的附加技术特征，既可以是对所引用的权利要求的技术
特征作进一步限定的技术特征，也可以是增加的技术特征。

释义：独立权利要求所限定的一项发明或者实用新型的保护范围最宽，
从属权利要求用附加的技术特征对所引用的权利要求作了进一步的限定，所
以其保护范围落在其所引用的权利要求的保护范围之内；附加技术特征可以
提高专利的稳定性，形成专利保护梯度；在不确定技术特征是否属于必要技
术特征时，可以将其作为附加技术特征，既得到了保护，在独权缺必特时也
能够及时弥补上来；在独立权利要求缺乏新创性时，附加技术特征也可以合
并上来，缩小保护范围，确保新创性；在前的权利要求无法获得说明书支持
时，附加技术特征有时也可以使其得到支持以及对其进行解释；特别是无效
程序中，修改权利要求书的具体方式一般限于权利要求的删除、技术方案的
删除、权利要求的进一步限定、明显错误的修正；权利要求的进一步限定是

指在权利要求中补入其他权利要求中记载的一个或者多个技术特征，以缩小保护范围；此时，附加技术特征更为重要，成为修改的依据；从某种程度上来说，附加技术特征提高了专利授权的概率，并增加了专利无效的难度，在侵权诉讼中，附加技术特征更易识别、保护范围更明确，提高胜诉率；附加技术特征还避免了竞争对手在专利的基础上进一步改进，和在先专利形成交叉制约；附加技术特征所在的从属权利要求应该形成合理的保护梯度，有利于某个权利要求不稳定时及时退让，又不退让太多而过多影响保护范围。

四、说明书

（一）格式要求

说明书第一页第一行应当写明发明名称，该名称应当与请求书中的名称一致，并左右居中。发明名称前面不得冠以"发明名称"或者"名称"等字样。发明名称与说明书正文之间应当空一行。说明书的格式应当包括以下各部分，并在每一部分前面写明标题：技术领域、背景技术、发明内容、附图说明。

具体实施方式说明书无附图的，说明书文字部分不包括附图说明及其相应的标题；避免文字错误、标点符号错误、文本编辑错误、明显多余的信息；说明书应当用阿拉伯数字顺序编写页码；对照附图描述发明或者实用新型的优选的具体实施方式时，使用的附图标记或者符号应当与附图中所示的一致，并放在相应的技术名称的后面，不加括号。

释义：统一格式，这种撰写能节约说明书的篇幅并使他人能够准确理解其发明或者实用新型，方便阅读。

（二）内容要求

说明书中应当记载发明或者实用新型的技术内容；说明书应当用词规范、语句清楚，用技术术语准确地表达发明或实用新型的技术方案，并不得使用

"如权利要求······所述的······"一类的引用语，也不得使用商业性宣传用语及贬低他人或者他人产品的词句，不得使用与技术无关的词句，但客观地指出背景技术所存在的技术问题不应当认为是贬低行为；可以有化学式、数学式或者表格，但不得有插图。

释义：说明书要对发明或者实用新型作出清楚、完整的说明，确保所属技术领域的技术人员能够实现，所以需要记载技术内容；便于阅读技术内容，避免不道德竞争；有时需要化学式或者数学式或表格对发明或者实用新型作出清楚、完整的说明，插图放在说明书附图部分，包括流程图、方框图、曲线图、相图等，它们只可以作为说明书的附图，方便对照阅读。

（三）发明名称要求

发明名称应当清楚、简要、全面地反映要求保护的发明或者实用新型的主题和类型（产品或者方法）；采用所属技术领域通用的技术术语，最好采用国际专利分类表中的技术术语，不得采用非技术术语，例如人名、地名、单位名称、商标、代号、型号、商品名称等；也不得含有含糊的词语，例如"及其他""及其类似物"等；也不得仅使用笼统的词语，致使未给出任何发明信息，例如仅用"方法""装置""组合物""化合物"等词作为发明名称，也不得使用商业性宣传用语，发明名称一般不得超过 25 个字，必要时可不受此限，但也不得超过 60 个字。

释义：以利于专利申请的分类，可以简短、准确地表明发明专利申请要求保护的主题和类型。

（四）技术领域要求

写明要求保护的技术方案所属的技术领域；应当是要求保护的发明或者实用新型技术方案所属或者直接应用的具体技术领域，而不是上位的或者相邻的技术领域，也不是发明或者实用新型本身。

释义：技术领域可以帮助理解发明或者实用新型。

（五）背景技术要求

写明对发明或者实用新型的理解、检索、审查有用的背景技术；有可能的，并引证反映这些背景技术的文件；尤其要引证与发明或者实用新型专利申请最接近的现有技术文件；客观地指出背景技术中存在的问题和缺点，但是，仅限于涉及由发明或者实用新型的技术方案所解决的问题和缺点；在可能的情况下，说明存在这种问题和缺点的原因以及解决这些问题时曾经遇到的困难。

释义：背景技术中存在的问题和缺点，带给人们指引，产生了改造客观世界的动机，为随后介绍申请专利的发明或者实用新型作好铺垫，同时以凸显发明创造与现有技术的区别以及该区别的意义。

（六）引证文件要求

引证专利文件的，至少要写明专利文件的国别、公开号（或申请号），最好包括公开日期（或申请日期）；引证非专利文件的，要写明这些文件的标题和详细出处；引证文件应当是公开出版物，所引证的非专利文件的公开日应当在本申请的申请日之前；所引证的专利文件的公开日不能晚于本申请的公开日；引证外国专利或非专利文件的，应当以所引证文件公布或发表时的原文所使用的文字写明引证文件的出处以及相关信息，必要时给出中文译文，并将译文放置在括号内。

释义：以便于公众可以查阅到相应的文献；引证非专利文件和引证专利文件的公开日要求有所不同，但实质上都是在本专利的申请日之前形成的，只是引证专利文件形成后不易修改，而且可能在申请日时处于保密阶段，所以对引证专利文件公开日时间要求更宽容。

（七）发明内容要求

写明发明或者实用新型所要解决的技术问题以及解决其技术问题采用的技术方案，并对照现有技术写明发明或者实用新型的有益效果；所要解决的技术问题、所采用的技术方案和有益效果应当相互适应，不得出现相互矛盾或不相关联的情形；说明书中记载的发明或者实用新型内容应当与权利要求所限定的相应技术方案的表述相一致。

本部分应当清楚、客观地写明以下内容：

1. 要解决的技术问题

发明或者实用新型所要解决的技术问题，是指发明或者实用新型要解决的现有技术中存在的技术问题。发明或者实用新型专利申请记载的技术方案应当能够解决这些技术问题。

发明或者实用新型所要解决的技术问题应当按照下列要求撰写：

（1）针对现有技术中存在的缺陷或不足。

（2）用正面的、尽可能简洁的语言客观而有根据地反映发明或者实用新型要解决的技术问题，也可以进一步说明其技术效果。

2. 技术方案

说明书中记载的这些技术方案应当与权利要求所限定的相应技术方案的表述相一致。必要时，说明技术特征总和与发明或者实用新型效果之间的关系。

3. 有益效果

说明书应当清楚、客观地写明发明或者实用新型与现有技术相比所具有的有益效果；有益效果是指由构成发明或者实用新型的技术特征直接带来的，或者是由所述的技术特征必然产生的技术效果；应当与现有技术进行比较，指出发明或者实用新型与现有技术的区别，通过对发明或者实用新型结构特点的分析和理论说明相结合，或者通过列出实验数据的方式或者采用统计方法表示予以说明；在引用实验数据说明有益效果时，应当给出必要的实验条件和方法。

释义：技术问题是本发明创造的动机；一件发明或者实用新型专利申请的核心是其在说明书中记载的技术方案；有益效果是确定发明是否具有"显著的进步"，实用新型是否具有"进步"的重要依据；要写明这三者，且应当相互适应，不得出现相互矛盾或不相关联，才能充分展示发明内容；各权利要求的技术方案所表述的请求保护的范围能在说明书中找到根据。

（八）附图说明要求

有附图的说明书，应对各幅附图作简略说明；说明书文字部分写有附图说明的，说明书应当有附图。说明书有附图的，说明书文字部分应当有附图说明；说明书中应当写明各幅附图的图名，并且对图示的内容作简要说明；附图不止一幅的，应当对所有附图作出图面说明；在零部件较多的情况下，允许用列表的方式对附图中具体零部件名称列表说明。

释义：说明书文字部分和附图对照，便于快速理解发明创造。

（九）具体实施方式要求

详细写明申请人认为实现发明或者实用新型的优选方式；必要时，举例说明；有附图的，对照附图；说明书中具体实施方式部分至少应给出一个实现该实用新型的优选方式，并且应当对照附图进行说明；优选的具体实施方式应当体现申请中解决技术问题所采用的技术方案，并应当对权利要求的技术特征给予详细说明，以支持权利要求；对优选的具体实施方式的描述应当详细，使发明或者实用新型所属技术领域的技术人员能够实现该发明或者实用新型。

对于产品的发明或者实用新型，实施方式或者实施例应当描述产品的机械构成、电路构成或者化学成分，说明组成产品的各部分之间的相互关系；对于可动作的产品，只描述其构成不能使所属技术领域的技术人员理解和实现发明或者实用新型时，还应当说明其动作过程或者操作步骤；对于方法的发明，应当写明其步骤，包括可以用不同的参数或者参数范围表示的工艺条件；说明书中应当以所给出的计算机程序流程为基础，按照该流程的时间顺序，以自然语言对该计算机程序的各步骤进行描述；涉及计算机程序的发明专利申请包含对计算机装置硬件结构作出改变的发明内容的，说明书应当根据该硬件实体结构图，清楚、完整地描述该计算机装置的各硬件组成部分及其相互关系；包含算法特征或商业规则和方法特征，说明书中应当写明技术特征和与其功能上彼此相互支持、存在相互作用关系的算法特征或商业规则和方法特征如何共同作用并且产生有益效果；在具体实施方式部分，对最接近的现有技术或者发明或实用新型与最接近的现有技术共有的技术特征，一般来说可以不作详细的描述，但对发明或者实用新型区别于现有技术的技术特征以及从属权利要求中的附加技术特征应当足够详细地描述，以所属技术领域的技术人员能够实现该技术方案为准；不能采用引证其他文件的方式撰写，而应当将其具体内容写入说明书。

释义：实现发明或者实用新型的优选的具体实施方式是说明书的重要组成部分，它对于充分公开、理解和实现发明或者实用新型，支持和解释权利要求都是极为重要的；因此，说明书应当详细描述申请人认为实现发明或者实用新型的优选的具体实施方式；在适当情况下，应当举例说明；有附图的，应当对照附图进行说明；以便于支持权利要求，所属技术领域的技术人员能够实现该发明或者实用新型；实施例是对发明或者实用新型的优选的具体实施方式的举例说明，实施例的数量应当根据发明或者实用新型的性质、所属技术领域、现有技术状况以及要求保护的范围来确定，当一个实施例足以支持权利要求所概括的技术方案时，说明书中可以只给出一个实施例；当权利要求（尤其是独立权利要求）覆盖的保护范围较宽，其概括不能从一个实施例中找到依据时，应当给出至少两个不同实施例，以支持要求保护的范围；当权利要求相对于背景技术的改进涉及数值范围时，通常应给出两端值附近（最好是两端值）的实施例，当数值范围较广时，还应当给出至少一个中间值的实施例；在发明或者实用新型技术方案比较简单的情况下，如果说明书涉及技术方案的部分已经就发明或者实用新型专利申请所要求保护的主题作出了清楚、完整的说明，说明书就不必在涉及具体实施方式部分再做重复说明；为了方便专利审查，也为了帮助公众更直接地理解发明或者实用新型。

（十）充分公开要求

说明书应当满足充分公开发明或者实用新型的要求。

释义：创新主体通过充分公开其创新技术，而对社会作出贡献，为了嘉奖这种贡献，给予创新主体一定时期的垄断权；这种创新技术的贡献在于解决了技术问题，并且产生预期的技术效果，当他人遇到同样技术问题的时候，可以减少不必要的重复研究，就有更多的精力去开发新的发明创造，使创新能力不断提高，推动科学技术进步和经济社会发展；这就要求充分公开发明或者实用新型，所属技术领域的技术人员能按照说明书记载的内容实现该实用新型的技术方案，解决其技术问题，并且实现预期的技术效果。

（十一）　主题明确、清楚要求

应当写明发明或者实用新型所要解决的技术问题以及解决其技术问题采用的技术方案，并对照现有技术写明发明或者实用新型的有益效果；上述技术问题、技术方案和有益效果应当相互适应，不得出现相互矛盾或不相关联的情形。

释义：说明书应当从现有技术出发，明确地反映出发明或者实用新型想要做什么和如何去做，使所属技术领域的技术人员能够确切地理解该发明或者实用新型要求保护的主题；如果不能相互适应，出现相互矛盾或不相关联的情形，会导致不清楚问题。

（十二）　表述准确、清楚要求

说明书应当使用发明或者实用新型所属技术领域的技术术语；说明书的表述应当准确地表达发明或者实用新型的技术内容，不得含糊不清或者模棱两可，以致所属技术领域的技术人员不能清楚、正确地理解该发明或者实用新型。

释义：所属技术领域的技术人员能清楚、正确地理解该发明或者实用新型。

（十三）　用词要求

说明书应当用词规范，语句清楚。

说明书应当使用发明或者实用新型所属技术领域的技术术语；对于自然科学名词，国家有规定的，应当采用统一的术语，国家没有规定的，可以采用所属技术领域约定俗成的术语，也可以采用鲜为人知或者最新出现的科技术语，或者直接使用外来语（中文音译或意译词），但是其含义对所属技术领域的技术人员来说必须是清楚的，不会造成理解错误；必要时可以采用自定义词，在这种情况下，应当给出明确的定义或者说明；一般来说，不应当使用在所属技术领域中具有基本含义的词汇来表示其本意之外的其他含义，以免造成误解和语义混乱；说明书中使用的技术术语与符号应当前后一致。

说明书应当使用中文，但是在不产生歧义的前提下，个别词语可以使用中文以外的其他文字；在说明书中第一次使用非中文技术名词时，应当用中文译文加以注释或者使用中文给予说明。

说明书中无法避免使用商品名称时，其后应当注明其型号、规格、性能及制造单位。

说明书中应当避免使用注册商标来确定物质或者产品。

释义：说明书的内容应当明确，无含糊不清或者前后矛盾之处，使所属技术领域的技术人员容易理解。例如，在下述情况下可以使用非中文表述形式：

第一，本领域技术人员熟知的技术名词可以使用非中文形式表述，例如用"EPROM"表示可擦除可编程只读存储器，用"CPU"表示中央处理器；但在同一语句中连续使用非中文技术名词可能造成该语句难以理解的，则不允许。

第二，计量单位、数学符号、数学公式、各种编程语言、计算机程序、特定意义的表示符号（例如中国国家标准缩写 GB）等可以使用非中文形式；

此外，所引用的外国专利文献、专利申请、非专利文献的出处和名称应当使用原文，必要时给出中文译文，并将译文放置在括号内；

说明书中的计量单位应当使用国家法定计量单位，包括国际单位制计量单位和国家选定的其他计量单位。必要时可以在括号内同时标注本领域公知的其他计量单位。

（十四）完整性要求

包括有关理解、实现发明或者实用新型所需的全部技术内容：

第一，帮助理解发明或者实用新型不可缺少的内容。例如，有关所属技术领域、背景技术状况的描述以及说明书有附图时的附图说明等。

第二，确定发明或者实用新型具有新颖性、创造性和实用性所需的内容。例如，发明或者实用新型所要解决的技术问题，解决其技术问题采用的技术方案和发明或者实用新型的有益效果。

第三，实现发明或者实用新型所需的内容。例如，为解决发明或者实用新型的技术问题而采用的技术方案的具体实施方式。对于克服了技术偏见的发明或者实用新型，说明书中还应当解释为什么说该发明或者实用新型克服了技术偏见，新的技术方案与技术偏见之间的差别以及为克服技术偏见所采用的技术手段。凡是所属技术领域的技术人员不能从现有技术中直接、唯一地得出的有关内容，均应当在说明书中描述。

释义：确保包括有关理解、实现发明或者实用新型所需的全部技术内容。

（十五）能够实现要求

说明书应当清楚地记载发明或者实用新型的技术方案，详细地描述实现发明或者实用新型的具体实施方式，完整地公开对于理解和实现发明或者实用新型必不可少的技术内容，达到所属技术领域的技术人员能够实现该发明或者实用新型的程度。

我们应避免：

第一，说明书中只给出任务和/或设想，或者只表明一种愿望和/或结果，而未给出任何使所属技术领域的技术人员能够实施的技术手段。

第二，说明书中给出了技术手段，但对所属技术领域的技术人员来说，该手段是含糊不清的，根据说明书记载的内容无法具体实施。

第三，说明书中给出了技术手段，但所属技术领域的技术人员采用该手段并不能解决发明或者实用新型所要解决的技术问题。

第四，申请的主题为由多个技术手段构成的技术方案，对于其中一个技术手段，所属技术领域的技术人员按照说明书记载的内容并不能实现。

第五，说明书中给出了具体的技术方案，但未给出实验证据，而该方案又必须依赖实验结果加以证实才能成立。

释义：便于所属技术领域的技术人员按照说明书记载的内容，就能够实现该发明或者实用新型的技术方案，解决其技术问题，并且产生预期的技术效果。

（十六）合法要求

不得违反法律、社会公德或者妨害公共利益；不得违反法律、行政法规的规定获取或者利用遗传资源，并依赖该遗传资源完成发明创造。

释义：合法是应有之义。

五、诚实信用

申请专利应当遵循诚实信用原则。提出各类专利申请应当以真实发明创造活动为基础，不得弄虚作假。

第十三章　理解权利要求要点

> **📚 导读**
>
> 　　权利要求书在专利申请中至关重要，它不仅用于确定专利保护范围，还是文件修改与分案申请的依据之一。本章深入解析其架构，对权利要求各元素如主题名称、必要技术特征等进行细致解读，说明它们在界定保护范围、审查专利等方面的作用。阅读本章能帮助我们系统掌握权利要求重要知识，通过理解权利要求要点来更好地撰写权利要求书。本章理解权利要求要点主要以现行《专利法》《专利法实施细则》《审查指南》、司法解释以及相关法律法规为依据。

一、权利要求书的作用

　　权利要求书是申请发明或者实用新型专利必需的文件之一，没有权利要求书，国务院专利行政部门不予受理，无法明确申请日、给予申请号。

　　权利要求书用来限定要求专利保护的范围，发明或者实用新型专利权的保护范围以其权利要求的内容为准。

　　权利要求书是申请人可以对其专利申请文件进行修改的依据之一，也是分案申请的依据之一。在无效宣告程序中，发明或者实用新型专利文件的修改仅限于权利要求书，权利要求书记载的内容尤为重要。

相应法条和案例：

《专利法》第26条第1款："申请发明或者实用新型专利的，应当提交请求书、说明书及其摘要和权利要求书等文件。"

《专利法实施细则》第43条："国务院专利行政部门收到发明或者实用新型专利申请的请求书、说明书（实用新型必须包括附图）和权利要求书，或者外观设计专利申请的请求书、外观设计的图片或者照片和简要说明后，应当明确申请日、给予申请号，并通知申请人。"

《专利法实施细则》第44条："专利申请文件有下列情形之一的，国务院专利行政部门不予受理，并通知申请人：（一）发明或者实用新型专利申请缺少请求书、说明书（实用新型无附图）或者权利要求书的，或者外观设计专利申请缺少请求书、图片或者照片、简要说明的。"

《专利法》第26条第4款："权利要求书应当以说明书为依据，清楚、简要地限定要求专利保护的范围。"

《专利法》第64条第1款："发明或者实用新型专利权的保护范围以其权利要求的内容为准，说明书及附图可以用于解释权利要求的内容。"

《专利法》第33条："申请人可以对其专利申请文件进行修改，但是，对发明和实用新型专利申请文件的修改不得超出原说明书和权利要求书记载的范围。"

《专利法实施细则》第49条："依照本细则第48条规定提出的分案申请，可以保留原申请日，享有优先权的，可以保留优先权日，但是不得超出原申请记载的范围。"

《审查指南》规定：

"4.6 无效宣告程序中专利文件的修改

4.6.1 修改原则

发明或者实用新型专利文件的修改仅限于权利要求书，且应当针对无效宣告理由或者合议组指出的缺陷进行修改，其原则是：

（1）不得改变原权利要求的主题名称。

（2）与授权的权利要求相比，不得扩大原专利的保护范围。

（3）不得超出原说明书和权利要求书记载的范围。

（4）一般不得增加未包含在授权的权利要求书中的技术特征。

4.6.2 修改方式

在满足上述修改原则的前提下，修改权利要求书的具体方式一般限于权利要求的删除、技术方案的删除、权利要求的进一步限定、明显错误的修正。

权利要求的删除是指从权利要求书中去掉某项或者某些项权利要求，例如独立权利要求或者从属权利要求。

技术方案的删除是指从同一权利要求中并列的两种以上技术方案中删除一种或者一种以上技术方案。

权利要求的进一步限定是指在权利要求中补入其他权利要求中记载的一个或者多个技术特征，以缩小保护范围。"

二、权利要求书的架构

权利要求书一般有几项权利要求，保护属于一个总的发明构思中的几项发明（或者实用新型）。

每项发明（或者实用新型）都有一个独立权利要求，以及几个写在独立权利要求之后的同一发明（或者实用新型）的从属权利要求。

独立权利要求所限定的一项发明或者实用新型的保护范围最宽，从属权利要求用附加的技术特征对所引用的权利要求作了进一步的限定，所以其保护范围落在其所引用的权利要求的保护范围之内。

相应法条和案例：

《专利法实施细则》第 22 条第 2 款："权利要求书有几项权利要求的，应当用阿拉伯数字顺序编号。"

《专利法实施细则》第 23 条第 1 款："权利要求书应当有独立权利要求，也可以有从属权利要求。"

《专利法实施细则》第 24 条第 3 款："一项发明或者实用新型应当只有一

个独立权利要求，并写在同一发明或者实用新型的从属权利要求之前。"

《专利法》第31条第1款："一件发明或者实用新型专利申请应当限于一项发明或者实用新型。属于一个总的发明构思的两项以上的发明或者实用新型，可以作为一件申请提出。"

《审查指南》规定："在一件专利申请的权利要求书中，独立权利要求所限定的一项发明或者实用新型的保护范围最宽。

如果一项权利要求包含了另一项同类型权利要求中的所有技术特征，且对该另一项权利要求的技术方案作了进一步的限定，则该权利要求为从属权利要求。因为从属权利要求用附加的技术特征对所引用的权利要求作了进一步的限定，所以其保护范围落在其所引用的权利要求的保护范围之内。

从属权利要求中的附加技术特征，可以是对所引用的权利要求的技术特征作进一步限定的技术特征，也可以是增加的技术特征。

一件专利申请的权利要求书中，应当至少有一项独立权利要求。当有两项或者两项以上独立权利要求时，写在最前面的独立权利要求被称为第一独立权利要求，其他独立权利要求称为并列独立权利要求。审查员应当注意，有时并列独立权利要求也引用在前的独立权利要求，例如，'一种实施权利要求1的方法的装置，……''一种制造权利要求1的产品的方法，……''一种包含权利要求1的部件的设备，……''与权利要求1的插座相配合的插头，……'等。这种引用其他独立权利要求的权利要求是并列的独立权利要求，而不能被看作从属权利要求。对于这种引用另一权利要求的独立权利要求，在确定其保护范围时，被引用的权利要求的特征均应予以考虑，而其实际的限定作用应当最终体现在对该独立权利要求的保护主题产生了何种影响。

在某些情况下，形式上的从属权利要求（其包含有从属权利要求的引用部分），实质上不一定是从属权利要求。例如，独立权利要求1为：'包括特征X的机床。'在后的另一项权利要求为：'根据权利要求1所述的机床，其特征在于用特征Y代替特征X。'在这种情况下，后一权利要求也是独立权利要求。审查员不得仅从撰写的形式上判定在后的权利要求为从属权利要求。"

三、权利要求的结构

发明（或者实用新型）专利权的保护范围以其权利要求的内容为准，发明（或者实用新型）本质上是保护技术方案，技术方案是技术手段的集合，技术手段通常是由技术特征来体现的，所以权利要求主要就是写系列技术特征来反映要保护的技术方案。

权利要求全部都是技术特征也未必符合客体要求，例如实用新型专利不保护方法和材料的技术方案。

独立权利要求结构：主题名称，与最接近的现有技术共有的必要技术特征，其特征在于，区别于最接近的现有技术的技术特征。

从属权利要求结构：根据权利要求1所述的主题名称，其特征在于，附加的技术特征。

独立权利要求要记载解决技术问题的必要技术特征。作为一件专利申请提出时，多个独立权利要求之间，应当在技术上相互关联，包含一个或者多个相同或者相应的特定技术特征。

相应法条和案例：

《专利法》第2条第2款："发明，是指对产品、方法或者其改进所提出的新的技术方案。"

《专利法》第2条第3款："实用新型，是指对产品的形状、构造或者其结合所提出的适于实用的新的技术方案。"

《审查指南》规定："技术方案，是指对要解决的技术问题所采取的利用了自然规律的技术手段的集合。技术手段通常是由技术特征来体现的。"

《专利法实施细则》第22条第1款："权利要求书应当记载发明或者实用新型的技术特征。"

《审查指南》规定："如果权利要求中既包含形状、构造特征，又包含对方法本身提出的改进，例如含有对产品制造方法、使用方法或计算机程序进行限定的技术特征，则不属于实用新型专利保护的客体"。

《专利法实施细则》第24条：

"发明或者实用新型的独立权利要求应当包括前序部分和特征部分，按照下列规定撰写：

（一）前序部分：写明要求保护的发明或者实用新型技术方案的主题名称和发明或者实用新型主题与最接近的现有技术共有的必要技术特征；

（二）特征部分：使用"其特征是……"或者类似的用语，写明发明或者实用新型区别于最接近的现有技术的技术特征。这些特征和前序部分写明的特征合在一起，限定发明或者实用新型要求保护的范围"。

《专利法实施细则》第25条：

"发明或者实用新型的从属权利要求应当包括引用部分和限定部分，按照下列规定撰写：

（一）引用部分：写明引用的权利要求的编号及其主题名称；

（二）限定部分：写明发明或者实用新型附加的技术特征。"

《专利法实施细则》第23条第2款、第3款：

"独立权利要求应当从整体上反映发明或者实用新型的技术方案，记载解决技术问题的必要技术特征。

从属权利要求应当用附加的技术特征，对引用的权利要求作进一步限定。"

《专利法实施细则》第39条："依照《专利法》第31条第1款规定，可以作为一件专利申请提出的属于一个总的发明构思的两项以上的发明或者实用新型，应当在技术上相互关联，包含一个或者多个相同或者相应的特定技术特征，其中特定技术特征是指每一项发明或者实用新型作为整体，对现有技术作出贡献的技术特征。"

四、权利要求中元素的含义——主题名称

主题名称是对权利要求包含的全部技术特征所构成的技术方案的抽象概括，是对专利技术方案的简单命名，其代表的技术方案需要通过权利要求的全部技术特征来体现。

在确定权利要求的保护范围时，权利要求记载的主题名称应当予以考虑。但其实际的限定作用取决于对所要求保护的技术方案本身带来何种影响。

首先，主题名称在类型上将权利要求区分为产品权利要求和方法权利要求；其次，主题名称中可能还包含应用领域、用途、结构、效果、功能等技术内容，如果对权利要求所要保护的技术方案产生影响，则该技术内容对专利权的保护范围具有限定作用。

如果用途限定隐含或者导致要求保护的产品具有某种特定结构、组成等，则对于权利要求保护范围的确定起到限定作用。对于以效果、功能方式描述的限定内容，如果上述内容是对特征部分记载的产品结构、组分等能够达到的效果、功能的描述，则其实际限定作用通过特征部分记载的技术特征得以实现；如果上述内容不是对特征部分记载的结构、组分等能够实现的效果、功能的描述，尤其当限定内容描述的效果、功能被用以区别于现有技术的，该内容实际已构成具体的技术特征。

对主题名称的选择，可以考虑以最小保护单元作为主题名称，在清楚和得到支持的前提下尽可能地上位、模糊、简洁，减少对技术方案的限定以扩大保护范围，再在材料、零部件、产品、应用、工艺方法、使用方法、软硬件等方面进行尽可能的拓展，形成若干个保护主题，确保保护的全面性、稳定性和针对性。例如，发明点在某个零件上，如果我们只保护零件，对于竞争对手是产品整机生产商而言，可能会提出零件是外购的合法来源抗辩和支付的合理对价的不停止侵权抗辩，导致我们无法制止竞争对手。若相应的项目对主题名称有要求，也应该将主题名称的限定以全部技术特征的限定为限，

尽量不新增限定，除非主题名称限定的本身就是发明点。

相应法条和案例：

例1："用化合物 X 作为杀虫剂"或者"化合物 X 作为杀虫剂的应用"是用途权利要求，属于方法权利要求，而"用化合物 X 制成的杀虫剂"或者"含化合物 X 的杀虫剂"，则不是用途权利要求，而是产品权利要求。不同类型权利要求的保护范围是不同的。

例2：以主题名称中含有用途限定的产品权利要求为例，主题名称为"用于钢水浇铸的模具"的权利要求，其中"用于钢水浇铸"的用途对主题"模具"具有限定作用；对于"一种用于冰块成型的塑料模盒"，因其熔点远低于"用于钢水浇铸的模具"的熔点，不可能用于钢水浇铸，故不在上述权利要求的保护范围内。

例3："用于……的化合物 X"，如果其中"用于……"对化合物 X 本身没有带来任何影响，其中的用途限定不起作用。

例4：主题名称"湿态覆膜砂"对于其请求保护的技术方案的原料、加工工艺以及最终的产品形态等均具有实质性影响，因此，"湿态覆膜砂"这一技术特征予以考虑，保护范围就不会涉及不同工艺的覆膜砂。

例5：横流皮带选矿机的皮带通常是具有横向坡度的，即主题名称"床式横流皮带选矿机"已经包含了"皮带横向有坡度"的特征进行限定。

例6：主题名称"有水位高度调节功能的插槽连接式绿化砖""水位高度调节功能"记载在前序部分的主题名称中，采用了功能表述的方式，权利要求的特征部分通过两个技术特征记载了实现水位高度调节功能的具体方式，因此，"水位高度调节功能"是对权利要求 1 要求保护的产品的结构能够实现的功能的概括，其对权利要求 1 保护范围的限定实质上通过后两个具体技术特征实现。

例7：主题名称为"一种电动车控制系统"，权利要求有技术特征"当比对信号一致时，控制器控制电动车启动或/和多媒体播放"。本领域普通技术人员能够清楚明确地得知权利要求 1 中的主题名称是对发明涉及的电动车启动和解锁的技术方案的抽象和概括，而不仅仅是说明发明可能的用途。同时，本专利权利要求 1 中的主题名称又反过来构成了对发明技术方案的限定，即

"一种电动车控制系统"就是电力驱动的车辆的启动和解锁系统，不包括使用于自行车产品。

《审查指南》规定权利要求有两种基本类型，简单地称为产品权利要求和方法权利要求。第一种基本类型的权利要求包括人类技术生产的物（产品、设备）；第二种基本类型的权利要求包括有时间过程要素的活动（方法、用途）。属于物的权利要求有物品、物质、材料、工具、装置、设备等权利要求；属于活动的权利要求有制造方法、使用方法、通信方法、处理方法以及将产品用于特定用途的方法等权利要求。

在类型上区分权利要求的目的是确定权利要求的保护范围。通常情况下，在确定权利要求的保护范围时，权利要求中的所有特征均应当予以考虑，而每一个特征的实际限定作用应当最终体现在该权利要求所要求保护的主题上。

《审查指南》规定："通常情况下，在确定权利要求的保护范围时，权利要求中的所有特征均应当予以考虑，而每一个特征的实际限定作用应当最终体现在该权利要求所要求保护的主题上。例如，当产品权利要求中的一个或多个技术特征无法用结构特征并且也不能用参数特征予以清楚地表征时，允许借助于方法特征表征。但是，方法特征表征的产品权利要求的保护主题仍然是产品，其实际的限定作用取决于对所要求保护的产品本身带来何种影响。

对于主题名称中含有用途限定的产品权利要求，其中的用途限定在确定该产品权利要求的保护范围时应当予以考虑，但其实际的限定作用取决于对所要求保护的产品本身带来何种影响。

权利要求的主题名称应当能够清楚地表明该权利要求的类型是产品权利要求还是方法权利要求。

权利要求的主题名称还应当与权利要求的技术内容相适应。"

北京市高级人民法院《专利侵权判定指南（2017）》："25. 主题名称中所包含的应用领域、用途或者结构等技术内容对权利要求所要保护的技术方案产生影响的，则该技术内容对专利权的保护范围具有限定作用。

主题名称是对权利要求包含的全部技术特征所构成的技术方案的抽象概括，是对专利技术方案的简单命名，其代表的技术方案需要通过权利要求的全部技术特征来体现。"

（2019）最高法知民终 657 号："主题名称中包含的对全部技术特征所构成的技术方案的抽象和概括是主题名称的核心部分，是对专利技术方案的命名，用来确定专利技术方案所属领域。产品专利的主题名称的结构可能不是单一的，其中包含的用途限定内容以及以效果、功能方式表述的限定内容，其实际限定作用取决于该内容对权利要求所要保护的产品产生了何种影响。对于用途限定而言，如果对要求保护的产品没有带来影响，则这一内容对权利要求保护范围的确定不起作用；如果用途限定隐含或者导致要求保护的产品具有某种特定结构、组成等，则对于权利要求保护范围的确定起到限定作用。对于以效果、功能方式描述的限定内容，如果上述内容是对特征部分记载的产品结构、组分等能够达到的效果、功能的描述，则其实际限定作用通过特征部分记载的技术特征得以实现；如果上述内容不是对特征部分记载的结构、组分等能够实现的效果、功能的描述，尤其当限定内容描述的效果、功能被用以区别于现有技术的，该内容实际已构成具体的技术特征。"

（2019）京行终 2438 号："本发明提供一种湿态覆膜砂及其制备工艺，提高湿态覆膜砂的湿强度和流动性。根据上述内容，本领域的技术人员可知，本专利权利要求 1 所请求保护的'湿态覆膜砂'具有特定的含义，即其要求覆膜砂'室温下为湿态，并且长时间存放不会自然干燥'。可见，本专利权利要求 1 限定的'湿态覆膜砂'对于其请求保护的技术方案的原料、加工工艺以及最终的产品形态等均具有实质性影响。因此，在判断本专利权利要求 1 是否具备新颖性时，应当对'湿态覆膜砂'这一技术特征予以考虑。而根据本院查明的事实可知，证据 1 实施例 2 中为在已知的干性热覆膜法制造壳型用覆膜砂的过程中向乌洛托品溶液中添加硅油的技术方案。通过证据 1 实施例 2 所获得的覆膜砂并非本专利权利要求 1 所请求保护的'湿态覆膜砂'。即证据 1 中并未公开本专利权利要求 1 限定的'湿态覆膜砂'的特征。"

1F126852 的复审决定："横流皮带选矿机的皮带通常是具有横向坡度的，也即主题名称'床式横流皮带选矿机'已经包含了'皮带横向有坡度'的特征。由此可见，本案中合议组认为主题名称中包含了具体的技术特征。"

最高人民法院（2019）高法知民终 657 号："独立权利要求 1 为：有水位高度调节功能的插槽连接式绿化砖，包括基体（1）和种植展示面（2），其特征在于：……所述的土壤容纳空腔（5）的斜面上至少有一个或一组水位高度调节溢水孔（9），所述的水位高度调节溢水孔（9）是底部即将贯通的盲孔。本案中，权利要求1中的'水位高度调节功能'记载在前序部分的主题名称中，采用了功能表述的方式，权利要求1的特征部分通过两个技术特征记载了实现水位高度调节功能的具体方式，即土壤容纳空腔的斜面上至少有一个或一组水位高度调节溢水孔；水位高度调节溢水孔是底部即将贯通的盲孔，'水位高度调节功能'实际是对特征部分所记载的结构能够实现的功能的描述。因此，'水位高度调节功能'是对权利要求1要求保护的产品的结构能够实现的功能的概括，其对权利要求1保护范围的限定实质上通过后两个具体技术特征实现。"

（2018）最高法民申2954号："本案中涉案专利权利要求1的主题名称为'一种电动车控制系统'，明确了本发明属于电动车技术领域。并且，结合本专利的说明书中记载的背景技术及发明内容，本专利系为了克服电动车钥匙启动方式产生的防盗性能不足等问题，目的在于'提供一种电动车控制系统及其操作方法，使用者可以将存储在手机中的二维码图像对准摄像头，便可实现电动车的完全解锁，提升了防盗性能，免去了使用者需携带钥匙启动的麻烦''当比对信号一致时，控制器控制电动车启动或/和多媒体播放。'本领域普通技术人员能够清楚明确地得知权利要求1中的主题名称是对发明涉及的电动车启动和解锁的技术方案的抽象和概括，而不仅仅是说明发明可能的用途。同时，本专利权利要求1中的主题名称又反过来构成了对发明技术方案的限定，即'一种电动车控制系统'就是电力驱动的车辆的启动和解锁系统。因此，本案中权利要求1中的主题名称对其保护范围具有限定作用，在侵权判定时应予考虑。摩拜公司的被控侵权产品使用于自行车产品，虽然存在'锁装置'功能，但并不存在'控制电动车启动'的功能，不属于专利主题名称所指定的应用领域和技术主题。"

《专利法》第77条："为生产经营目的使用、许诺销售或者销售不知道是未经专利权人许可而制造并售出的专利侵权产品，能证明该产品合法来源的，不承担赔偿责任。"

《最高人民法院关于审理侵犯专利权纠纷案件应用法律若干问题的解释

（二）》（法释〔2020〕19号）第25条："为生产经营目的使用、许诺销售或者销售不知道是未经专利权人许可而制造并售出的专利侵权产品，且举证证明该产品合法来源的，对于权利人请求停止上述使用、许诺销售、销售行为的主张，人民法院应予支持，但被诉侵权产品的使用者举证证明其已支付该产品的合理对价的除外。

本条第1款所称不知道，是指实际不知道且不应当知道。

本条第1款所称合法来源，是指通过合法的销售渠道、通常的买卖合同等正常商业方式取得产品。对于合法来源，使用者、许诺销售者或者销售者应当提供符合交易习惯的相关证据。"

北京市高级人民法院《专利侵权判定指南（2017）》规定：

"（六）合法来源抗辩

145. 为生产经营目的，使用、许诺销售或者销售不知道且不应知道是未经专利权人许可而制造并售出的专利侵权产品、且举证证明该产品合法来源的，不承担赔偿责任，对于权利人请求停止上述使用、许诺销售、销售行为的主张，应予支持。

146. 合法来源是指通过合法的销售渠道、通常的买卖合同等正常商业方式取得被诉侵权产品。

对于合法来源的证明事项，被诉侵权产品的使用者、许诺销售者或销售者应当提供符合交易习惯的票据等作为证据，但权利人明确认可被诉侵权产品具有合法来源的除外。

（七）不停止侵权抗辩

147. 使用者实际不知道且不应知道其使用的产品是未经专利权人许可而制造并售出，能够证明其产品合法来源且能够举证证明其已支付该产品的合理对价的，对于权利人请求停止使用行为的主张，不予支持。"

五、权利要求中元素的含义——必要技术特征

独立权利要求应当从整体上反映发明或者实用新型的技术方案，记载解决技术问题的必要技术特征。

必要技术特征是指，发明或者实用新型为解决其技术问题所不可缺少的技术特征，其总和足以构成发明或者实用新型的技术方案，使之区别于背景技术中所述的其他技术方案。

判断某一技术特征是否为必要技术特征，应当从所要解决的技术问题出发并考虑说明书描述的整体内容，不应简单地将实施例中的技术特征直接认定为必要技术特征。独立权利要求应表述了一个针对发明所要解决的技术问题的完整的技术方案。判断独立权利要求的技术方案是否完整的关键，在于查看独立权利要求是否记载了解决上述技术问题的全部必要技术特征。

独立权利要求应该解决发明所要解决的至少一个技术问题，如果因为缺少某一结构、组分、步骤、条件等技术特征或者技术特征之间的相互关系，而无法解决任　发明所要解决的技术问题，属于缺少必要技术特征的情形，即独立权利要求没有表述了一个针对发明所要解决的技术问题的完整的技术方案。

这里的"技术问题"是指专利说明书中记载的专利所要解决的技术问题，是在说明书中主观声称的其要解决的技术问题，不同于在判断权利要求是否具有创造性时重新确定的技术问题，重新确定的技术问题是为了对现有技术中是否存在技术启示的认定更为客观，会随着最接近的现有技术不同，认定的区别技术特征往往也会有所差异。因此，在认定权利要求是否缺少必要技术特征时，不能以重新确定的技术问题为基础。

在专利所要解决的各个技术问题彼此相对独立，解决各个技术问题的技术特征彼此也相对独立的情况下，独立权利要求中记载了解决一个或者部分技术问题的必要技术特征的，即可认定独立权利要求不缺少必要技术特征。

说明书中明确记载专利技术方案能够同时解决多个技术问题的，独立权利要求中应当记载能够同时解决各个技术问题的必要技术特征。

独立权利要求不能缺少必要技术特征，旨在进一步规范说明书与权利要求书中保护范围最大的权利要求之独立权利要求的对应关系，使得独立权利要求限定的技术方案能够与说明书中记载的内容，尤其是背景技术、技术问题、有益效果等内容相适应，有助于独立权利要求表述了一个针对发明所要解决的技术问题的完整的技术方案，提高专利撰写质量。专利权的保护范围应当与其创新程度相适应，记载的技术特征越多，保护范围越窄；技术特征越少，保护范围越宽。如果没有对保护范围最大的独立权利要求进行技术特征的限制，专利申请人为了获得更大的保护范围，会想尽办法减少技术特征，保护范围过大而与其创新程度不相适应。但专利申请人可以在独立权利要求中包含非必要技术特征，缩小独立权利要求的保护范围，这是对自身权利的处分自由，这并不会对社会公众利益产生影响，是被允许的。

《专利法》第22条第2款、第3款规定的是权利要求所保护的技术方案要有新颖性和创造性，侧重于技术方案应该不为公众所知，且不容易想到，这类技术才配享保护，才能够提高创新水平，促进科学技术进步和经济社会发展，符合专利制度的设立初衷。否则，公知技术或者容易想到的技术获得保护，那专利必将泛滥，影响公众的正常经营秩序，反而约束科学技术进步和经济社会发展。如果缺少必要技术特征的独立权利要求相对于现有技术不具备新创性，但补充相应必要技术特征后满足新创性，审查员根据具体案情选择条款，但一般应在审查意见中指出该独立权利要求不具备新创性的缺陷。

《专利法》第26条第4款规定的权利要求书应当以说明书为依据，是指权利要求应当得到说明书的支持，权利要求书中的每一项权利要求所要求保护的技术方案应当是所属技术领域的技术人员能够从说明书充分公开的内容中得到或概括得出的技术方案，并且不得超出说明书公开的范围。权利要求书之所以独立于说明书，是因为说明书为了公开充分披露了大量信息，反而无法让公众确定保护范围是什么。所以基于说明书，要提炼出权利要求来向公众表明要保护的范围。"权利要求书要以说明书为依据"是因为权利要求是在说明书基础上提炼的，必然要得到说明书支持，否则权利要求将与说明书脱节，权利要求所要的保护范围将与说明书所公开的技术信息的贡献不匹配。"以说明书为依据"不仅适用于权利要求中记载的技术特征（例如功能性技术特征）的范围过宽，技术特征本身不能得到说明书支持的情形，也适用于独立或者从属权利要求缺少技术特征，使得权利要求限定的技术方案不能解决专利所要解决的技术问题，权利要求整体上不能得到说明书支持的情形。因此，独立权利要求缺少必要技术特征，一般也不能得到说明书的支持。

功能性技术特征对权利要求的保护范围进行限定，可以很好避免缺少必要技术特征，不宜再以独立权利要求中没有记载实现功能的具体结构或者方式为由，认定其缺少必要技术特征。如果认为该功能性技术特征概括不适当，应按照不能得到说明书的支持进行审查。如果是技术特征概括得不合理，以致所属技术领域的技术人员有理由怀疑该范围中存在不能解决发明所要解决的技术问题，并且不能达到相同的技术效果的部分，则该权利要求没有得到说明书支持。

《专利法》第 26 条第 4 款规定的权利要求书清楚、简要地限定要求专利保护的范围。"权利要求书清楚、简要地限定要求专利保护的范围"是和权利要求确定保护范围的作用有关，如果不清楚，专利保护的范围将无法确定，不利于专利权人维权也使社会公众不清楚实施何种程度才算侵权或不侵权。权利要求书是否清楚，对于确定发明或者实用新型要求保护的范围是极为重要的。权利要求书应当清楚：①每项权利要求的类型应当清楚。权利要求的主题名称还应当与权利要求的技术内容相适应。②每项权利要求所确定的保护范围应当清楚。权利要求的保护范围应当根据其所用词语的含义来理解。③构成权利要求书的所有权利要求作为一个整体也应当清楚，这是指权利要求之间的引用关系应当清楚。权利要求书不清楚也有可能存在和缺少必要技术特征法条相竞合的情况。

"新创性""支持、清楚"针对所有的权利要求，"缺必特"仅针对独立权利要求，不能直接适用于从属权利要求，只要把保护范围最大的独立权利要求进行规范，基本可以达到立法目的。但是，独立权利要求被宣告无效，该独立权利要求应视为自始即不存在，直接从属于该独立权利要求的从属权利要求将成为新的独立权利要求，其同样应当记载解决技术问题的必要技术特征。它们之间各有侧重，在存在法条竞合的情况下，"缺必特"从某种角度来说，比"新创性""支持、清楚"缺陷能够更明确指出修改的方向，从而提高审查效率。

相应法条和案例：

现有的杯子是由杯体和杯盖组成，杯盖扣在杯体顶部。水杯在移动过程中，杯体和杯盖存在间隙容易把水洒出来，通过改进在杯盖上设有密封圈，使杯体和杯盖紧密接合，避免水洒出来。同时，水杯如果盛放热水，端水杯时容易烫手，通过在杯体上固定绝热手把可解决水杯烫手问题。

示例1："杯子，包括杯体和盖体，杯体顶部扣有盖体，盖体和杯体结合处设有密封圈，杯体上固定有绝热手把"，可以解决发明所要解决的"水撒""烫手"的技术问题，不缺少必要技术特征。

示例2："杯子，包括杯体和盖体，杯体顶部扣有盖体，盖体和杯体结合处设有密封圈"，可以解决发明所要解决的"水撒"的技术问题，不缺少必要技术特征。但"杯子，包括杯体和盖体，杯体顶部扣有盖体""杯子，包括杯体、盖体和密封圈，杯体顶部扣有盖体"，缺少"密封圈或位置"的技术特征，导致无法解决的"水撒""烫手"任一技术问题，缺少必要技术特征。

示例3："杯子，包括杯体和盖体，杯体顶部扣有盖体，杯体上固定有绝热手把"，可以解决发明所要解决的"烫手"的技术问题，不缺少必要技术特征。即便写成"杯子，包括杯体，杯体上固定有绝热手把"，也可以解决发明所要解决的"烫手"的技术问题，不缺少必要技术特征。

《专利法实施细则》第23条第2款："独立权利要求应当从整体上反映发明或者实用新型的技术方案，记载解决技术问题的必要技术特征。"

《审查指南》规定："必要技术特征是指，发明或者实用新型为解决其技术问题所不可缺少的技术特征，其总和足以构成发明或者实用新型的技术方案，使之区别于背景技术中所述的其他技术方案。

判断某一技术特征是否为必要技术特征，应当从所要解决的技术问题出发并考虑说明书描述的整体内容，不应简单地将实施例中的技术特征直接认定为必要技术特征。

审查独立权利要求是否表述了一个针对发明所要解决的技术问题的完整的技术方案。判断独立权利要求的技术方案是否完整的关键，在于查看独立权利要求是否记载了解决上述技术问题的全部必要技术特征。"

《专利法》第22条：

"授予专利权的发明和实用新型，应当具备新颖性、创造性和实用性。

新颖性，是指该发明或者实用新型不属于现有技术；也没有任何单位或者个人就同样的发明或者实用新型在申请日以前向国务院专利行政部门提出过申请，并记载在申请日以后公布的专利申请文件或者公告的专利文件中。

创造性，是指与现有技术相比，该发明具有突出的实质性特点和显著的进步，该实用新型具有实质性特点和进步。

实用性，是指该发明或者实用新型能够制造或者使用，并且能够产生积极效果。

本法所称现有技术，是指申请日以前在国内外为公众所知的技术。"

《专利法》第26条第4款："权利要求书应当以说明书为依据，清楚、简要地限定要求专利保护的范围。"

（2014）行提字第13号：

"一、关于被诉决定和二审判决对涉案专利所要解决的技术问题的认定是否正确

独立权利要求中记载的必要技术特征应当与发明或者实用新型专利所要解决的技术问题相对应。正确认定《专利法实施细则》第21条第2款所称的'技术问题'，是判断独立权利要求是否缺少必要技术特征的基础。

其次，在一项专利或者专利申请中，权利要求书与说明书是最为重要的两个部分，二者相互依存，形成紧密联系的有机整体。其中，权利要求书应当以说明书为依据，清楚、简要地限定专利权的保护范围；说明书应当为权利要求书提供支持，充分公开权利要求限定的技术方案，并可以用于解释权利要求的内容。《专利法实施细则》第21条第2款的规定，旨在进一步规范说明书与权利要求书中保护范围最大的权利要求——独立权利要求的对应关系，使得独立权利要求限定的技术方案能够与说明书中记载的内容，尤其是背景技术、技术问题、有益效果等内容相适应。因此，《专利法实施细则》第21条第2款所称的'技术问题'，是指专利说明书中记载的专利所要解决的技术问题，是专利申请人根据其对说明书中记载的背景技术的主观认识，在说明书中主观声称的其要解决的技术问题。考虑到说明书中的背景技术、技

术问题、有益效果相互关联，相互印证，分别从不同角度对专利所要解决的技术问题进行说明。因此，在认定专利所要解决的技术问题时，应当以说明书中记载的技术问题为基本依据，并综合考虑说明书中有关背景技术及其存在的技术缺陷、涉案专利相对于背景技术取得的有益效果等内容。独立权利要求中记载的技术特征本身，并非认定专利所要解决的技术问题的依据。因此，对于一审第三人有关依据权利要求1中记载的技术特征，权利要求1解决的技术问题是'自行走'和实现支承装置的四个功能（支承、定中心、停止移动及抬升）的主张，本院不予支持。

再次，《专利法实施细则》第21条第2款所称的'技术问题'，不同于在判断权利要求是否具有创造性时，根据权利要求与最接近的现有技术的区别技术特征，重新确定的专利实际解决的技术问题。其理由是：其一，在判断权利要求是否具有创造性时，重新确定技术问题的目的，是为了规范自由裁量权的行使，使得对现有技术中是否存在技术启示的认定更为客观，对专利是否具有创造性的认定更为客观。该目的与《专利法实施细则》第21条第2款的立法目的存在本质区别。其二，在判断创造性时，随着与权利要求进行对比的最接近的现有技术不同，认定的区别技术特征往往也会有所差异，重新确定的技术问题也会随之改变。因此，重新确定的技术问题是动态的、相对的，并且通常不同于说明书中记载的专利所要解决的技术问题。因此，在认定权利要求是否缺少必要技术特征时，不能以重新确定的技术问题为基础。一审第三人有关US2840248号美国专利是最接近的现有技术的主张，与认定涉案专利所要解决的技术问题没有关联。

复次，专利权的保护范围应当与其创新程度相适应。在某些情况下，一项专利技术方案可以针对多项背景技术，从不同角度、不同方面分别进行技术改进，解决多个技术问题。这样的专利技术方案作出了较多的创新，理应予以充分保护和鼓励。专利权的保护范围与其独立权利要求中记载的技术特征的多寡密切相关。记载的技术特征越多，保护范围越窄；技术特征越少，保护范围越宽。因此，在专利所要解决的各个技术问题彼此相对独立，解决各个技术问题的技术特征彼此也相对独立的情况下，独立权利要求中记载了解决一个或者部分技术问题的必要技术特征的，即可认定其符合《专利法实施细则》第 21 条第 2 款的规定，不应再要求其记载解决各个技术问题的所有技术特征。否则，会导致独立权利要求中记载的技术特征过多，保护范围被过分限制，与其创新程度不相适应，背离专利法'鼓励发明创造'的立法目的。但是，对于说明书中明确记载专利技术方案能够同时解决多个技术问题的，表明专利申请人已明示专利技术方案需要在多个方面同时做出技术改进。能够同时解决多个技术问题本身，构成专利技术方案的重要有益效果，会对专利授权、确权以及授权后的保护产生实质性的影响。因此，说明书中明确记载专利技术方案能够同时解决多个技术问题的，独立权利要求中应当记载能够同时解决各个技术问题的必要技术特征。

二、被诉决定中有关《专利法实施细则》第 21 条第 2 款的认定是否与其有关《专利法》第 26 条第 4 款的认定相矛盾

首先，《专利法》第 26 条第 4 款与《专利法实施细则》第 21 条第 2 款均涉及权利要求书与说明书的对应关系。《专利法》第 26 条第 4 款规定：'权利要求书应当以说明书为依据，说明要求专利保护的范围。'根据该规定，权利要求的概括应当适当，得到说明书的支持，使得权利要求的保护范围与说明书公开的内容相适应。与《专利法实施细则》第 21 条第 2 款仅适用于独立权利要求缺少必要技术特征的情形所不同，《专利法》第 26 条第 4 款的适用范围更为宽泛。其不仅适用于独立权利要求，也适用于从属权利要求。不仅适用于权利要求中记载的技术特征（例如功能性技术特征）的范围过宽，技术特征本身不能得到说明书支持的情形，也适用于独立或者从属权利要求缺少技术特征，使得权利要求限定的技术方案不能解决专利所要解决的技术问题，权利要求整体上不能得到说明书支持的情形。因此，独立权利要求缺少必要技术特征，不符合《专利法实施细则》第 21 条第 2 款的规定的，一般也不能得到说明书的支持，不符合《专利法》第 26 条第 4 款的规定。

本案中，被诉决定一方面认定权利要求 1 中'并没有详细描述支承装置（58、59）的结构以及如何通过该装置同时完成支承、定中心、停止移动和抬升机动车的方式，……本领域技术人员不能得知该装置是如何通过车轮的水平运动来进行定中心的'，据此认定权利要求 1 缺少必要技术特征。另一方面，又认定'权利要求 1 虽然使用了功能性限定的技术特征，但是本领域技

术人员根据说明书、说明书附图及本领域的公知常识，能够确定合适的实施方式'，据此认定权利要求4等符合《专利法》第26条第4款的规定。被诉决定中有关权利要求1缺少必要技术特征的认定，与其有关涉案专利符合《专利法》第26条第4款的理由和结论相互矛盾，适用法律错误。埃利康公司的相关申请再审理由成立。专利复审委员会在重新作出审查决定时，应当重新对权利要求1是否符合《专利法实施细则》第21条第2款、《专利法》第26条第4款的规定分别进行审查，避免再次出现矛盾的情形。

三、被诉决定、二审判决中有关功能性技术特征的认定是否正确

关于支承装置（58、59），权利要求1以其实现的功能'被构造用来支承、定中心、停止移动及抬升'，通过功能性技术特征对权利要求1的保护范围进行限定。本院认为，被诉决定、二审判决以权利要求1未能记载实现该功能的具体结构或者具体实现方式为由，认定其缺少必要技术特征，适用法律错误，具体理由如下：

首先，在权利要求中使用功能性技术特征，不为法律法规所禁止。《审查指南》第二部分第二章规定：'在某一技术特征无法用结构特征来限定，或者技术特征用结构特征限定不如用功能或效果特征来限定更为恰当，而且该功能或者效果能通过说明书中规定的实验，或者操作，或者所属技术领域的惯用手段直接和肯定地验证的情况下，使用功能或者效果特征来限定发明才可能是允许的。''对于含有功能性限定的特征的权利要求，应当审查该功能性限定是否得到说明书的支持。'《审查指南》的上述规定未与上位法相抵触，并在国务院专利行政部门的审查实践中得到长期、广泛的适用，人民法院可以参照适用。参照上述规定，虽然功能性技术特征受到较为严格的限制，但并不为法律法规所完全禁止。在'无法用结构特征来限定，或者用结构特征限定不如用功能或效果特征来限定更为恰当'等情形下，亦有必要允许使用功能性技术特征进行限定。然而，基于被诉决定、二审判决中有关功能性技术特征的认定，对于所有使用功能性技术特征的独立权利要求，都能够以其没有详细描述实现该功能的具体结构或者具体方式为由，认定其缺少必要技术特征，由此将导致在独立权利要求中完全排除功能性技术特征的使用。被诉决定、二审判决的认定与《审查指南》的前述规定相冲突，适用法律错误。

　　其次，在认定独立权利要求是否缺少必要技术特征时，关键在于独立权利要求中是否记载了解决技术问题的必要技术特征，即必要技术特征的有无问题。必要技术特征概括得是否适当，是否得到说明书的支持，应当另行依据《专利法》第26条第4款进行审查。根据《专利法》第26条第4款的规定，权利人在撰写权利要求书时，可以对具体实施方式中的技术特征进行概括，例如上位概括或者功能性概括，以获得较具体实施方式更为宽泛的保护范围。当然，权利人概括的技术特征应当能够得到说明书的支持，符合《专利法》第26条第4款的规定。《审查指南》亦规定：'对于含有功能性限定的特征的权利要求，应当审查该功能性限定是否得到说明书的支持。'因此，对于说明书中记载的解决技术问题的结构特征、实现方式等，权利人可以进行功能性概括，以功能性技术特征对独立权利要求的保护范围进行限定。独立权利要求中记载了解决技术问题的必要技术特征的，即使其为功能性技术特征，亦应当认定其符合《专利法实施细则》第21条第2款的规定，不宜再以独立权利要求中没有记载实现功能的具体结构或者方式为由，认定其缺少必要技术特征。专利复审委员会认为该功能性技术特征概括不适当，不能得到说明书的支持，有必要在独立权利要求中进一步限定实现功能的具体结构或者实现方式的，应当另行依据《专利法》第26条第4款进行审查。被诉决定、二审判决以权利要求1未能记载实现该功能的具体结构或者具体实现方式为由，认定其缺少必要技术特征，适用法律错误。埃利康公司的相关申请再审理由成立。

　　四、关于《专利法实施细则》第21条第2款是否适用于从属权利要求

　　埃利康公司认为，《专利法实施细则》第21条第2款仅适用于独立权利要求，被诉决定和二审判决认定有关从属权利要求缺少必要技术特征，适用法律错误。

　　本院认为，《专利法实施细则》第21条第2款规定：'独立权利要求应当……记载解决技术问题的必要技术特征。'因此，《专利法实施细则》第21条第2款仅适用于独立权利要求，不能直接适用于从属权利要求。但是，根据《专利法》第47条第1款的规定，'宣告无效的专利权视为自始即不存在'。因此，如果独立权利要求被宣告无效，该独立权利要求应视为自始即不

存在，直接从属于该独立权利要求的从属权利要求将成为新的独立权利要求，其同样应当记载解决技术问题的必要技术特征，符合《专利法实施细则》第21条第2款的规定。本案中，被诉决定在宣告权利要求1无效的情况下，继续对有关从属权利要求是否缺少必要技术特征进行审查，适用法律并无不当。因此，埃利康公司的主张不能成立。"

六、权利要求中元素的含义——与最接近的现有技术共有的必要技术特征、与最接近的现有技术不同的区别技术特征

将独立权利要求中的必要技术特征划分为"与最接近的现有技术共有的必要技术特征"和与"最接近的现有技术不同的区别技术特征"，是为了更清楚地看出独立权利要求的全部技术特征中与最接近的现有技术的共有点和区别点，以便于审查员对新颖性和创造性进行审查和社会公众理解专利对现有技术作出的创造贡献。

这种划分依赖于最接近的现有技术。最接近的现有技术是指现有技术中与要求保护的发明最密切相关的一个技术方案。在确定最接近的现有技术时，应首先考虑技术领域相同或相近的现有技术或者虽然与要求保护的发明技术领域不同，但能够实现发明的功能，并且公开发明的技术特征最多的现有技术。最接近的现有技术，一般考虑与要求保护的发明技术领域相同、所要解决的技术问题、技术效果或者用途最接近、公开了发明的技术特征最多的现有技术。

专利申请人采用的最接近的现有技术一般与审查员检索的最接近的现有技术不同，审查员在判断要求保护的发明相对于现有技术是否显而易见，通常按照以下三个步骤进行：①确定最接近的现有技术；②确定发明的区别特征和发明实际解决的技术问题，即根据最接近的现有技术重新确定区别特征，根据区别特征在要求保护的发明中所能达到的技术效果确定发明实际解决的技术问题。③判断要求保护的发明对本领域的技术人员来说是否显而易见，即现有技术中是否给出将上述区别特征应用到最接近的现有技术以解决其存

在的技术问题（发明实际解决的技术问题）的启示，例如所述区别特征为公知常识、为与最接近的现有技术相关的技术手段、为另一份对比文件中披露的相关技术手段。所以，独立权利要求中的最接近的现有技术不同的区别技术特征未必会有创造性贡献。

相应法条和案例：

《审查指南》规定："独立权利要求的前序部分中，发明或者实用新型主题与最接近的现有技术共有的必要技术特征，是指要求保护的发明或者实用新型技术方案与最接近的一份现有技术文件中所共有的技术特征。独立权利要求的前序部分中，除写明要求保护的发明或者实用新型技术方案的主题名称外，仅需写明那些与发明或实用新型技术方案密切相关的、共有的必要技术特征。"

《审查指南》规定："独立权利要求的特征部分，应当记载发明或者实用新型的必要技术特征中与最接近的现有技术不同的区别技术特征，这些区别技术特征与前序部分中的技术特征一起，构成发明或者实用新型的全部必要技术特征，限定独立权利要求的保护范围。"

《审查指南》规定："独立权利要求的前序部分中，除写明要求保护的发明或者实用新型技术方案的主题名称外，仅需写明那些与发明或实用新型技术方案密切相关的、共有的必要技术特征。例如，一项涉及照相机的发明，该发明的实质在于照相机布帘式快门的改进，其权利要求的前序部分只要写出'一种照相机，包括布帘式快门……'就可以了，不需要将其他共有特征，例如透镜和取景窗等照相机零部件都写在前序部分中。独立权利要求的特征部分，应当记载发明或者实用新型的必要技术特征中与最接近的现有技术不同的区别技术特征，这些区别技术特征与前序部分中的技术特征一起，构成发明或者实用新型的全部必要技术特征，限定独立权利要求的保护范围。"

《审查指南》规定："独立权利要求分两部分撰写的目的，在于使公众更清楚地看出独立权利要求的全部技术特征中哪些是发明或者实用新型与最接近的现有技术所共有的技术特征，哪些是发明或者实用新型区别于最接近的现有技术的特征。"

《审查指南》规定："最接近的现有技术，是指现有技术中与要求保护的发明最密切相关的一个技术方案，它是判断发明是否具有突出的实质性特点的基础。最接近的现有技术，例如可以是，与要求保护的发明技术领域相同，所要解决的技术问题、技术效果或者用途最接近和/或公开了发明的技术特征最多的现有技术，或者虽然与要求保护的发明技术领域不同，但能够实现发明的功能，并且公开发明的技术特征最多的现有技术。应当注意的是，在确定最接近的现有技术时，应首先考虑技术领域相同或相近的现有技术。"

根据《专利法实施细则》第 24 条第 2 款的规定，发明或者实用新型的性质不适于用上述方式撰写的，独立权利要求也可以不分前序部分和特征部分。例如下列情况：①开拓性发明；②由几个状态等同的已知技术整体组合而成的发明，其发明实质在组合本身；③已知方法的改进发明，其改进之处在于省去某种物质或者材料，或者是用一种物质或材料代替另一种物质或材料，或者是省去某个步骤；④已知发明的改进在于系统中部件的更换或者其相互关系上的变化。

七、权利要求中元素的含义——附加技术特征

从属权利要求中的附加技术特征，可以是对所引用的权利要求的技术特征作进一步限定的技术特征，例如通常是与发明目的有关的更为具体的技术特征，也可以是增加的技术特征，例如新增部件等。从属权利要求以记载的附加技术特征及其引用的权利要求记载的技术特征来确定专利权的保护范围，如果所引用的权利要求具备新创性，从属权利要求的附加技术特征属于公知常识也不影响自身的新创性。

如果从属权利要求不采用附加技术特征来表述，而呈现出完整的技术方案，那权利要求书从整体上无法更清楚、简要，权利要求之间的区别也无法一目了然，从而增加专利审批、保护、阅读的难度。所以有必要规定从属权利要求（除了引用部分），在限定部分只需写明发明或者实用新型附加的技术特征，大大减少字数，权要更清楚、简要。

附加技术特征可以提高专利的稳定性，形成专利保护梯度。在不确定技术特征是否属于必要技术特征时，可以将其作为附加技术特征，既得到了保护，也能在独权缺必特时及时弥补上来。在独立权利要求缺乏创新性时，附加技术特征也可以合并上来，缩小保护范围，确保新创性。在前的权利要求无法获得说明书支持时，附加技术特征有时也可以使其得到支持以及对其进行解释。特别是无效程序中，修改权利要求书的具体方式一般限于权利要求的删除、技术方案的删除、权利要求的进一步限定、明显错误的修正。权利要求的进一步限定是指在权利要求中补入其他权利要求中记载的一个或者多个技术特征，以缩小保护范围。此时，附加技术特征更为重要，成为修改的依据。从某种程度上来说，附加技术特征提高了专利授权的概率，并增加了专利无效的难度，在侵权诉讼中，附加技术特征更易识别、保护范围更明确，提高胜诉率。附加技术特征还避免了竞争对手在专利的基础上进一步改进，和在先专利形成交叉制约。附加技术特征所在的从属权利要求应该形成合理的保护梯度，有利于某个权利要求不稳定时及时退让，但又不退让太多而过多影响保护范围。

相应法条和案例：

《审查指南》规定："从属权利要求中的附加技术特征，可以是对所引用的权利要求的技术特征作进一步限定的技术特征，也可以是增加的技术特征。"

《审查指南》规定："其限定部分的附加技术特征属于公知常识范围的从属权利要求则可不作进一步的检索。"

《最高人民法院关于审理侵犯专利权纠纷案件应用法律若干问题的解释》（法释〔2009〕21号）第1条第2款："权利人主张以从属权利要求确定专利权保护范围的，人民法院应当以该从属权利要求记载的附加技术特征及其引用的权利要求记载的技术特征，确定专利权的保护范围。"

八、权利要求中元素的含义——特定技术特征

特定技术特征是专门为评定专利申请单一性而提出的一个概念，应当把它理解为体现发明对现有技术作出贡献的技术特征，也就是使发明相对于现有技术具有新颖性和创造性的技术特征，并且应当从每一项要求保护的发明的整体上考虑后加以确定。

专利申请应当符合单一性要求的主要原因是：①经济原因，为了防止申请人只支付一件专利的费用而获得几项不同发明或者实用新型专利的保护。②技术原因，为了便于专利申请的分类、检索和审查。缺乏单一性不影响专利的有效性，因此缺乏单一性不应当作为专利无效的理由。

一般情况下，审查员只需要考虑独立权利要求之间的单一性，从属权利要求与其所从属的独立权利要求之间不存在缺乏单一性的问题。但是，在遇有形式上为从属权利要求而实质上是独立权利要求的情况时，应当审查其是否符合单一性规定。如果一项独立权利要求由于缺乏新颖性、创造性等理由而不能被授予专利权，则需要考虑其从属权利要求之间是否符合单一性的规定。某些申请的单一性可以在检索现有技术之前确定，而某些申请的单一性则只有在考虑了现有技术之后才能确定。

相应法条和案例：

《审查指南》规定："单一性，是指一件发明或者实用新型专利申请应当限于一项发明或者实用新型，属于一个总的发明构思的两项以上发明或者实用新型，可以作为一件申请提出。

专利申请应当符合单一性要求的主要原因是：

（1）经济上的原因：为了防止申请人只支付一件专利的费用而获得几项不同发明或者实用新型专利的保护。

（2）技术上的原因：为了便于专利申请的分类、检索和审查。

缺乏单一性不影响专利的有效性，因此缺乏单一性不应当作为专利无效

的理由。

　　一件申请中要求保护两项以上的发明属于一个总的发明构思，也就是说，属于一个总的发明构思的两项以上的发明在技术上必须相互关联，这种相互关联是以相同或者相应的特定技术特征表示在它们的权利要求中的。特定技术特征是专门为评定专利申请单一性而提出的一个概念，应当把它理解为体现发明对现有技术作出贡献的技术特征，也就是使发明相对于现有技术具有新颖性和创造性的技术特征，并且应当从每一项要求保护的发明的整体上考虑后加以确定。

　　属于一个总的发明构思的两项以上发明的权利要求可以按照以下六种方式之一撰写；但是，不属于一个总的发明构思的两项以上独立权利要求，即使按照所列举的六种方式中的某一种方式撰写，也不能允许在一件申请中请求保护：

　　（i）不能包括在一项权利要求内的两项以上产品或者方法的同类独立权利要求；

　　（ii）产品和专用于制造该产品的方法的独立权利要求；

　　（iii）产品和该产品的用途的独立权利要求；

　　（iv）产品、专用于制造该产品的方法和该产品的用途的独立权利要求；

　　（v）产品、专用于制造该产品的方法和为实施该方法而专门设计的设备的独立权利要求；

　　（vi）方法和为实施该方法而专门设计的设备的独立权利要求。

　　所列六种方式并非穷举，也就是说，在属于一个总的发明构思的前提下，除上述排列组合方式外，还允许有其他的方式。不同类独立权利要求之间是否按照引用关系撰写，只是形式上的不同，不影响它们的单一性。"

九、权利要求中元素的含义——定义区分

　　"主题名称"是对专利技术方案的简单命名，在确定权利要求的保护范围时，权利要求记载的主题名称应当予以考虑。但其实际的限定作用取决于对

所要求保护的技术方案本身带来何种影响。

"新创性"是为了保证技术方案不是公知的，也不是显而易见的，鼓励创新技术的发展。

"权利要求书清楚、简要地限定要求专利保护的范围"是为了更好地界定发明或者实用新型要求保护的范围。

"权利要求书应当以说明书为依据"是为了权利要求所要的保护范围与说明书所公开的技术信息的贡献相匹配。

"记载解决技术问题的必要技术特征"是为了进一步规范说明书与权利要求书中保护范围最大的权利要求之独立权利要求的对应关系，使独立权利要求表述完整的技术方案，提高专利撰写质量。

"与最接近的现有技术共有的必要技术特征"和与"最接近的现有技术不同的区别技术特征"划分，目的在于更清楚地看出独立权利要求的全部技术特征中与最接近的现有技术的共有点和区别点，以便于审查员对新颖性和创造性进行审查和社会公众理解专利对现有技术做出的创造贡献。

"附加技术特征"，可以是进一步限定的技术特征或增加的技术特征，权利要求之间的区别一目了然，用于提高专利的稳定性，形成专利保护梯度。

"特定技术特征"使发明相对于现有技术具有新颖性和创造性的技术特征，是专门为评定专利申请单一性而提出的一个概念，防止申请人只支付一件专利的费用而获得几项不同发明或者实用新型专利的保护以及便于专利申请的分类、检索和审查。

十、技术特征

人民法院判定被诉侵权技术方案是否落入专利权的保护范围，应当审查权利人主张的权利要求所记载的全部技术特征。被诉侵权技术方案包含与权利要求记载的全部技术特征相同或者等同的技术特征的，人民法院应当认定其落入专利权的保护范围；被诉侵权技术方案的技术特征与权利要求记载的全部技术特征相比，缺少权利要求记载的一个以上的技术特征，或者有一个以上技术特征既不相同也不等同的，人民法院应当认定其没有落入专利权的保护范围。

技术特征是指在权利要求所限定的技术方案中，能够相对独立地执行一定的技术功能、并能产生相对独立的技术效果的最小技术单元。不宜把实现不同技术功能的多个技术单元划定为一个技术特征。在产品技术方案中，该技术单元一般是产品的部件和/或部件之间的连接关系。在方法技术方案中，该技术单元一般是方法步骤或者步骤之间的关系。技术特征可以是构成发明或者实用新型技术方案的组成要素，也可以是要素之间的相互关系。

产品权利要求的技术特征可以用结构特征、物理或化学参数、方法特征表征，方法权利要求的技术特征可以用工艺过程、操作条件、步骤或者流程等来描述。技术特征还可以部件的尺寸、温度、压力以及组合物的组分含量等以数值或者连续变化的数值范围来表征。化学领域中，涉及工艺的方法技术特征包括工艺步骤（也可以是反应步骤）和工艺条件，例如温度、压力、时间、各工艺步骤中所需的催化剂或者其他助剂等；涉及物质的方法技术特征包括该方法中所采用的原料和产品的化学成分、化学结构式、理化特性参数等；涉及设备的方法技术特征包括该方法所专用的设备类型及其与方法发明相关的特性或者功能等。

技术特征的划分应该结合发明的整体技术方案，考虑能够相对独立地实现一定技术功能并产生相对独立的技术效果的较小技术单元。如果划分技术特征时未恰当考虑该技术特征是否能够相对独立地实现一定技术功能并产生相对独立的技术效果，导致技术特征划分过细，使专利保护范围过小，如果未恰当考虑该技术特征是否系相对独立地实现一定技术功能和技术效果的较小技术单元，导致技术特征划分过粗，使专利保护范围过大。因此，恰当划分技术特征是进行侵权比对的基础。

相应法条和案例：

《最高人民法院关于审理侵犯专利权纠纷案件应用法律若干问题的解释》（法释〔2009〕21号）第7条："人民法院判定被诉侵权技术方案是否落入专利权的保护范围，应当审查权利人主张的权利要求所记载的全部技术特征。

被诉侵权技术方案包含与权利要求记载的全部技术特征相同或者等同的技术特征的，人民法院应当认定其落入专利权的保护范围；被诉侵权技术方案的技术特征与权利要求记载的全部技术特征相比，缺少权利要求记载的一个以上的技术特征，或者有一个以上技术特征不相同也不等同的，人民法院应当认定其没有落入专利权的保护范围。"

《审查指南》规定："权利要求书应当记载发明或者实用新型的技术特征，技术特征可以是构成发明或者实用新型技术方案的组成要素，也可以是要素之间的相互关系。"

《审查指南》规定："当产品权利要求中的一个或多个技术特征无法用结构特征予以清楚地表征时，允许借助物理或化学参数表征；当无法用结构特征并且也不能用参数特征予以清楚地表征时，允许借助于方法特征表征。使用参数表征时，所使用的参数必须是所属技术领域的技术人员根据说明书的教导或通过所属技术领域的惯用手段可以清楚而可靠地加以确定的。

方法权利要求适用于方法发明，通常应当用工艺过程、操作条件、步骤或者流程等技术特征来描述。"

《审查指南》规定："如果要求保护的发明或者实用新型中存在以数值或者连续变化的数值范围限定的技术特征，例如部件的尺寸、温度、压力以及组合物的组分含量。"

《审查指南》规定："化学领域中的方法发明，无论是制备物质的方法还是其他方法（如物质的使用方法、加工方法、处理方法等），其权利要求可以用涉及工艺、物质以及设备的方法特征来进行限定。

涉及工艺的方法特征包括工艺步骤（也可以是反应步骤）和工艺条件，例如温度、压力、时间、各工艺步骤中所需的催化剂或者其他助剂等；

涉及物质的方法特征包括该方法中所采用的原料和产品的化学成分、化学结构式、理化特性参数等；

涉及设备的方法特征包括该方法所专用的设备类型及其与方法发明相关的特性或者功能等。

对于一项具体的方法权利要求来说，根据方法发明要求保护的主题不同、所解决的技术问题不同以及发明的实质或者改进不同，选用上述三种技术特征的重点可以各不相同。"

《审查指南》规定："上述原先作为洗涤剂的产品 X，后来有人研究发现将它配以某种添加剂后能作为增塑剂用。那么如何配制、选择什么添加剂、配比多少等就是使用方法的技术特征。"

《审查指南》规定："权利要求中的技术特征可以引用说明书附图中相应的标记，以帮助理解权利要求所记载的技术方案。但是，这些标记应当用括号括起来，并放在相应的技术特征后面，权利要求中使用的附图标记，应当与说明书附图标记一致。附图标记不得解释为对权利要求保护范围的限制。"

《审查指南》规定："有益效果是指由构成发明或者实用新型的技术特征直接带来的，或者是由所述的技术特征必然产生的技术效果。"

《审查指南》规定："权利要求的表述应当简要，除记载技术特征外，不得对原因或者理由作不必要的描述，也不得使用商业性宣传用语。"

《最高人民法院关于审理侵犯专利权纠纷案件应用法律若干问题的解释（二）》（法释〔2020〕19 号）第 10 条规定："对于权利要求中以制备方法界定产品的技术特征，被诉侵权产品的制备方法与其不相同也不等同的，人民法院应当认定被诉侵权技术方案未落入专利权的保护范围。"

北京市高级人民法院《专利侵权判定指南（2017）》第 8 条、第 21 条、第 22 条规定：

"8. 技术特征是指在权利要求所限定的技术方案中，能够相对独立地执行一定的技术功能、并能产生相对独立的技术效果的最小技术单元。在产品技术方案中，该技术单元一般是产品的部件和/或部件之间的连接关系。在方法技术方案中，该技术单元一般是方法步骤或者步骤之间的关系。

21. 以制备方法界定产品的技术特征对于确定专利权的保护范围具有限定作用。被诉侵权产品的制备方法与专利方法既不相同也不等同的，应当认定被诉侵权技术方案未落入专利权的保护范围。

22. 实用新型专利权利要求中包含非形状、非构造技术特征的，该技术特征对确定专利权的保护范围具有限定作用。

非形状、非构造技术特征，是指实用新型专利权利要求中记载的不属于产品的形状、构造或者其结合等的技术特征，如用途、制造工艺、使用方法、材料成分（组分、配比）等。"

（2020）最高法知民终 547 号："技术特征的划分应该结合发明的整体技术方案，考虑能够相对独立地实现一定技术功能并产生相对独立的技术效果的较小技术单元。如果划分技术特征时未恰当考虑该技术特征是否能够相对独立地实现一定技术功能并产生相对独立的技术效果，导致技术特征划分过细，则在侵权比对时容易因被诉侵权技术方案缺乏该技术特征而错误认定侵权不成立，不适当地限缩专利保护范围；如果未恰当考虑该技术特征是否系相对独立地实现一定技术功能和技术效果的较小技术单元，导致技术特征划分过宽，则在侵权比对时容易忽略某个必要技术特征而错误认定侵权成立，不适当地扩大专利保护范围。因此，恰当划分技术特征是进行侵权比对的基础。

原审判决对技术方案的比对，属认定事实清楚，适用法律正确。对涉案专利权利要求 1 来说：第一，技术特征 1A'一种码垛机械手，包括机架（1）、清扫机构（2）、夹持机构（3）和列收拢驱动机构（4）'系整体反映机械手现有技术的组成部件，被诉侵权产品均具有，二者构成相同；第二，技术特征 1B'夹持机构（3）包括复数个夹持组件（31）和限位机构（32），复数个夹持组件（31）平行布置，通过直线导轨机构悬挂在机架（1）的下方，相邻两夹持组件（31）通过限位机构（32）连接'是包括夹持组件和限位机构的组成以及连接关系的技术特征，被诉侵权产品具备与之相同的技术特征；第三，技术特征 1C'列收拢驱动机构（4）位于机架（1）和复数个夹持组件（31）之间，列收拢驱动机构（4）固定在机架（1）上，列收拢驱动机构（4）的驱动端与复数个夹持组件（31）位于最外侧的两夹持组件（31）固定连接'是权利要求 1 的前序部分，属于现有技术，是本领域的普通技术人员采用现有技术即可实现的技术特征，其功能是通过列收拢机构驱动复数个夹持组件以机架为固定点进行收拢和展开，被诉侵权产品具备与之等同的技术特征；第四，技术特征 1D'清扫机构（2）安装在机架（1）的一侧'的功能是对砖坯上面的余料进行清扫，被诉侵权产品亦具备与之等同的技术特征；第五，技术特征 1E'码垛机械手还包括排收拢驱动机构（5），排收拢驱动机构（5）具有推杆（51）'，被诉侵权产品具备与之相同的技术特征；第六，技术特征 1F'推杆（51）上具有腰形孔……限位销钉（3112）与排收拢驱动机构（5）的推杆（51）腰形孔滑动配合'，限定的是推杆与移动夹紧单元的连接关系，被诉侵权产品具备与之等同的技术特征；第七，技术特征1G'排收拢驱动机构（5）驱动推杆（51）使移动夹紧单元（311）靠近或远离固定夹紧单元（312）'，被诉侵权产品具备与之相同的技术特征。

　　本案中，涉案专利权利要求1关于1F的技术特征是否还应进一步拆分'腰形孔''限位销钉'为最小技术单元，需分析'限位销钉'和'腰形孔'在该技术方案中所起到的作用、实现的功能。对'限位销钉'来说，虽然其完成了两个方面的功能，其一是销钉将移动夹紧单元与推杆连接起来，完成在竖直方向上的移动夹紧单元与推杆的固定，其二是确保移动夹紧单元与推杆在排的方向上的移动同步，且对'腰形孔'来说，则是为限位销钉在传导推杆的同时为限位销钉在列的方向上提供避让空间，依照其名称，其形状应该是类似长条的腰形，如此方能解决限位销钉能够在列的方向上移动的问题，以确保在排收拢的同时可以实现列收拢，二者虽然都是一个单独的部件或结构，但最终是通过'限位销钉与腰形孔'滑动配合的方式实现'排收拢的同时还可以实现列收拢'，即系二者相互配合的关系才在整体技术方案中发挥的上述作用。因此，原审判决未将'限位销钉'和'腰形孔'列为独立的技术特征并无不当。"

十一、功能性特征

　　由于在某些技术方案中，实现某一功能、达到某效果的技术手段无法穷尽或者某一技术特征无法用结构特征来限定或者技术特征用结构特征限定不如用功能或效果特征来限定更为恰当，创新主体为了获得更大的保护范围以及避免缺必特的缺陷，不将具体手段写入权利要求，而使用功能或者效果特征来限定发明。

　　功能性特征，是指对于结构、组分、步骤、条件或其之间的关系等，通过其在发明创造中所起的功能或者效果进行限定的技术特征。下列情形一般不宜认定为功能性特征：

第一，以功能或效果性语言表述且已经成为本领域普通技术人员普遍知晓的技术术语（例如教科书、工具书等公知常识性证据），或以功能或效果性语言表述且仅通过阅读权利要求即可直接、明确地确定实现上述功能或者效果的具体实施方式的技术特征；

第二，使用功能性或效果性语言表述，但同时也用相应的结构、组分、材料、步骤、条件等特征进行描述的技术特征。

对于权利要求中所包含的功能性限定的技术特征，专利审查中应当理解为覆盖了所有能够实现所述功能的实施方式。对于含有功能性限定的特征的权利要求，应当审查该功能性限定是否得到说明书的支持：

第一，如果权利要求中限定的功能是以说明书实施例中记载的特定方式完成的，并且所属技术领域的技术人员不能明了此功能还可以采用说明书中未提到的其他替代方式来完成，或者所属技术领域的技术人员有理由怀疑该功能性限定所包含的一种或几种方式不能解决发明或者实用新型所要解决的技术问题，并达到相同的技术效果，则权利要求中不得采用覆盖了上述其他替代方式或者不能解决发明或实用新型技术问题的方式的功能性限定。

第二，如果说明书中仅以含糊的方式描述了其他替代方式也可能适用，但对所属技术领域的技术人员来说，并不清楚这些替代方式是什么或者怎样应用这些替代方式，则权利要求中的功能性限定也是不允许的。

第三，纯功能性的权利要求得不到说明书的支持，因而也是不允许的。以功能或者效果限定的技术特征，权利要求书、说明书及附图未公开能够实现该功能或者效果的任何具体实施方式的，人民法院应当认定说明书公开不充分。

虽然功能性技术特征的使用受到较为严格的限制，但并不为法律法规所禁止。

对于权利要求中以功能或者效果表述的技术特征，人民法院应当结合说明书和附图描述的该功能或者效果的具体实施方式及其等同的实施方式，确定该技术特征的内容。与说明书及附图记载的实现前款所称功能或者效果不可缺少的技术特征相比（有点类似必要技术特征），被诉侵权技术方案的相应技术特征是以基本相同的手段，实现相同的功能，达到相同的效果，且本领域普通技术人员在被诉侵权行为发生时无需经过创造性劳动就能够联想到的，人民法院应当认定该相应技术特征与功能性特征相同或者等同。

相应法条和案例：

《审查指南》规定："权利要求中应当尽量避免使用功能或者效果特征来限定实用新型，特征部分不得单纯描述实用新型功能，只有在某一技术特征无法用结构特征来限定，或者技术特征用结构特征限定不如用功能或者效果特征来限定更为恰当，而且该功能或者效果在说明书中有充分说明时，使用功能或者效果特征来限定实用新型才可能是允许的。"

《审查指南》规定："通常，对产品权利要求来说，应当尽量避免使用功能或者效果特征来限定发明。只有在某一技术特征无法用结构特征来限定，或者技术特征用结构特征限定不如用功能或效果特征来限定更为恰当，而且该功能或者效果能通过说明书中规定的实验或者操作或者所属技术领域的惯用手段直接和肯定地验证的情况下，使用功能或者效果特征来限定发明才可能是允许的。

对于权利要求中所包含的功能性限定的技术特征，应当理解为覆盖了所有能够实现所述功能的实施方式。对于含有功能性限定的特征的权利要求，应当审查该功能性限定是否得到说明书的支持。如果权利要求中限定的功能是以说明书实施例中记载的特定方式完成的，并且所属技术领域的技术人员不能明了此功能还可以采用说明书中未提到的其他替代方式来完成，或者所属技术领域的技术人员有理由怀疑该功能性限定所包含的一种或几种方式不能解决发明或者实用新型所要解决的技术问题，并达到相同的技术效果，则权利要求中不得采用覆盖了上述其他替代方式或者不能解决发明或实用新型技术问题的方式的功能性限定。

此外，如果说明书中仅以含糊的方式描述了其他替代方式也可能适用，但对所属技术领域的技术人员来说，并不清楚这些替代方式是什么或者怎样应用这些替代方式，则权利要求中的功能性限定也是不允许的。另外，纯功能性的权利要求得不到说明书的支持，因而也是不允许的。"

《最高人民法院关于审理侵犯专利权纠纷案件应用法律若干问题的解释》

（法释〔2009〕21号）第4条规定："对于权利要求中以功能或者效果表述的技术特征，人民法院应当结合说明书和附图描述的该功能或者效果的具体实施方式及其等同的实施方式，确定该技术特征的内容。"

《最高人民法院关于审理专利授权确权行政案件适用法律若干问题的规定（一）》（法释〔2020〕8号）第9条规定："以功能或者效果限定的技术特征，是指对于结构、组分、步骤、条件等技术特征或者技术特征之间的相互关系等，仅通过其在发明创造中所起的功能或者效果进行限定的技术特征，但所属技术领域的技术人员通过阅读权利要求即可直接、明确地确定实现该功能或者效果的具体实施方式的除外。

对于前款规定的以功能或者效果限定的技术特征，权利要求书、说明书及附图未公开能够实现该功能或者效果的任何具体实施方式的，人民法院应当认定说明书和具有该技术特征的权利要求不符合《专利法》第26条第3款的规定。"

《最高人民法院关于审理侵犯专利权纠纷案件应用法律若干问题的解释（二）》（法释〔2020〕19号）第8条规定："功能性特征，是指对于结构、组分、步骤、条件或其之间的关系等，通过其在发明创造中所起的功能或者效果进行限定的技术特征，但本领域普通技术人员仅通过阅读权利要求即可直接、明确地确定实现上述功能或者效果的具体实施方式的除外。

与说明书及附图记载的实现前款所称功能或者效果不可缺少的技术特征相比，被诉侵权技术方案的相应技术特征是以基本相同的手段，实现相同的功能，达到相同的效果，且本领域普通技术人员在被诉侵权行为发生时无需经过创造性劳动就能够联想到的，人民法院应当认定该相应技术特征与功能性特征相同或者等同。"

北京市高级人民法院《专利侵权判定指南（2017）》第18条、第19条、第42条和第56条规定：

"18. 对于权利要求中以功能或者效果表述的功能性特征，应当结合说明书及附图描述的该功能或者效果的具体实施方式及其等同的实施方式，确定该技术特征的内容。

功能性特征，是指对于结构、组分、材料、步骤、条件或其之间的关系等，通过其在发明创造中所起的功能或者效果进行限定的技术特征。下列情形一般不宜认定为功能性特征：

（1）以功能或效果性语言表述且已经成为本领域普通技术人员普遍知晓的技术术语，或以功能或效果性语言表述且仅通过阅读权利要求即可直接、明确地确定实现上述功能或者效果的具体实施方式的技术特征；

（2）使用功能性或效果性语言表述，但同时也用相应的结构、组分、材料、步骤、条件等特征进行描述的技术特征。

19. 在确定功能性特征的内容时，应当将功能性特征限定为说明书及附图中所对应的为实现所述功能、效果不可缺少的结构、步骤特征。

42. 对于包含功能性特征的权利要求，与本指南第19条所述的结构、步骤特征相比，被诉侵权技术方案的相应结构、步骤特征是以相同的手段，实现了相同的功能，产生了相同的效果，或者虽有区别，但是以基本相同的手段，实现了相同的功能，达到相同的效果，而且本领域普通技术人员在专利申请日时无需经过创造性劳动就能够联想到的，应当认定该相应结构、步骤特征与上述功能性特征相同。

在判断上述结构、步骤特征是否构成相同特征时，应当将其作为一个技术特征，而不应将其区分为两个以上的技术特征。

56. 对于包含功能性特征的权利要求，与本指南第19条所述的结构、步骤特征相比，被诉侵权技术方案的相应结构、步骤特征是以基本相同的手段，实现相同的功能，达到相同的效果，且本领域普通技术人员在涉案专利申请日后至被诉侵权行为发生时无需经过创造性劳动就能够联想到的，应当认定该相应结构、步骤特征与功能性特征等同。

在判断上述结构、步骤特征是否构成等同特征时，应当将其作为一个技术特征，而不应将其区分为两个以上的技术特征。"

（2019）最高法知民终657号："有水位高度调节功能的插槽连接式绿化砖，包括基体（1）和种植展示面（2）中，实现水位高度调节功能通过下述具体实施方式：在土壤容纳空腔斜面上设置水位高度调节溢水孔；水位高度调节溢水孔是底部即将贯通的盲孔，从而可以根据不同植物生长需求随时随地可以用最简单的工具打通盲孔调节供水水位。应根据上述具体实施方式及等同实施方式来确定被诉侵权产品是否具备该功能性技术特征。在一件专利中，对同一技术术语应做相同解释。上述内容与对权利要求 1 记载的"水位高度调节功能"所作解释含义相同。结合上文分析，被诉侵权产品的土壤容纳空腔底面设置了向上凸起的柱状溢水通孔，与上述实现水位高度调节功能的实施方式既不相同也不等同。"

（2019）最高法知民终 2 号：

"一、关于"在所述关闭位置，所述安全搭扣面对所述锁定元件延伸，用于防止所述锁定元件的弹性变形，并锁定所述连接器"的技术特征是否属于功能性特征以及被诉侵权产品是否具备上述特征的问题

第一，关于上述技术特征是否属于功能性特征的问题。功能性特征是指不直接限定发明技术方案的结构、组分、步骤、条件或其之间的关系等，而是通过其在发明创造中所起的功能或者效果对结构、组分、步骤、条件或其之间的关系等进行限定的技术特征。如果某个技术特征已经限定或者隐含了发明技术方案的特定结构、组分、步骤、条件或其之间的关系等，即使该技术特征还同时限定了其所实现的功能或者效果，原则上亦不属于《最高人民法院关于审理侵犯专利权纠纷案件应用法律若干问题的解释（二）》第 8 条所称的功能性特征，不应作为功能性特征进行侵权比对。前述技术特征实际上限定了安全搭扣与锁定元件之间的方位关系并隐含了特定结构——"安全搭扣面对所述锁定元件延伸"，该方位和结构所起到的作用是"防止所述锁定元件的弹性变形，并锁定所述连接器"。根据这一方位和结构关系，结合涉案专利说明书及其附图，特别是说明书第［0056］段关于"连接器的锁定由搭扣的垂直侧壁的内表面保证，内表面沿爪外侧表面延伸，因此，搭扣阻止爪向连接器外横向变形，因此连接器不能从钩形端解脱出来"的记载，本领域普通技术人员可以理解，"安全搭扣面对所述锁定元件延伸"，在延伸部分与锁定元件外表面的距离足够小的情况下，就可以起到防止锁定元件弹性变形并锁定连接器的效果。可见，前述技术特征的特点是，既限定了特定的方位和结构，又限定了该方位和结构的功能，且只有将该方位和结构及其所起到的功能结合起来理解，才能清晰地确定该方位和结构的具体内容。这种"方位或者结构+功能性描述"的技术特征虽有对功能的描述，但是本质上仍是方位或者结构特征，不是《最高人民法院关于审理侵犯专利权纠纷案件应用法

律若干问题的解释（二）》第8条意义上的功能性特征。"

（2009）民监字第567号："并不是所有以功能或者效果表述的技术特征均属于功能性特征，因为在同一技术领域中有很多已成熟技术的既定概念也使用了功能性的表述，如'变压器''放大镜''发动机'等，本领域技术人员能够明了这些概念所指的技术是如何实现的，其基本结构如何。"

《最高人民法院关于审理侵犯专利权纠纷案件应用法律若干问题的解释（二）》第8条第1款规定：功能性特征，是指对于结构、组分、步骤、条件或其之间的关系等，通过其在发明创造中所起的功能或者效果进行限定的技术特征，但本领域普通技术人员仅通过阅读权利要求即可直接、明确地确定实现上述功能或者效果的具体实施方式的除外。（2020）最高法知民终1233号关于"超声波焊接装置"技术特征认定中，"超声波焊接装置"是利用超声波技术实现焊接功能的装置，但涉案专利权利要求4并未对"超声波焊接装置"的结构作出限定，本领域普通技术人员仅通过阅读权利要求4也无法直接、明确地确定"超声波焊接装置"的结构特征，而且，本案亦无证据显示"超声波焊接装置"的结构已为本领域技术人员所公知，故可以认定"超声波焊接装置"属于功能性特征。《最高人民法院关于审理侵犯专利权纠纷案件应用法律若干问题的解释》第4条规定："对于权利要求中以功能或者效果表述的技术特征，人民法院应当结合说明书和附图描述的该功能或者效果的具体实施方式及其等同的实施方式，确定该技术特征的内容。"根据说明书"具体实施方式"部分第［0033］段及附图记载，涉案专利"超声波焊接装置"的焊头呈环套形，焊头上设有环形焊点。被诉侵权产品的焊头由纵向焊头和横向焊头构成，焊头并不呈环套形，且无环形焊点。因此，两者的结构不同。另外，根据说明书"有益效果"部分第［0017］段记载，涉案专利的"超声波焊接装置"的焊头结构能够保证一次焊接完成一个布袋弹簧，从而进一步缩短了加工时间，且焊点整齐均匀，保证了产品的质量。被诉侵权产品的超声波焊接部分的纵向焊头和横向焊头互相配合，采用纵横交错的方式焊接，需焊接两次才能完成一个布袋弹簧。可见，两者在技术效果上也明显不同。综上，被诉侵权产品的超声波焊接部分与涉案专利"超声波焊接装置"采用的技术手段和实现的技术效果均不同，两者既不相同，也不等同。

十二、使用环境特征

所谓使用环境特征，是指权利要求中用来描述发明所使用的背景或条件的技术特征。

按照技术特征所限定的具体对象的不同，技术特征可分为直接限定专利技术方案本身的技术特征以及通过限定专利技术方案本身之外的技术内容来限定专利技术方案的技术特征。前者一般表现为直接限定专利技术方案的结构、组分、材料等，后者则表现为限定专利技术方案的使用背景、条件、适用对象等，进而限定专利技术方案，因而被称为"使用环境特征"。

常见的使用环境特征多表现为限定专利技术方案的安装、连接、使用等条件和环境。但鉴于专利要求保护的技术方案的复杂性，使用环境特征并不仅仅限于那些与被保护技术方案安装位置或连接结构直接有关的结构特征。

被诉侵权技术方案能够适用于权利要求记载的使用环境的，应当认定被诉侵权技术方案具备了权利要求记载的使用环境特征，而不以被诉侵权技术方案实际使用该环境特征为前提。但是，专利文件明确限定该技术方案仅能适用于该使用环境特征（例如该使用环境特征是为了使权利要求相对于现有技术具有新颖性及创造性而被写入到权利要求中），有证据证明被诉侵权技术方案可以适用于其他使用环境的，则被诉侵权技术方案未落入专利权的保护范围。被诉侵权技术方案不能适用于权利要求中使用环境特征所限定的使用环境的，应当认定被诉侵权技术方案未落入专利权的保护范围。

相应法条和案例：

《最高人民法院关于审理侵犯专利权纠纷案件应用法律若干问题的解释（二）》（法释〔2020〕19号）第9条规定："被诉侵权技术方案不能适用于权利要求中使用环境特征所限定的使用环境的，人民法院应当认定被诉侵权技术方案未纳入专利权的保护范围。"

北京市高级人民法院《专利侵权判定指南（2017）》第24条规定：

"写入权利要求的使用环境特征对专利权的保护范围具有限定作用。被诉侵权技术方案能够适用于权利要求记载的使用环境的，应当认定被诉侵权技术方案具备了权利要求记载的使用环境特征，而不以被诉侵权技术方案实际使用该环境特征为前提。但是，专利文件明确限定该技术方案仅能适用于该使用环境特征，有证据证明被诉侵权技术方案可以适用于其他使用环境的，则被诉侵权技术方案未纳入专利权的保护范围。

被诉侵权技术方案不能适用于权利要求中使用环境特征所限定的使用环境的，应当认定被诉侵权技术方案未落入专利权的保护范围。

使用环境特征不同于主题名称，是指权利要求中用来描述发明或实用新型所使用的背景或者条件且与该技术方案存在连接或配合关系的技术特征。"

最高人民法院在株式会社岛野诉宁波市日聘工贸有限公司侵害发明专利权纠纷案［最高人民法院（2012）民提字第 1 号］判决书中提出："使用环境特征是指权利要求中用来描述发明所使用的背景或者条件的技术特征。"

（2021）最高法知民终 1921 号提出："本院分析如下：第一，被诉侵权产品是否缺少'一含有多条内部芯线的网路线，该网路线的前端一定长度伸入上述插头本体内部'技术特征。所谓使用环境特征，是指权利要求中用来描述发明所使用的背景或条件的技术特征。按照技术特征所限定的具体对象的不同，技术特征可分为直接限定专利技术方案本身的技术特征以及通过限定专利技术方案本身之外的技术内容来限定专利技术方案的技术特征。前者一般表现为直接限定专利技术方案的结构、组分、材料等，后者则表现为限定专利技术方案的使用背景、条件、适用对象等，进而限定专利技术方案，因而被称为'使用环境特征'。常见的使用环境特征多表现为限定专利技术方案的安装、连接、使用等条件和环境。但鉴于专利要求保护的技术方案的复杂性，使用环境特征并不仅仅限于那些与被保护技术方案安装位置或连接结构直接有关的结构特征。对于产品权利要求而言，用于说明有关被保护技术方案的用途、适用对象、使用方式等的技术特征，也属于使用环境特征。写入权利要求的使用环境特征属于权利要求的必要技术特征，对于权利要求的保护范围具有限定作用，使用环境特征对于专利权保护范围的限定程度需要根据个案情况具体确定。一般而言，被诉侵权技术方案可以适用于使用环境特征所限定的使用环境的，即视为具有该使用环境特征。涉案专利所要保护的是网络插头上盖自动定位结构的技术方案，对于涉案专利权利要求1'一种网路插头上盖自动定位结构，其特征在于包含：一底座；一上盖，该上盖一端活动枢接于该底座上端面并与所述底座彼此扣合共同组成一插头本体；一含有多条内部芯线的网路线，该网路线的前端一定长度伸入上述插头本体内部……'中'一含有多条内部芯线的网路线，该网路线的前端一定长度伸入上述插头本体内部'技术特征，本领域普通技术人员在阅读专利权利要求书、说明书及专利审查档案后可以明确而合理地得知涉案专利技术方案的上盖定位结构适用对象为网线，且其使用方式是将网线的前端插入插头本体内部，故该技术特征属于使用环境特征。经比对，普能公司所产销的被诉侵权产品实物左侧为一网线通道入口，并无网线，但根据被诉侵权产品的实际用途，结合本领域普通技术人员的理解，被诉侵权产品适用于网线，且电路板导线座设有多个与网线连接的构件，使用时网线的前端伸入被诉侵权产品内部，故被诉侵权技术方案可以适用于涉案专利权利要求记载的上述使用环境，应当认定具备了权利要求记载的'一含有多条内部芯线的网路线，该网路线的前端一定长度伸入上述插头本体内部'的使用环境特征。"

（2014）民提字第40号提出：

"（一）本案专利权利要求所限定的使用环境特征的解释

本案中，中集集团公司、青岛中集公司依据本案专利的权利要求4、6、8和12~16主张权利。本案专利权利要求4、6和8均直接或者间接引用权利要求1，权利要求12~16均直接或者间接引用权利要求10。权利要求1和10均包含如下特征：'一种运输平台，用于堆码非标准集装箱''该每个横梁包含至少一个顶角件，设置在该横梁的上部，用于与非标准集装箱的底角件相配合'。前述两个特征实际上分别描述的是作为本案发明的运输平台及特定顶角件所使用的背景或者条件，属于使用环境特征。本案中，各方当事人争议的核心之一是本案专利权利要求中上述使用环境特征的解释。对此分析如下：

第一，需要明确使用环境特征对于保护范围的限定作用及其限定程度。已经写入权利要求的使用环境特征属于权利要求的必要技术特征，对于权利要求的保护范围具有限定作用。使用环境特征对于权利要求保护范围的限定程度即限定作用的大小，需要根据个案情况具体确定。一般情况下，使用环境特征应该理解为要求被保护的主题对象可以使用于该种使用环境即可，不要求被保护的主题对象必须用于该种使用环境。但是，如果本领域普通技术人员在阅读专利权利要求书、说明书以及专利审查档案后可以明确而合理地得知被保护对象必须用于该种使用环境，那么该使用环境特征应被理解为要求被保护对象必须使用于该特定环境。

　　第二，本案权利要求中运输平台和特定顶角件的使用环境特征的具体含义。根据《专利法》第56条的规定，发明或者实用新型专利权的保护范围以其权利要求的内容为准，说明书及附图可以用于解释权利要求。因此，权利要求内容的确定，应当根据权利要求的记载，结合本领域普通技术人员阅读说明书及附图后对权利要求的理解进行。首先，本案专利权利要求的使用环境特征的通常含义。本案中，专利权利要求对运输平台和特定顶角件的使用环境的文字描述为：'一种运输平台，用于堆码非标准集装箱''至少一个顶角件，……用于与非标准集装箱的底角件相配合'。根据本领域普通技术人员的理解，此处的'用于'的通常含义是指'可以用于'或者'能够用于'，而不是'只能用于'或者'必须用于'。即该运输平台可以用于堆码非标准集装箱，该顶角件可以与非标准集装箱的底角件相配合。其次，本案专利说明书的记载。本案专利说明书并未对运输平台和特定顶角件的使用环境作明确的限制或者排除。相反，本案专利说明书有多处关于运输平台既可以相互堆码，又可以与标准集装箱进行堆码的记载。这至少表明，本案专利说明书已经明确所要求保护的运输平台可以用于与标准集装箱进行堆码。因此，至少对于本案运输平台的使用环境特征而言，不能解释为该运输平台必须用于堆码非标准集装箱。最后，根据文本解释的一般原则，通常应当认为权利要求中使用的同一术语具有相同含义，不同术语具有不同含义。本案专利权利要求对运输平台和特定顶角件的使用环境特征均使用了'用于'的表述，在说明书未作特殊限定的情况下，同一权利要求中使用的同一术语应认为具有相同的含义。由于本案运输平台使用环境特征中的'用于'已经不能解释为'必须用于'，对于上述特定顶角件使用环境特征亦不能作此解释。太平货柜公司关于本案专利运输平台的使用环境特征应解释为只能上连非标准集装箱的主张不能成立。"

十三、等同的技术特征

在专利侵权过程中，完全抄袭技术方案的方式越来越少，专利等同侵权越来越成为专利侵权中常见的表现形式。等同原则在专利侵权案件中发挥着重要作用，它突破了撰写的瑕疵和语言的局限性，平衡着社会公众和专利权人之间的利益。

被诉侵权技术方案构成对涉案专利的等同侵权的关键在于等同特征的认定。等同特征，是指与所记载的技术特征以基本相同的手段，实现基本相同的功能，达到基本相同的效果，并且本领域普通技术人员在被诉侵权行为发生时无需经过创造性劳动就能够联想到的特征。可见，等同特征的认定标准为"三基本一无需"，四个要素均需满足，方可认定等同特征。

关于"基本相同的手段"，北京市高级人民法院《专利侵权判定指南（2017）》采用的是"技术内容上并无实质性差异"来认定。手段是技术特征本身的技术内容，手段之间的区别往往体现在结构、组分、材料、步骤、条件或其之间的关系等，是客观标准。"无实质性差异"这一表述说明二者已经存在区别，如果区别属于未曾有过的先例，那必然属于具有实质性差异，不构成等同。如果两个手段属于本领域中可直接置换的惯用手段，可以认为并无实质性差异。有时候对手段之间的区别是否属于"无实质性差异"，难免会受到功能、效果、"无需经过创造性劳动就能够联想到"等要素的影响。但我们应该优先对手段进行判断，手段是等同判断的核心，然后依次判断功能和效果，最后再进行"无需经过创造性劳动就能够联想到"的判断。

关于"基本相同的功能"，北京市高级人民法院《专利侵权判定指南（2017）》采用的是"在各自技术方案中所起的作用基本相同"来认定。被诉侵权技术方案中的技术特征与权利要求对应技术特征相比还有其他作用的，依然可以认定为实现基本相同的功能。实现同样的功能，可以是不同的手段，例如实现物体运动，可以采用滑轨带动，也可以采用喷气前行。采用同样的手段，也可以实现不同的功能，例如采用油体，可以实现润滑的功能，也可以实现散热的功能。具体还是要看相互区别的技术特征在各自技术方案中所起的作用如何。

关于"基本相同的效果"，北京市高级人民法院《专利侵权判定指南（2017）》采用的是"在各自技术方案中所达到的技术效果基本相当"来认定。技术特征的效果是由技术特征的手段直接带来的或者必然产生的。例如产率、质量、精度和效率的提高，能耗、原材料、工序的节省，加工、操作、控制、使用的简便，环境污染的治理或者根治等。手段、功能、效果看似独立，实则紧密联系。功能和效果均是技术特征的外部特性。技术特征的功能和效果取决于该技术特征的手段。

关于"无需经过创造性劳动就能够联想到"，是认定等同特征的主观标准，且是站在本领域普通技术人员的角度，以及以被诉侵权行为发生时为时间标准。对手段、功能、效果判断之后才对是否需要创造性劳动进行判断，但手段、功能、效果的判断起主要作用。针对这一主观标准，北京市高级人民法院《专利侵权判定指南（2017）》采用的是"相互替换是容易想到的"来认定。可以参考两个技术特征"是否属于同一或相近的技术类别""所利用的工作原理是否相同""是否存在简单的直接替换关系"等作为考虑因素。针对"本领域普通技术人员"，北京市高级人民法院《专利侵权判定指南（2017）》又规定"本领域普通技术人员，是一种假设的"人"，他能够获知该领域中所有的现有技术，知晓申请日之前该技术领域所有的普通技术知识，并且具有运用该申请日之前常规实验手段的能力"。这与《审查指南》中规定的"本领域的技术人员"的概念基本一致。《审查指南》是为了统一审查标准，尽量避免审查员主观因素的影响，设定"本领域的技术人员"这一概念。司法解释中，设定"本领域普通技术人员"这一概念，避免用文化程度、职称、级别等具体标准来参照套用某个具体的人，有助于统一司法标准，降低司法审查对技术的严苛要求。"无需经过创造性劳动就能够联想到"的时间标准是被诉侵权行为发生时，而非以申请日或者优先权日为时间标准点，因为创新主体申请之初很难预料到将来所有可能发生的专利侵权情形，将所有的专利实施形态予以穷尽，以被诉侵权行为发生时为时间标准，可以防止通过替换手段窃取专利发明实质的行为，真正发挥专利制度激励创新的作用。

对功能性特征等同的判定中，将功能性特征限定为说明书及附图中所对应的为实现所述功能、效果不可缺少的结构、步骤特征，与上述的结构、步骤特征相比，被诉侵权技术方案的相应结构、步骤特征是以基本相同的手段，实现相同的功能，达到相同的效果，且本领域普通技术人员在涉案专利申请日后至被诉侵权行为发生时无需经过创造性劳动就能够联想到的，应当认定该相应结构、步骤特征与功能性特征等同。

禁止反悔原则对等同原则的适用进行限制，将未纳入专利保护范围的技术方案排除在等同之外。现有技术抗辩作为专利侵权抗辩理由之一，通过审查被诉侵权技术方案和现有技术的关系来否定专利权的行使，构成等同原则适用的限制。仅在说明书或者附图中描述而在权利要求中未记载的技术方案相当于对社会公众的捐献，因而将捐献的内容适用等同原则重新纳入保护，是违背了权利要求的公示作用，有损社会公众的利益。

相应法条：

《审查指南》规定："等同特征是指与所记载的技术特征相比，以基本相同的手段，实现基本相同的功能，达到基本相同的效果，并且所属技术领域的技术人员能够联想到的特征。"

《最高人民法院关于审理侵犯专利权纠纷案件应用法律若干问题的解释》（法释〔2009〕21号）第7条规定："人民法院判定被诉侵权技术方案是否落入专利权的保护范围，应当审查权利人主张的权利要求所记载的全部技术特征。

被诉侵权技术方案包含与权利要求记载的全部技术特征相同或者等同的技术特征的，人民法院应当认定其落入专利权的保护范围；被诉侵权技术方案的技术特征与权利要求记载的全部技术特征相比，缺少权利要求记载的一个以上的技术特征，或者有一个以上技术特征不相同也不等同的，人民法院应当认定其没有落入专利权的保护范围。"

《最高人民法院关于审理专利纠纷案件适用法律问题的若干规定》（法释〔2020〕19号）第13条规定："《专利法》第59条第1款所称的'发明或者实用新型专利权的保护范围以其权利要求的内容为准，说明书及附图可以用于解释权利要求的内容',是指专利权的保护范围应当以权利要求记载的全部技术特征所确定的范围为准,也包括与该技术特征相等同的特征所确定的范围。

等同特征,是指与所记载的技术特征以基本相同的手段,实现基本相同的功能,达到基本相同的效果,并且本领域普通技术人员在被诉侵权行为发生时无需经过创造性劳动就能够联想到的特征。"

北京市高级人民法院《专利侵权判定指南(2017)》第35和第45~49条规定:

"35. 全面覆盖原则。全面覆盖原则是判断一项技术方案是否侵犯发明或者实用新型专利权的基本原则。具体含义是指,在判定被诉侵权技术方案是否落入专利权的保护范围,应当审查权利人主张的权利要求所记载的全部技术特征,并以权利要求中记载的全部技术特征与被诉侵权技术方案所对应的全部技术特征逐一进行比较。被诉侵权技术方案包含与权利要求记载的全部技术特征相同或者等同的技术特征的,应当认定其落入专利权的保护范围。"

"45. 被诉侵权技术方案有一个或者一个以上技术特征与权利要求中的相应技术特征从字面上看不相同,但是属于等同特征,在此基础上,被诉侵权技术方案被认定落入专利权保护范围的,属于等同侵权。

等同特征,是指与权利要求所记载的技术特征以基本相同的手段,实现基本相同的功能,达到基本相同的效果,并且本领域普通技术人员无需经过创造性劳动就能够想到的技术特征。

在是否构成等同特征的判断中,手段是技术特征本身的技术内容,功能和效果是技术特征的外部特性,技术特征的功能和效果取决于该技术特征的手段。

46. 基本相同的手段,是指被诉侵权技术方案中的技术特征与权利要求对应技术特征在技术内容上并无实质性差异。

47. 基本相同的功能,是指被诉侵权技术方案中的技术特征与权利要求对应技术特征在各自技术方案中所起的作用基本相同。被诉侵权技术方案中的技术特征与权利要求对应技术特征相比还有其他作用的,不予考虑。

48. 基本相同的效果,是指被诉侵权技术方案中的技术特征与权利要求对应技术特征在各自技术方案中所达到的技术效果基本相当。被诉侵权技术方案中的技术特征与权利要求对应技术特征相比还有其他技术效果的，不予考虑。

49. 无需经过创造性劳动就能够想到，是指对于本领域普通技术人员而言，被诉侵权技术方案中的技术特征与权利要求对应技术特征相互替换是容易想到的。在具体判断时可考虑以下因素：两技术特征是否属于同一或相近的技术类别；两技术特征所利用的工作原理是否相同；两技术特征之间是否存在简单的直接替换关系，即两技术特征之间的替换是否需对其他部分做出重新设计，但简单的尺寸和接口位置的调整不属于重新设计。"

相应案例：

（一）新余市顺天农机制造有限公司、新余市依道农机有限公司侵害实用新型专利权纠纷［（2021）最高法知民终 1776 号］

脱粒机为收割机械，指能够将农作物籽粒与茎秆分离的机械。打稻机是脱粒机的一种，其出现大大降低了水稻收割的劳动强度，同时也改善了农业生产力。依道农机请求保护涉案专利权利要求 1 的内容为一种滚筒双选脱粒机，其中涉及一个技术特征"所述双选仓包含大小相同的两个分仓，分别为第一筛选仓和第二出草仓"。顺天农机的涉案脱粒机为一种滚筒双选脱粒机，对应的技术特征为"所述双选仓包含宽度明显不同的两个分仓，分别为第一筛选仓和第二出草仓"。最高院及一审法院均认定为等同特征。从手段来看，涉案被控侵权产品与涉案专利相比，区别技术特征在于改变了两个分仓的相对尺寸，技术内容上并无实质性差异。从功能来看，改变两个分仓的相对尺寸，并不会影响第一筛选仓和滚筒配合将稻草和稻穗进行单独的二次打碎的功能以及第二出草仓和滚筒配合完成出稻草的功能。从效果来看，改变两个分仓的相对尺寸，并不影响两个分仓降低稻谷损失率的技术效果。而且，本领域普通技术人员将两个尺寸不同的分仓替换两个尺寸相同的分仓，是容易想到的。根据"三基本一无需"标准，我们可认定具有等同特征。

（二）北京英特莱摩根热陶瓷纺织有限公司诉北京德源快捷门窗厂侵犯发明专利权纠纷［（2009）高民终字第 4721 号］

防火卷帘用于商场、宾馆、博物馆等各类工业及民用建筑物的防火分区。当火灾发生时，它能有效地阻止火灾蔓延，防火、防烟、隔热，以达到保护生命和财产的目的。英特莱摩根公司请求保护涉案专利权利要求 1 的内容为一种防火隔热卷帘耐火纤维复合帘面，其中涉及一个技术特征"所说的帘面包括中间植有增强用耐高温的不锈钢丝或不锈钢丝绳的耐火纤维毯夹芯"。德源门窗的涉案产品为防火卷帘，对应的技术特征为"不锈钢钢丝绳在耐火纤维毯的一侧"。北京市第二中级人民法院及北京高院均认定为等同特征。从手段来看，涉案被控侵权产品与涉案专利相比，区别技术特征在于被控侵权产品的不锈钢钢丝绳在耐火纤维毯的一侧，而涉案专利的钢丝绳植在耐火纤维毯夹芯中间，钢丝绳位置的改变在技术内容上并无实质性差异。从功能来看，钢丝绳位置的改变，不影响其起到增强帘面的作用。从效果来看，钢丝绳位置的改变，均为了达到防止卷帘在安装或使用中变形的技术效果。而且，本领域普通技术人员改变钢丝绳的位置，是容易想到的。根据"三基本一无需"标准，我们可认定具有等同特征。

（三）临海市利农机械厂、陆杰侵害实用新型专利权纠纷［（2017）最高法民申 1804 号］

随着生活水平的提高，人们对蔬菜水果的品质等级要求越来越高，为了确保蔬菜水果保值增值，蔬菜水果的分级保鲜贮藏越来越广泛。陆杰请求保护涉案专利权利要求 1 的内容为一种蔬菜水果分选装置，其中涉及一个技术特征"传动链轮"。利农机械的涉案产品为蔬菜水果分选装置，对应的技术特征为"常规的蜗杆传动"。二审法院及最高院再审均认定为等同特征。从手段来看，涉案被控侵权产品与涉案专利相比，区别技术特征在于被控侵权产品采用的是常规的蜗杆传动，而涉案专利采用的是传动链轮，均是常用的机械部件，在技术内容上并无实质性差异。从功能和效果来看，传动链轮用于将电机产生的动力传导到传动轴，使传动轴、转动链轮转动，蜗杆传动同样是将电机产生的动力传导到传动轴，使传动轴、转动链轮转动，二者的功能、效果基本相同。蜗杆传动和传动链轮的替换也不需要经过创造性劳动即能联想到。根据"三基本一无需"标准，我们可认定具体等同特征。

（四）北京实益拓展科技有限责任公司与陕西三安科技发展有限责任公司专利权侵权纠纷［（2009）陕民三终字第12号］

消防区内的气体灭火系统往往缺乏泄压装置，自动消防泄压阀是设置在气体灭火系统防护区外墙上，用以泄放灭火剂释放过程中防护区内部超压的消防附加设施或配套设施。实益拓展请求保护涉案专利权利要求3的内容为自动消防泄压阀，其中涉及一个技术特征"电磁牵引器"。三安科技的涉案产品为自动泄压口，对应的技术特征为"电动机"。西安市中级人民法院及陕西高院均未认定为等同特征。从手段来看，涉案被控侵权产品与涉案专利相比，区别技术特征在于被控侵权产品采用的是电动机，而涉案专利采用的是电磁牵引器，首先，电动机的原理是通电导体在磁场中受到力的作用而发生旋转，电磁牵引器的原理是线圈通电后产生磁力，吸引铁质零件直线运动，两者的工作原理不同；其次电动机输出的是旋转运动，而电磁牵引器输出的是直线运动，所以二者使用的是不同的手段。从功能来看，由于电磁牵引器输出的是直线运动，而电动机输出的是旋转运动，两者功能显然不同。从效果来看，电磁牵引器需要借助于牵引连杆和拨杆的配合，才能完成直线运动向旋转运动的转换；而电动机直接输出旋转运动，不需要借助于中间零件来转换。因此，两者效果明显不同。根据"三基本一无需"标准，已有三个要素无法满足，我们不能认定具有等同特征。

（五）深圳市丽创美科技有限公司、马锡雄等侵害实用新型专利权纠纷［（2021）最高法知民终1441号］

汽车上大多数均安装有无线充，手机随手一放即可实现充电，不需要插线，边导航，边充电，使用方便，避免有线缠绕弊端，手机随时都是满电。羽翼公司请求保护涉案专利权利要求1的内容为一种红外感应车载无线充电装置，其中涉及一个技术特征"所述面壳、中壳以及底壳通过螺纹孔以及螺栓相互连接"。丽创美公司、马锡雄的涉案产品为无线充电器手机支架，对应的技术特征为"中壳与底壳通过螺纹孔螺栓固定连接，而面壳与中壳采用卡扣连接"。原审法院认定为等同特征，最高院二审未认定为等同特征。从手段来看，涉案被控侵权产品与涉案专利相比，区别技术特征在于卡扣连接与螺纹孔螺栓连接，是常见的两种不同的连接方式，二者技术手段并不相同。相对于螺纹孔螺栓连接，卡扣连接并非专利权人在撰写权利要求时不能预见到的连接方式，专利权人在撰写权利要求时仍明确限定螺纹孔螺栓连接，应当理解为排除了卡扣连接方式，缺乏通常适用等同原则将权利要求的文字所表达的保护范围适度扩展解释的正当性。在等同侵权判定中，"手段""功能"和"效果"以及"本领域技术人员不经过创造性劳动能够联想到"这四个要素之间，首先考察被诉侵权技术方案区别于涉案专利权利要求的技术特征是否属于基本相同的手段，在"手段"已经不同时，无须判断其他要素。根据"三基本一无需"标准，我们不能认定具有等同特征。

（六）南京达斯琪数字科技有限公司与广州科伊斯数字技术有限公司、广东顶力视听科技有限公司等侵害发明专利权纠纷［（2020）最高法知民终1429号］

旋转显示方式作为目前主流的全息显示方案，这种方式需要一条或多条能够自发光的 LED 灯条、控制核心、电机，使得设备在 LED 高速旋转的过程中能够随着转动位置的变化显示不同的灯光，并利用人眼的视觉暂留效应，将这些灯光形成一幅图像。在人眼观察过程中，只有亮度高的图像存在，而看不见高速旋转的设备本身，整个画面如同悬浮在空中。达斯琪公司请求保护涉案专利权利要求 1 的内容为一种旋转扫描 LED 显示设备，其中涉及一个技术特征"用于检测 LED 板旋转角度的霍尔传感器"。科伊斯公司的涉案产品为 3D 风扇广告机，对应的技术特征为"检测 LED 板旋转角度的红外对管"。原审法院及最高院二审均未认定为等同特征。从手段来看，涉案被控侵权产品与涉案专利相比，区别技术特征在于红外对管与霍尔传感器，二者系种类、原理均不同的传感器，且均为涉案专利申请时该领域技术人员普遍知晓的技术手段，专利权人将权利要求中的该技术特征限定为霍尔传感器，就是将其他传感器排除在其保护范围之外。关于 LED 板角度的获得方法，涉案专利工作原理是在待测旋转物体的轴上装一圆盘，并贴有若干对小磁钢，每当一个磁钢转过霍尔传感器，引起磁场变化，输出一个脉冲，通过计算脉冲确定旋转的角度。被诉侵权产品是通过计算红外对管检测旋转圈数，再利用转速获得某一时间 LED 板所在的旋转角度，两种角度测量方法并不完全相同。在"手段"已经不同时，无须判断其他要素。根据"三基本一无需"标准，我们不能认定具有等同特征。

十四、算法特征或商业规则和方法特征

在审查中，不应当简单割裂技术特征与算法特征或商业规则和方法特征等，而应将权利要求记载的所有内容作为一个整体，对其中涉及的技术手段、解决的技术问题和获得的技术效果进行分析。如果一项权利要求在对其进行限定的全部内容中既包含智力活动的规则和方法的内容，又包含技术特征，则该权利要求就整体而言并不是一种智力活动的规则和方法，不应当依据《专利法》第 25 条排除其获得专利权的可能性。

对一项包含算法特征或商业规则和方法特征的权利要求是否属于技术方案进行审查时，需要整体考虑权利要求中记载的全部特征。如果该项权利要求记载了对要解决的技术问题采用了利用自然规律的技术手段，并且由此获得符合自然规律的技术效果，则该权利要求限定的解决方案属于《专利法》第 2 条第 2 款所述的技术方案。

对既包含技术特征又包含算法特征或商业规则和方法特征的发明专利申请进行创造性审查时，应将与技术特征功能上彼此相互支持、存在相互作用关系的算法特征或商业规则和方法特征与所述技术特征作为一个整体考虑。"功能上彼此相互支持、存在相互作用关系"是指算法特征或商业规则和方法特征与技术特征紧密结合、共同构成了解决某一技术问题的技术手段，并且能够获得相应的技术效果。

如果权利要求中的算法应用于具体的技术领域，可以解决具体技术问题，那么可以认为该算法特征与技术特征在功能上彼此相互支持、存在相互作用关系，该算法特征成为所采取的技术手段的组成部分，在进行创造性审查时，应当考虑所述的算法特征对技术方案作出的贡献。

相应法条和案例：

《审查指南》规定："审查应当针对要求保护的解决方案，即权利要求所限定的解决方案进行。在审查中，不应当简单割裂技术特征与算法特征或商业规则和方法特征等，而应将权利要求记载的所有内容作为一个整体，对其中涉及的技术手段、解决的技术问题和获得的技术效果进行分析。

如果一项权利要求在对其进行限定的全部内容中既包含智力活动的规则和方法的内容，又包含技术特征，则该权利要求就整体而言并不是一种智力活动的规则和方法，不应当依据《专利法》第25条排除其获得专利权的可能性。

对一项包含算法特征或商业规则和方法特征的权利要求是否属于技术方案进行审查时，需要整体考虑权利要求中记载的全部特征。如果该项权利要求记载了对要解决的技术问题采用了利用自然规律的技术手段，并且由此获得符合自然规律的技术效果，则该权利要求限定的解决方案属于《专利法》第2条第2款所述的技术方案。"

《审查指南》规定："对包含算法特征或商业规则和方法特征的发明专利申请进行新颖性审查时，应当考虑权利要求记载的全部特征，所述全部特征既包括技术特征，也包括算法特征或商业规则和方法特征。

对既包含技术特征又包含算法特征或商业规则和方法特征的发明专利申请进行创造性审查时，应将与技术特征功能上彼此相互支持、存在相互作用关系的算法特征或商业规则和方法特征与所述技术特征作为一个整体考虑。'功能上彼此相互支持、存在相互作用关系'是指算法特征或商业规则和方法特征与技术特征紧密结合、共同构成了解决某一技术问题的技术手段，并且能够获得相应的技术效果。

例如，如果权利要求中的算法应用于具体的技术领域，可以解决具体技术问题，那么可以认为该算法特征与技术特征功能上彼此相互支持、存在相互作用关系，该算法特征成为所采取的技术手段的组成部分，在进行创造性审查时，应当考虑所述的算法特征对技术方案作出的贡献。"

《审查指南》规定："包含算法特征或商业规则和方法特征的发明专利申请的权利要求应当以说明书为依据，清楚、简要地限定要求专利保护的范围。权利要求应当记载技术特征以及与技术特征在功能上彼此相互支持、存在相互作用关系的算法特征或商业规则和方法特征。"

（2020）京73行初12144号："权利要求1要求保护一种用于开启针对具有所分派的存款（B）的处理对象的处理步骤的方法。该解决方案虽然涉及处理器、生产单元等硬件设备，也涉及生产步骤授权开启等处理步骤，但本申请的核心在于利用公知的装置来实现一种交易方法（本申请的核心在于基于交易方法和规则来确定后续的生产开启）。该解决方案提供的方法虽然涉及现有的处理器，生产单元等公知装置，但方案整体既没有给处理器、生产单元的内部性能带来改进，也没有给处理器、生产单元的构成或功能带来任何技术上的改变，同时也未对生产流程带来任何技术上的改进。本申请的实质属于基于经济规律支配的生产管理方案，该方法中虽然涉及计算机以及生成单元，但该解决方案实际所解决的问题是如何根据拍卖结果管理生产资源，不构成技术问题；所采用的手段是通过现有计算机执行人为设定的生产管理方式，但是对于计算机以及生产单元的限定只是按照指定的规则根据拍卖结果确定生产管理，不受自然规律的约束，因而未利用技术手段；该方案获得的效果仅仅是依据交易结果管理生产线，不是符合自然规律的技术效果。因此本申请的问题、手段以及获得的效果都是非技术性的。被告认定权利要求1所要求保护的方案不构成技术方案，不符合《专利法》第2条第2款的规定，本院对此不持异议。被告关于权利要求2~16的认定，本院亦不持异议。

原告主张本申请与《审查指南》审查示例'一种共享单车的使用方法'在解决的技术问题、采用的技术手段、取得的技术效果方面类似，因此本申请符合《专利法》第2条第2款规定。原告的上述主张，本院不予支持，理由如下：《审查指南》规定，对既包含技术特征又包含算法特征或商业规则和方法特征的发明专利申请进行创造性审查时，应当与技术特征功能上彼此相互支持、存在相互作用关系的算法特征或商业规则和方法特征与所述技术特征作为一个整体考虑。"功能上彼此相互支持、存在相互作用关系"是指算法特征或商业规则和方法特征与技术特征紧密结合、共同构成了解决某一技术问题的技术手段，并且能够获得相应的技术效果。'一种共享单车的使用方法'，所要解决的是如何准确找到可骑行共享单车位置并开启共享单车的技术问题，该方案通过执行终端设备和服务器上的计算机程序实现了对用户使用共享单车行为的控制和引导，在该技术方案中方法特征与技术特征紧密结合、共同构成了解决某一技术问题的技术手段。而本申请的技术方案虽然也涉及处理器、生产单元等硬件设备，但本申请的核心在于利用公知的装置来实现一种交易方法（本申请的核心在于基于交易方法和规则来确定后续的生产开启，其中解决方案虽然涉及有公知装置，但并未对公知装置的内部性能带来技术上的改进）。本申请的方法特征与技术特征并非紧密结合，其技术特征属于公知装置，该技术特征对本申请的解决方案拟要解决的问题不具有技术贡献。因此，原告的上述主张不能成立，本院对其该项主张不予支持。"

第十四章　创造性审查意见答复技巧

📖 **导读**

创造性是发明专利申请被驳回的主要条款之一。创造性的判断是所有驳回条款中最复杂的，不仅在于其技术属性很强，而且牵涉检索能力、逻辑推断能力等，是最容易引入主观判断从而影响审查结论的条款。本章主要对审查意见中的创造性问题如何答复进行探讨，梳理我们的答复逻辑，引导审查员正确理解我们的专利技术，合法合规地得出审查结论。下面我们将从无创造性的逻辑、狙击的标准操作、狙击的非标操作等方面结合答复案例进行探讨。

一、无创造性的逻辑

正所谓，"知己知彼，百战不殆"。审查员认为我们的发明不具备创造性，是如何一个判断逻辑？我们有必要进行深入了解。

发明的创造性定义：发明的创造性，是指与现有技术相比，该发明有突出的实质性特点和显著的进步。从定义上看，审查员认为发明不具备创造性有两条路径。路径一，发明不具备突出的实质性特点。路径二，发明不具备显著的进步。只要有一条路径走得通，都可以判断发明不具备创造性。

判断发明是否具有突出的实质性特点，就是要判断对本领域的技术人员来说，要求保护的发明相对于现有技术是否显而易见。发明是否具备创造性，应当基于所属技术领域的技术人员的知识和能力进行评价。而判断要求保护的发明相对于现有技术是否显而易见，通常可按照以下三个步骤进行，也就是我们常说的"三步法"：

第一步：确定最接近的现有技术。

第二步：确定发明的区别特征和发明实际解决的技术问题。

第三步：判断要求保护的发明对本领域技术人员来说是否显而易见。

所以，如果我们对"三步法"的各个步骤进行狙击，并适当地指出审查员在判断过程中没有站在本领域的技术人员角度，就有可能给审查员设置重重阻碍，使其无法得出无创造性的结论。"三步法"是发明是否具有突出的实质性特点的、主要的且具有操作性的判断方法，简单地套用"三步法"，也可能得出完全相反的结论。所以，后面我们会探讨针对"三步法"狙击的标准操作，以及其他方面狙击的非标操作。

在评价发明是否具有显著的进步时，主要应当考虑发明是否具有有益的技术效果。比如：

第一，发明与现有技术相比具有更好的技术效果，例如，质量改善、产量提高、节约能源、防治环境污染等；

第二，发明提供了一种技术构思不同的技术方案，其技术效果能够基本上达到现有技术的水平；

第三，发明代表某种新技术发展趋势；

第四，尽管发明在某些方面有负面效果，但在其他方面具有明显积极的技术效果。

除发明的技术效果真的很差，也没有其他方面的明显积极性的技术效果之外，一般来说，很难评价发明不具有显著的进步。即便是发明的技术效果真的很差，但这种差到何种程度，审查员一般也较难证明，除非能够直接推理出来。因此，走发明不具备显著的进步这条路径来认定发明不具备创造性也是较少的。我们下文探讨的狙击点主要集中在突出的实质性特点上。

二、狙击的标准操作

我们将"三步法"判断发明相对于现有技术是显而易见的方式建立一个逻辑推理模型，本发明：一种 A，包括 B、C、D。对比文件 1：一种 a1，包括 b1、c1。对比文件 2：一种 a2，公开了 d2。

当然，实际审查意见中，审查员可能没有对比文件 2 或者有多个对比文件，公开的 d2 也许是公知常识，或者说是对比文件 1 中公开的部分。只要我们在模型向下推理的过程中，合理设置狙击点，层层对审查员进行合理反驳，就有可能改变审查员采用"三步法"得出的结论。

（一）狙击点：对比文件不是现有技术

我们在答复时，一定要仔细查看审查员所采用的对比文件是否是现有技术，虽然出现这样的常识性错误几率较小，但也不是不可能。现有技术是指申请日以前在国内外为公众所知的技术。如果对比文件不是现有技术，则可以在对比文件上进行狙击。具体应该注意：

第一，现有技术的时间界限是申请日，享有优先权的，则指优先权日。

第二，申请日当天公开的技术内容不包括在现有技术范围内。

第三，在申请日以前由任何单位或个人向专利局提出过申请并且记载在申请日以后公布的专利申请文件或者公告的专利文件中的内容，也不属于现有技术。

第四，在申请日以前处于保密状态的技术内容不属于现有技术。

第五，出版物的印刷日视为公开日，印刷日只写明年月或者年份的，以所写月份的最后一日或者所写年份的 12 月 31 日为公开日。所以，当出版物没有公开具体某一天而恰好和发明申请日是一个月份或年份，我们应该核实公开日。

第六，如果对公开日有疑问的，我们可以提供相应证据证明对比文件不是现有技术。

（二）狙击点：a1 不能用于比对 A

审查员将对比文件 1 作为最接近的现有技术，确定最接近的现有技术一般会考虑技术领域、解决的技术问题、技术效果或者用途、公开的技术特征等。我们应该客观确认 a1 能否用于比对 A。如果 a1 无法实现 A 的功能，用途完全不同，技术领域相差甚远，解决的技术问题也完全不同，不是一个类型的产品或方法的应用场景不同等，那我们可以去否应 a1 相当于 A，二者不能比对，从而进行狙击。例如，将自行车租赁的租借方法来比对移动电源租赁的租借方法，可能会因为应用场景差异较大，而无法比对。

（三）狙击点：b1 不同于 B，c1 不同于 C

权利要求的内容是由一系列技术特征构成的，反映出我们所要保护的技术方案。B 和 C 均为技术特征，我们可以从技术特征 B、C 与 b1、c1 不同来狙击。技术特征可以通过手段、功能、效果三要素来表征。手段是技术特征本身的技术内容，功能和效果均是技术特征的外部特性。

第一，在阐述手段之间的区别往往可以从结构、组分、材料、步骤、条件、工作原理、运动形式、应用环境或其之间的关系等不同来表达。

第二，功能之间的区别可以从二者在各自技术方案中所起的作用完全不同来表达或者说本技术特征能够同时起到多种作用。

第三，效果之间的区别可以从二者在各自技术方案中所达到的技术效果不同来表达或者说本技术特征达到的技术效果更优。

第四，还可以阐述本发明的技术特征之间的关系与对比文件不同。

（四）狙击点：区别特征不为 D

我们需要确认审查员给出的要求保护的发明与最接近的现有技术相比有哪些区别特征，这些区别特征有没有遗漏或者认定错误的。如果认定的区别特征有遗漏或者错误，我们应该补充新增一些区别特征，再对新增的区别特征在技术方案中所起的作用、所达到的技术效果进行复述，进而表达该区别特征不是通过合乎逻辑的分析、推理或者有限的试验而得到的，而是融合了巧妙构思，对所属技术领域的技术人员是不那么显而易见的。这种方式可能会使审查员重新推断或者补充检索，从而达到狙击的目的。

（五）狙击点：发明实际解决的技术问题推断错误

审查员虽然有时候认定区别特征无误，但区别特征在要求保护的发明中所能达到的技术效果却推断错误，从而导致确定发明实际解决的技术问题是错误的或者在推断过程中容易陷入事后诸葛亮思维。例如：

第一，发明中的区别技术特征是为了实现散热的技术效果，审查员却认定为润滑的技术效果，从而确定发明实际解决的技术问题是如何减少装置的内部摩擦，得出错误的结论。

第二，审查员也可能为了更容易找到该区别特征，将技术效果上位概括，例如统一认为散热和润滑都是为了提升性能，确定发明实际解决的技术问题是如何提升装置的性能，得出错误的结论。

第三，审查员还可能将区别特征分隔为若干个独立技术特征，忽略了技术特征之间的关系，将独立技术特征分别予以评价，每个特征分别考虑是已知或显而易见的，但不能认为整个发明就是显而易见的。

第四，更常见的是，当审查员重新确定发明实际解决的技术问题时，容易将技术手段作为技术问题的一部分，当所属领域技术人员面对这样确定的技术问题时，将由于该问题中已经给出了解决该技术问题的技术手段或者有助于找到该技术手段的某种指引，而使得后续的对显而易见性的判断陷入事后诸葛亮式的误区。技术问题是"克服羽绒输出箱内的积绒量"，技术手段为"通过减少羽绒输出箱的底面积"，如果技术问题定义为"通过减小羽绒输出箱的底面积从而减少羽绒输出箱内的积绒量"就会显而易见。当我们发现审查员对发明实际解决的技术问题推断错误时，及时进行狙击。

作为一个原则，发明的任何技术效果都可以作为重新确定技术问题的基础，只要本领域的技术人员从该申请说明书中所记载的内容能够得知该技术的效果即可。但审查员由于不是本领域的技术人员，缺乏对技术的理解，将说明书中没有记载、本领域技术人员又不能预期的技术效果，作为确定发明实际解决的技术问题的依据，从而错误的认定区别特征在说明书的技术效果，主观确定了发明实际解决的技术问题，从而得出错误的结论。此时，我们应该帮助审查员理解发明实际解决的技术问题，从而进行狙击。还应该避免审查员使用申请日或优先权日之后获得的知识确定发明实际解决的技术问题。

（六）狙击点：a2 给出 d2 不同于 D

d2 可能是公知常识，可能是同一份对比文件其他部分披露的技术手段，也可能是另一份对比文件中披露的相关技术手段。技术特征 D 可以通过手段、功能、效果三要素来表征，从这三个方面阐述与 d2 的不同，证明区别特征并未被 a2 公开，从而形成狙击。

重点应该落在 d2 在 a2 中所起的作用与 D 在 A 中为解决该重新确定的技术问题所起的作用不同。不能被审查员误导，看似区别特征本身显而易见而直接得出结论，而是要从保护的发明整体上看是否显而易见。例如，发明与对比文件 1 的区别在于使用空间位阻性苯酚作为热稳定剂，对比文件 2 中使用了空间位阻性苯酚作阻燃剂，看似公开了空间位阻性苯酚，但两种作用截然不同，因此不能认为对比文件 2 中给出了作用相同的区别特征。

（七）狙击点：d2 应用到 a1 解决本发明实际解决的技术问题无启示

如果现有技术中给出区别特征，使本领域的技术人员在面对所述技术问题时，有动机改进该最接近的现有技术并获得要求保护的发明，则说明有技术启示。针对这一点，我们可以证明：

第一，d2 不具有应用到 a1 的动机。

第二，即便 d2 应用到 a1 也无法得出本发明。

我们通过证明进行狙击，否定技术启示，从而证明本发明是非显而易见的。常见的有：

第一，审查员会直接认定 D 是公知常识，这时我们需要考虑 D 真的是公知常识吗？是基于所属技术领域的技术人员吗？审查员有没有给出相应依据？我们能否举证否定其为公知常识？我们这里的 D 和真实的公知常识起到的作用一样吗？公知常识是申请日前形成的吗？

第二，如果是最接近的现有技术或者其他对比文件公开的 d2，D 和 d2 起到的作用真的一样吗？如果二者起到的作用相差甚远，解决的技术问题完全不同，就可以说明 d2 不具有应用到 a1 的动机，即便 d2 应用到 a1 也无法得出本发明。

第三，我们还需要认真阅读对比文件 1 和对比文件 2，仔细查阅披露的信息，有没有动机将 d2 应用到 a1 上的，例如 a1、a2 给出了与发明相反的教导，或者 d2 脱离 a2 的环境就无法起作用，或者 a1 是明确排斥 d2 的，或者 a1 没有解决该技术问题的需求，或者 a1 和 a2 技术领域相差甚远，或者 d2 结合到 a1 的难度很大或者等，都可以尝试说明 d2 不具有应用到 a1 的动机。

第四，我们还可以假设将 d2 应用到 a1，是否存在技术障碍，看看是否能解决本发明的技术问题以及能否正常工作，如果不能，说明即便 d2 应用到 a1 也无法得出本发明。

三、狙击的非标操作

"三步法"虽然有助于保证审查意见的内在逻辑性以及审查结论的准确性，但这并不意味着"三步法"就能得出正确的结论，也不意味着每次都能在"三步法"处狙击成功。所以我们还要继续探讨在其他方面进行狙击的非标操作。

（一）狙击点：预料不到的技术效果

预料不到的技术效果往往是基于发明的区别特征和该区别特征结合权利要求的其他已知特征而得到的，如果独立的各特征都是公知的，很容易会因为"三步法"得出错误的结论。在"三步法"无法有效狙击时，我们应该好好考虑下"预料不到的技术效果"。简单来说，就是相对于现有技术，技术效果产生"质"的变化或者超出人们预期的"量"的变化。如果发明与现有技术相比具有预料不到的技术效果，则不必再怀疑其技术方案是否具有突出的实质性特点，可以确定发明具备创造性。

例如，一般专业人员为提高产率，总是采用增加催化剂用量比的办法。如果采用了较少的催化剂用量，产率大大超出了预料的产率范围，则产生了预料不到的技术效果。将木材杀菌剂用作除草剂而取得了预料不到的技术效果。剪草机的刀片斜角与公知的不同，其斜角可以保证刀片的自动研磨，而现有技术中所用刀片的角度没有自动研磨的效果，产生了预料不到的技术效果。

（二）狙击点：技术问题和技术方案未有先例

我们可以引导审查员站在所属技术领域的技术人员角度，对我们的技术问题和技术方案是不是新的进行狙击。例如：

第一，本发明所提出的技术问题，是所属技术领域的技术人员从未提出过或者发现过的，认识发明所要解决的技术问题已经超出了本领域技术人员的能力或水平，但问题一经提出，其解决手段是显而易见的，发明依然是非显而易见的。例如发明所要解决的技术问题是克服"印刷时纸张跑偏"问题，根本原因是"部件 A 的变形问题"。虽然改进的技术手段非常简单，但认识该问题不容易，是非显而易见。

第二，本发明的技术方案实现的功能，所属技术领域的技术人员从没人实现过类似的，即便技术方案本身看似通过合乎逻辑的分析、推理或者有限的试验可以得到，但也不过是审查员看了本技术方案产生的"事后诸葛亮"思维。

本发明单单技术问题的全新或者技术方案实现的功能全新就足以说明本技术方案的贡献，像蒸汽机、白炽灯等，它们为人类科学技术在某个时期的发展开创了新纪元，值得授予技术垄断权，具备创造性。

（三）狙击点：技术特征在功能上彼此支持有新的技术效果或更优

如果审查员给出的对比文件证明本发明的内容是将两个现有技术组合而来，按照"三步法"很容易推断出要求保护的发明相对于现有技术是显而易见的。此时我们应该从整体上考虑所述技术特征和它们之间的关系在要求保护的发明中所达到的技术效果。例如各技术特征在功能上彼此支持，并取得了新的技术效果；或者说组合后的技术效果比每个技术特征效果的总和更优越，则具备创造性。其中组合发明的每个单独的技术特征本身是否完全或部分已知并不影响对该发明创造性的评价。例如，现有技术在深冷处理后需要对工件采用非常规温度回火处理，以消除应力，稳定组织和性能。本发明在深冷处理后，对工件不作回火或时效处理，而是在 80 摄氏度±10 摄氏度的镀液中进行化学镀，这不但省去了现有技术中深冷处理后需要对工件采用非常规温度回火处理，还使该工件仍具有稳定的基体组织以及耐磨、耐蚀并与基体结合良好的镀层，虽然化学镀属于现有技术，但二者组合产生了更优的技术效果，具备创造性。新的技术效果较容易证明，也容易推导出来，但更优的技术效果，如果没有实验数据的支撑，仅从感官上来看较难认定优异程度之高，很难狙击成功。

（四）狙击点：克服了原技术领域中未曾遇到的困难

我们可以向审查员说明原技术领域中遇到的困难，例如借鉴了飞机中的技术手段，将飞机的主翼用于潜艇，从而极大地改善了潜艇的升降性能。由于将空中技术运用到水中需克服许多技术上的困难。将某一技术领域的现有技术转用到其他技术领域中，克服了原技术领域中未曾遇到的困难，则这种转用具备创造性。

（五）狙击点：要素省去保持原有全部功能

虽然现有技术将发明内容都公开了，但我们可以整体考虑下发明有没有省去了一个或多个零、部件或者一项方法发明省去一步或多步工序，依然保持原有的全部功能。如果依然保持原有的全部功能，则该发明具备创造性。

（六）狙击点：解决渴望但始终未能获得成功的技术难题

看下本发明有没有解决了人们一直渴望解决但始终未能获得成功的技术难题，例如，发明人基于冷冻能使奶牛表皮着色的方法成功地解决了奶牛身上无痛而且不损坏奶牛表皮地打上永久性标记的技术问题，则具备创造性。

（七）狙击点：克服了技术偏见

审查员有时无法站在所属技术领域的技术人员角度，去理解某段时间内、某个技术领域中，技术人员对某个技术问题普遍存在的、偏离客观事实的认识。我们可以向审查员指出这种认识引导人们不去考虑其他方面的可能性，而本发明克服了这种技术偏见，采用了人们由于技术偏见而舍弃的技术手段，从而解决了技术问题。例如通常认为电动机的换向器与电刷间界面越光滑接触越好，电流损耗也越小。一项发明将换向器表面制出一定粗糙度的细纹，其结果电流损耗更小，优于光滑表面。该发明克服了技术偏见，具备创造性。

（八）狙击点：商业上获得成功

在无法从技术层面对审查员的结论进行狙击时，如果我们的发明已经实施并取得商业上的成功，可以向审查员进行举证，或许可以改变其审查结论。例如将与本发明相关的产品实物照片、新闻报道、在线调查、公众评论、获奖证书、销售数据等提供给审查员参考，以及申请人的研发能力，发明人在本领域的行业地位等说明，均可从侧面反映本发明的应用前景以及非显而易见的高度盖然性，至少在主观上有机会获得审查员的认可，从而认定本发明具有突出的实质性特点。

第十五章　高价值专利

📖 **导读**

　　本章围绕高价值专利展开多方面探讨。本章首先指出了我国专利数量增长迅速，从追求"量"过渡到需重视"质"，高价值专利对国家及创新主体意义重大；其次明确了高价值发明专利的定义，涵盖了战略性新兴产业、海外同族专利等五类，评判了专利是否具备高价值，可从技术、法律、经济三个维度考量；最后针对企业培育高价值专利，提出了培育步骤，帮助企业产出兼具技术、法律、经济价值的高价值专利，推动产业发展。

一、需要高价值专利的原因

　　1985—1997 年，中国专利局累计受理三种专利申请 74 万件，而 2023 年一年国知局受理三种专利申请就达 556 万件。随着专利数量爆发式增长，我国迅速跨入知识产权大国行列。

　　我们最初要解决的是专利"量"的问题，如果没有"量"，专利制度的实施好比空中楼阁，因为缺少服务的主体和客体，后期专利制度的探索和优化就更无从谈起。至少追求专利"量"的增加，对大众专利意识的培养、产业的形成有着一定的作用。

如今专利"量"已经足够庞大，大到"质"与"量"的不平衡，"大而不强、多而不优"成为突出问题。盲目追求专利数量，大概率会存在技术含量不高，重复的技术公开，甚至误导技术泛滥的现象，这些无法转化成国家的创新能力。这类专利申请占用审查资源，造成专利产业虚假繁荣，同时也降低了从业人员的服务水平和能力，浪费了社会资源，拉低了我国专利转化率，最终成为专利制度实施的绊脚石。

本来专利制度是希望通过专利权人得知发明创造能够保护，可以给予他们的发明创造在一定期限内的特权，专利权人才愿意积极投入和公开发明创造，通过许可、转让、实施等应用带来自身和社会效益，创新能力能够不断提高，最终实现"科学技术进步和经济社会发展"。如今，专利"量"的泛滥，很大程度上是"非保护"因素成为申请专利的主要动机。

专利价值对创新主体而言，主要体现在相关知识产权荣誉的获取，为了低价值利用，很少会享受到专利技术垄断带来的高价值。对于低价值，低质量专利就能够轻易完成，创新主体没必要也不会投入高成本去研发创新来获取低价值。长此以往，当创新主体有自己的技术需要保护时，却已经缺乏了高价值专利的培育环境和能力。大量的科技成果无法转化，有价值的技术被闲置埋没，并没有真正起到促进产业升级的作用，同时也打击创新主体的积极性。

专利是科技创新的重要载体之一，其中高价值专利更因其能够高效运用而应当得到重视。高价值专利不但在质押融资、转让许可、实施转化等方面能够提升企业市场竞争力和盈利能力，而且在我国从专利大国向专利强国转变以及创新创造能力的提高等方面都有着极其重要的作用。所以，不管是国家层面，还是创新主体层面，都有必要加强高价值专利的培育和产出。

二、高价值发明专利的含义

国务院印发的《"十四五"国家知识产权保护和运用规划》提到的高价值发明专利，是指经国家知识产权局授权的符合下列任一条件的有效发明专利：战略性新兴产业的发明专利；在海外有同族专利权的发明专利；维持年限超过 10 年的发明专利；实现较高质押融资金额的发明专利；获得国家科学技术奖、中国专利奖的发明专利。

战略性新兴产业领域的有效发明专利（例如新一代信息技术产业、高端装备制造产业、新材料产业、生物产业、新能源汽车产业、新能源产业、节能环保产业、数字创意产业、相关服务业九大战略性新兴产业领域以及脑科学、量子信息和区块链等关键核心技术领域），是面向国家重大发展需求、推动产业创新发展的重要资源。

在海外有同族专利权的发明专利，是推动核心技术全球区域布局、提升国外市场占有率的重要因素。

维持年限超过 10 年的发明专利，具有权利要求稳定、技术水平较高、替代周期较长、经济效益较好的特点。

实现较高质押融资金额的发明专利，是创新型企业充分运用专利价值实现高质量发展的关键要素。

获得国家科学技术奖、中国专利奖的发明专利，是国家先进技术的最优体现。

三、专利是否具备高价值的评判

业内普遍认为，可从技术价值、法律价值以及经济价值三个维度来评判一个专利是否具备高价值。

（一）技术价值

专利的技术价值依赖于创新主体的研发实力和创新能力。如果一个专利技术的研发难度高、创新性强则可以认为其具有技术价值，这类专利技术能够站得住关隘，易守难攻，难以规避，常常能够体现出高价值。例如基础专利、核心专利、外围专利等。

　　基础专利对于行业或产业的形成具有基础作用，是一个新的行业或产业形成的技术源头，这类专利属于技术原创，具有很强的创新性，同时也时常伴随一定的研发难度。例如，1894 年马可尼了解到海因利希·赫兹做的实验表明不可见的电磁波是存在的，这种电磁波以光速在空中传播。马可尼很快就想到可以利用这种波向远距离发送信号而又不需要线路，马可尼经过努力，研发出无线电报装置，并获得发明专利，无线电报装置正式投入商业使用，大获成功①。

　　核心专利处于技术领域关键地位，很难进行技术规避。在 3G、4G 时代，高通因为掌握了大量的核心专利，成为游戏规则制定者。5G 时代，中国企业的专利布局跟了上来。华为坐拥全球数量最多的 5G 专利，所有使用到华为专利技术的厂商（包括苹果、三星等公司）都需要向华为缴纳专利许可费，大大增强了华为公司的市场竞争力。这类核心专利，无疑要投入大量的人力物力，大部分具有一定的研发难度。基础专利往往具有核心专利的特质。

　　外围专利往往围绕基础专利、核心专利，以此为基础进行技术改进。外围专利可以使基础专利、核心专利发挥最大的经济效益。如果外围专利落入他们之手，他人就可以以外围专利牵制基础专利、核心专利，外围专利通过技术改良，使原技术所有人对该技术的有效利用产生困难，从而只能交叉许可避免侵权。外围专利在技术路线上进行多种可能的布局，形成一个专利网，这类专利往往也需要一定的创新难度和研发能力，从而产生技术价值。特安纶公司拥有自主知识产权芳砜纶专利技术（国产化高性能纤维），在特安纶准备投产期间，杜邦曾有意收购该技术，被拒绝后，杜邦在芳砜纶产业链下游密集的专利布局，特安纶公司虽然有专利，但下游的相关公司也不能采购特安纶公司生产的芳砜纶投入生产、使用，否则就可能侵犯杜邦公司专利权，这使得特安纶公司无法全面发挥其自主专利技术。

（二）法律价值

　　专利的法律价值来源于专利权的排他性，保证专利权人在一定时间一定

---

① 朱玉明. 无线电的发明者：伽利尔摩·马可尼 [J]. 青苹果，2012（Z1）：90-91.

地域范围内独占使用、收益和处分，取得垄断性收益①，实现专利的高价值。如果专利能够授权、经得住无效，打得了诉讼，这样的专利才具备合法稳定的排他性，能够体现法律价值。

专利申请人申请的专利授权后，专利申请人才能够成为该专利的专利权人，从而享有法律所赋予的技术垄断收益。经过审查，专利能够授权，也体现出专利具有一定的技术价值，从而配享垄断收益。但专利授权不仅在于其技术，与撰写质量也息息相关。专利授权离不开高水平的专利文件的撰写、答复。例如，说明书没有对发明作出清楚、完整的说明，所属领域的技术人员不能实现该发明，权利要求的内容不清楚、不简要，权利要求书得不到说明书支持等，都可能造成专利无法授权。同时授权的专利也可能会被无效掉，从而失去垄断收益。因为考虑到付出的时间以及检索的环境、检索经验，都无法保证该授权专利是100%绝对可靠稳定的，所以专利无效程序多被专利权的竞争对手用来反击专利侵权指控。一旦专利被无效掉，对专利侵权指控就相当于釜底抽薪。另外，授权的专利如果不能拿来诉讼，例如保护范围太小无法使对方实施的技术落入到保护范围，则授权的专利也无法起到侵权指控的能力，从而失去垄断收益。

（三）经济价值

专利的经济价值代表这个专利能够直接或间接产生经济效益。专利技术拥有良好的市场前景，实施在产品上，在当下或预期产生市场竞争力，或者能够通过质押融资、转让许可等方式获取经济利益，则认为该专利具有经济价值。

1876年，贝尔的电话机专利申请被批准，这项专利发明成为贝尔电话公司实际业务，它直接促成了一家超级垄断企业——美国电话电报公司的诞生，该专利即具有巨大的经济价值②。1941年，海蒂·拉玛和乔治·安瑟共同发明了"秘密通信系统"，它是现代无线通信的核心专利，移动电话通信技术

---

① 陈慧慧，田思媛，朱巍，等. 高价值专利案例分析与培育策略研究 [J]. 中阿科技论坛（中英阿文），2018（3）：5-10，84-91.

② 陈慧慧，田思媛，朱巍，等. 高价值专利案例分析与培育策略研究 [J]. 中阿科技论坛（中英阿文），2018（3）：5-10，84-91.

CDMA、无线区域网络 WLAN、Wi-Fi 与蓝牙（bluetooth）都是基于这一技术而来[①]，然而当时电子科技发展不足以支持这样的技术应用，从而该专利无法具备经济价值。

（四）技术价值、法律价值和经济价值缺一不可

如果专利具有技术价值，但缺少法律价值，即便是专利技术难度很高，创新性很强，但无法授权，或授权后被无效掉或没法拿去诉讼，那这个专利技术也无法享受应有的垄断利益，反而会免费贡献给社会，这类不属于高价值专利，可能算得上高价值文献。

如果专利具有技术价值和法律价值，但缺乏经济价值，这类专利虽然技术好，法律性稳定，可以说是高质量专利，该专利无法产生效益，不能通过高效运用给专利权人带来价值，所以也算不上高价值专利。

如果专利具有经济价值，即能带来很好的市场前景、市场控制力等效益，但缺乏技术价值和法律价值，那这种经济价值并不会持久，可能只是昙花一现，效益就无法再持续了。

因此，专利具备技术价值、法律价值和经济价值，是作为高价值专利缺一不可的条件。高价值专利在技术创造、保护、运用方面全链条衔接，从而能够源于创新主体，并服务创新主体，助力创新主体的发展，从而促进科学技术进步和经济社会发展。

四、企业高价值专利培育的路径与策略

我认为企业要培育出高价值专利可以按照以下步骤进行：发现市场痛点生成技术需求、检索现有技术进行现状分析、研发需求技术持续创新改进、

---

① 陈慧慧，田思媛，朱巍，等. 高价值专利案例分析与培育策略研究［J］. 中阿科技论坛（中英阿文），2018（3）：5-10，84-91.

合作专业机构专利挖掘布局、专利审查授权获得技术垄断、进行运营专利取得超额利润。

综上，发现市场痛点生成技术需求：企业培育高价值专利的目的是通过专利提升市场竞争力获得超额利润，这必然无法脱离市场对专利技术的需求。专利技术能够解决市场痛点，有效满足市场需求。所以，企业需要善于观察和调研，发现市场的痛点是什么，这样才能够清晰明确市场的技术需求，避免投入大量人力物力研发，却无法产生经济价值。

检索现有技术进行现状分析：在了解技术需求后，企业需要有效利用现有文献，避免在现有技术上重复研发，浪费时间和财力。对现有技术的检索，可以让企业快速了解技术现状、竞争对手的情况，以及明确各技术分支的发展路线和研究方向，确保企业研发的技术能够保持先进性，赢得市场的需求。

研发需求技术持续创新改进：企业在现有技术的基础上，积极创新改进，寻找不同的技术路线或在原有技术路线上深入研发，以获得低成本、高效率、优性能等先进的专利技术，通过技术解决市场痛点，满足市场需求。这方面体现了企业的研发能力和创新能力，也是专利能否获得授权的重要因素之一。

合作专业机构专利挖掘布局：企业通过专业机构的专业人员对专利技术进行分解分析，围绕自身研究技术特点以及重点研发的项目，进行有针对性专利布局挖掘工作，从技术瓶颈、重点技术着手，进而挖掘形成有价值的专利技术，形成后续的专利网，从而使研发的专利技术能够站得住关隘，形成有效的市场控制力。

专利审查授权获得技术垄断：企业申请的专利授权后，企业才能够成为该专利的专利权人，从而享有法律所赋予的技术垄断收益。在授权的前提下，争取一个较大的保护范围，这和专利申请时的撰写质量以及创新技术息息相关，从而获得一个强有力的排他能力，提高专利的价值。

进行运营专利取得超额利润：专利授权后，企业可以通过将专利技术商品化投入市场，由于专利的排他性，他人不敢明面上抄袭实施，从而获得超额利润。企业也可以通过转让、许可、质押融资等方式将专利的高价值不断产出，获得可观的收益。

综上，"发现市场痛点生成技术需求"确保专利未来具有经济价值，提前埋好伏笔,"检索现有技术进行现状分析""研发需求技术持续创新改进"体现专利的技术价值,以期在技术层面占住关隘,"合作专业机构专利挖掘布局""专利审查授权获得技术垄断"是为了获得专利的法律价值,获得强有力的排他能力。"进行运营专利取得超额利润"充分产出专利的经济价值。按照此流程可以快速培育和产出同时具备技术价值、法律价值、经济价值的高价值专利。

第十六章 影响专利质量的要素

📖 导读

    5M1E 分析法是一种全面质量管理工具，该方法起源于日本，最初由质量管理专家石原豪人在 20 世纪 70 年代提出。5M1E 分析法通过综合考虑"人、机、料、法、环、测"六个关键因素，分析和改进生产过程中的问题，从而提高产品质量和生产效率。对于分析影响专利质量的要素，5M1E 分析法依然适用。本章通过分析和解决专利生命周期中可能影响专利质量的人（man）、机（machine）、料（material）、法（method）、环（environment）、测（measurement）六个关键因素，帮助创新主体向高质量方向培育专利。

一、人（man）

（一）发明人

    发明人应具备技术创新能力和表达能力，这决定了专利技术质量。发明人技术创新能力决定技术方案是否具备客体符合性、合法性、新颖性、创造性、实用性等，在技术层面影响了专利质量。发明人表达能力决定能否客观阐述让专利代理师能够理解的技术方案，技术方案未表达清楚将影响后续高质量专利的撰写。理论上，发明人的数量越多，不同发明人贡献知识和经验的多样性和数量就会越多，发明专利的知识基础越坚实，专利的技术质量就会越高[①]。

（二）专利代理师

专利代理师应具备代理胜任力，包括专业知识、专门技能、社交能力、职业素养、人格特质等，这决定了专利撰写质量。

专业知识包括工科知识、法学知识、经管类知识等。工科知识是为了理解和表达技术内容，法学知识是为了熟悉专利及相关业务法律法规，履行相关程序，经管类知识包括经济贸易、情报、外语等，为了更充分理解和表达技术内容。我们通常可以从学历、职业资质、职称等方面去考察专利代理师的专业知识。

专门技能包括专利挖掘与布局、专利申请前评估、专利撰写、专利复审与无效、专利诉讼和维权、信息检索、专利导航与分析、专利转化运营、专利相关项目申报和招投标、专利培训等，以便于提供更全面、更优质代理服务。除此之外还包括计算机技能，涉及文档编辑、制图等高效率工作。我们通常可以从从业年限、业绩、学术证明、荣誉等方面去考察专利代理师的专门技能。

社交能力包括与相关人员的领导与协作，对负责案件的管理和协调，与客户、发明人、审查员有效沟通，相关业务和案件能够理解与表达等。我们通常可以从客户评价、同事评价、代理效率等方面去考察专利代理师的社交能力。

职业素养包括能否对商业秘密做好保密，能否积极履行代理职责等。我们通常可以从既往过失去考察专利代理师的职业素养。

人格特质包括专利代理师是否具备靠谱、善学、善思、严谨、敢试、创

---

① 闫哲. 国家和区域视角下新兴产业专利质量测度及影响因素研究［D］. 北京：北京理工大学，2018.

新、积极、勤勉、抗压、热爱、谦逊、自信、服务意识等。我们通常可以从同事评价去考察专利代理师的人格特质。

当然，专利申请文件撰写的质量水平与专利代理师对当前该技术领域的熟悉程度、对专利法律制度的理解程度、文字语言驾驭能力也息息相关①。

（三）知识产权管理员

知识产权管理员应具备协调能力和审核能力，决定专利把关质量。知识产权管理员的协调能力用于积极协调发明人和专利代理师进行技术沟通交流，督促技术交底的提供和案件进度的把控。知识产权管理员的审核能力指的是需要按照法律法规、质量要求对技术交底书和申请文件进行审核，把关专利质量。

（四）申请人

申请人应具备技术创新平台支持、管理制度激励、财力支撑等，保证专利技术质量和专利把关质量，确保专利撰写质量。

申请人技术创新平台支持为发明人提供技术创新的土壤，驱动专利技术质量。

申请人管理制度激励使发明人愿意技术创新，积极完善技术交底书申请专利保护，使知识产权管理员履行把关职责，同步驱动专利技术质量和专利把关质量。

申请人财力支持确保能够购买优质专利代理服务，确保专利撰写质量。

理论上，申请人的数量越多，技术合作的可能性越大，结合的技术优势越多，专利的技术质量就会越高。

我们通常可以从申请人规模、专利管理水平、研发经费投入、技术创新能力、专利策略、战略动机、专利意识、专利激励制度、研发人员投入、管理层的能力、专利申请经验、对技术熟悉程度、申请人类型、专利申请数、专利授权率、有效专利数等方面侧面反映申请的专利质量。

---

① 何甜田. 我国专利质量问题研究［D］. 济南：山东大学，2014.

（五）专利代理机构

专利代理机构应具备胜任力提升支持、管理制度激励，保证专利撰写质量。

专利代理机构胜任力提升支持为专利代理师提供提升胜任力的土壤，安心工作的环境，有足够胜任的人才保证专利撰写质量。

专利代理机构管理制度激励确保收入合理分配，工作监督和约束，激励专利代理师履行职责，保证专利撰写质量。

发明人缺乏专利实务工作经验，可能导致专利发明文件撰写质量不佳[①]，一般委托专利代理机构的，其专利撰写质量会略高。我们通常从代理机构成立年限、专利代理师数量、分支机构数量[②]、代理机构业务水平、专利申请总量、专利授权量、发明专利授权率、涉外专利数量等方面侧面反映代理的专利质量。

二、机（machine）

（一）检索资源

检索资源有利于帮助专利代理师充分理解相关技术，做好专利申请前的评估、专利挖掘和布局，提升专利质量。具体详见第七章"五、检索流程"。

（二）硬件设备

优质的硬件设备，促进专利代理效率，提升专利撰写质量。例如运行快速的电脑等。

---

① 施晴. 基于专利转化的高校生物医药专利质量评价研究 ［D］. 成都：成都中医药大学，2018.

② 时歌歌. 国家自然科学基金重大研究计划项目专利质量评估研究 ［D］. 秦皇岛：燕山大学，2023.

（三）软件

功能丰富的软件便于阅读、沟通技术资料，制作专利申请文件，促进专利代理效率，提升专利撰写质量。例如安装制图软件、办公软件、会议软件等。

三、料（material）

技术交底书影响专利撰写质量。技术交底书是发明人和专利代理师之间用于技术交流的文件，其主要作用是将发明创造告知专利代理师，使专利代理师撰写出符合要求的专利申请文件。专利的撰写有很多具体要求，技术交底书为专利申请文件提供素材，影响申请人获得高质量专利文件，关乎着发明创造是否能够授权和被充分保护，也影响了专利申报的时间进度。

四、法（method）

（一）引用非专利文献数

一项专利引用的非专利文献数越多，说明该专利越接近科学前沿，高技术特征越明显，专利的技术质量就越高①。

---

① 闫哲. 国家和区域视角下新兴产业专利质量测度及影响因素研究［D］. 北京：北京理工大学，2018.

（二）引用专利文献数

引用专利越多，说明该专利成果是建立在更多研究成果的基础上①，其技术基础越扎实，专利在发明创造时参考的现有科学技术成果越多，与当下科学技术发展趋势结合更紧密，技术含量也就更高②，研发出高质量技术的可能性越高。因此引证专利文献数可用于衡量专利的技术质量③。也有学者认为，引用专利数在一定程度上反映出观测专利在技术上无法绕开的已有技术的情况，观测专利所引用的先前专利文献越多，其原创性和先进性越低，则专利的技术质量也越低④。从方便审查角度来讲，引用专利文献数越多越好。

（三）专利被引用次数

一项专利公开之后，它的技术也将会对公众公开，从而可以被后续专利所引用。如果某专利被许多专利所引用，那么该专利就存在重大的技术进步⑤，证明专利具有较高的技术创新性，技术含量普遍更高，在后续科学技术发展中的地位更高⑥，专利技术质量也越高。

（四）IPC 小类数

专利被分配的 IPC 小类号越多，专利的技术覆盖范围越广，该专利越具有技术的基础性和一般规律性，通过技术手段控制市场的能力越强，专利的

---

① 闫哲. 国家和区域视角下新兴产业专利质量测度及影响因素研究［D］. 北京：北京理工大学，2018.

② 时歌歌. 国家自然科学基金重大研究计划项目专利质量评估研究［D］. 秦皇岛：燕山大学，2023.

③ 闫哲. 国家和区域视角下新兴产业专利质量测度及影响因素研究［D］. 北京：北京理工大学，2018.

④ 时歌歌. 国家自然科学基金重大研究计划项目专利质量评估研究［D］. 秦皇岛：燕山大学，2023.

⑤ 闫哲. 国家和区域视角下新兴产业专利质量测度及影响因素研究［D］. 北京：北京理工大学，2018.

⑥ 时歌歌. 国家自然科学基金重大研究计划项目专利质量评估研究［D］. 秦皇岛：燕山大学，2023.

技术质量就越高。因此，专利 IPC 小类数可用于评价专利的技术质量①。

（五）技术领域

一个快速发展的技术领域，亟待满足人民社会需要的技术领域，其市场价值越高，越能有效提升专利质量。

（六）独立权利要求字数

通常情况下，独立权利要求字数越少，该独立权利要求的概括程度越高，保护范围越大②。

（七）权利要求项数

权利要求项数越多，就越能从不同角度如产品、方法或用途等对专利进行充分保护以及梯度保护，该专利受到法律保护的范围就会越大越稳③。此外，我国的专利法规定，当专利申请时提出超过 10 项的权利要求数量时，需缴纳附加费，权利要求书中所列权利要求数量超额越多，则申请人需要付出的成本也越高，侧面反映专利质量相对更高。

（八）独立/从属权利要求数

独立权利要求可反映广度，从属权利要求反映深度。专利的独立权利要求数量越多，其保护的主题越多、保护范围越广。专利从属权利数量越多，越能体现专利权人对本专利技术进行层层保护④，防止他人改进发明或规避专利权利要求。

---

① 闫哲. 国家和区域视角下新兴产业专利质量测度及影响因素研究 ［D］. 北京：北京理工大学，2018.

② 施晴. 基于专利转化的高校生物医药专利质量评价研究 ［D］. 成都：成都中医药大学，2018.

③ 闫哲. 国家和区域视角下新兴产业专利质量测度及影响因素研究 ［D］. 北京：北京理工大学，2018.

④ 施晴. 基于专利转化的高校生物医药专利质量评价研究 ［D］. 成都：成都中医药大学，2018.

（九）说明书页数

说明书要符合"解决技术问题-使用技术手段-达到技术效果"三要素要求，并要充分公开，能使得普通技术人员通过学习说明书而不用花费创造性劳动再现发明，否则有可能被他人提起无效宣告。要达到说明书的这个标准，说明书必须具备一定的长度和丰富的实施例。因此说明书页数在一定程度上能够体现说明书的撰写质量。说明书的撰写质量越高，保护范围就会界定得越丰富和精确，对权利要求书的支持就会越充分，被宣告无效的可能性也就越低[①]。说明书页数越多，则该发明创造的技术越复杂，描述越详尽，抵抗法律风险的能力就越强，专利就越容易维持。因此，说明书页数多的专利，其法律质量更高[②]。

（十）说明书实施例数

说明书中公开的实施例越多，专利申请文件的撰写人员就越容易进行概括[③]。专利文件中的实施例个数越多，含有功能性权利要求的专利申请文件就越有可能得到说明书的支持[④]，专利文本质量越高。

（十一）法律状态

已授权且目前依然有效的专利质量最高；正在审查过程中依然有希望获得授权的专利质量次之；专利权因驳回等原因不可能再获得授权的专利质量最低[⑤]。

---

① 闫哲. 国家和区域视角下新兴产业专利质量测度及影响因素研究［D］. 北京：北京理工大学，2018.

② 时歌歌. 国家自然科学基金重大研究计划项目专利质量评估研究［D］. 秦皇岛：燕山大学，2023.

③ 程杰. 我国发明专利文本质量提升对策研究［D］. 湘潭：湘潭大学，2018.

④ 程杰. 我国发明专利文本质量提升对策研究［D］. 湘潭：湘潭大学，2018.

⑤ 闫哲. 国家和区域视角下新兴产业专利质量测度及影响因素研究［D］. 北京：北京理工大学，2018.

（十二）专利维持时间

由于专利维持费用逐年增高，任何具备一定经济理性的专利权人只有在专利质量较好、预期经济收入足够高时才会长期维持专利。专利的维持时间能够反映出专利权人愿意为专利的预期市场价值所付出的成本，从而判断专利的经济质量[①]。

（十三）同族专利数

同族专利数是申请人就同一个专利寻求专利保护的国家（国际）数量。因为只有当申请人认为一项专利有经济前景时，才会在申请本国专利的同时也在其他多个国家进行专利申请。随着寻求保护国家数量的增加，专利成本会急剧增加，申请人更愿意为更具有经济价值的专利寻求更多国家保护[②]。因此同族专利数量反映了专利权人对相应专利的重视程度，受重视程度较高的专利会具有更高的技术水平和发展潜力[③]。

（十四）是否设置专利优先权

当专利申请人认为专利有较高的价值且计划在多地进行专利布局时，才会提交专利优先权申请对专利进行保护。因此，是否设置专利优先权可以在一定程度上反映专利质量的高低[④]。

（十五）是否有 PCT 申请专利

申请人提出 PCT 申请，需要花费较多的资金。理性的申请人会选择获得

---

① 闫哲. 国家和区域视角下新兴产业专利质量测度及影响因素研究［D］. 北京：北京理工大学，2018.

② 闫哲. 国家和区域视角下新兴产业专利质量测度及影响因素研究［D］. 北京：北京理工大学，2018.

③ 时歌歌. 国家自然科学基金重大研究计划项目专利质量评估研究［D］. 秦皇岛：燕山大学，2023.

④ 时歌歌. 国家自然科学基金重大研究计划项目专利质量评估研究［D］. 秦皇岛：燕山大学，2023.

授权可能性高并且授权后经济价值高的专利进行国际申请。也就是说，进行国际申请的专利往往其技术质量和经济质量都比较高①。

（十六）授得了权

授得了权，即一项发明专利在提出申请后需要经过受理、初步审查、公布、实质审查多个步骤的审查才能最终获得授权，获得授权本身离不开专利质量的支持②。

（十七）无效不掉

无效不掉，即专利无效是专利授权后的救济程序，无效不掉的专利说明其专利权的稳定性更强，质量更高。

（十八）打得了诉讼

打得了诉讼，即未经专利权人许可实施其专利，专利权人能用其专利权进行维权，这样的专利具备高质量。

（十九）不过多透露商业秘密

不过多透露商业秘密，即专利制度通过公开换取保护，但不应公开通过商业秘密保护的技术。

（二十）发生专利转让

专利转让是指专利权人作为转让方，将其发明创造专利的所有权移转受让方，并由受让方支付约定价款，这里也包括了作价入股的情形。一般认为，专利转让是专利商业化的一种重要形式，只有经济质量较高的专利才会在不同专利权人之间进行转让。

---

① 闫哲. 国家和区域视角下新兴产业专利质量测度及影响因素研究［D］. 北京：北京理工大学，2018.

② 闫哲. 国家和区域视角下新兴产业专利质量测度及影响因素研究［D］. 北京：北京理工大学，2018.

（二十一）发生专利实施许可

专利实施许可仅转让专利技术的使用权利，转让方仍拥有专利的所有权，受让方只获得了专利技术实施的权利，并没有拥有专利所有权[①]。一般来说，被许可实施方或权利受让方往往是因为发现该项专利的高经济收益，才会寻求通过与专利权人签订专利许可合同的方式获得一部分专利权利。因此，是否进行过专利实施许可是衡量专利经济质量的一个重要指标[②]。

（二十二）发生专利质押

专利权质押是指债务人或第三人将拥有的专利权担保其债务的履行，当债务人不履行债务的情况下，债权人有权把折价、拍卖或者变卖该专利权所得的价款优先受偿的物权担保行为。专利权质押能够实现的基础是专利为高质量专利，即专利能够带来经济收益，且经济收益可衡量。因此，专利是否进行过专利权质押可用于衡量专利的经济质量[③]。

五、环（environment）

（一）外部环境

外部环境引导专利质量。外部环境包括专利审查标准与质量、区域环境、主管部门态度、政策引导、机构氛围等。专利审查标准与质量决定专利审查的力度和检索力度，引导什么样的专利符合规范，进而影响授权的专利质量。所在区域的经济水平、专利竞争环境、所在区域的技术水平、所在区域的技

---

① 刘文静. 论专利实施许可中的风险控制 [J]. 法制与社会，2011（2）：100-101.

② 闫哲. 国家和区域视角下新兴产业专利质量测度及影响因素研究 [D]. 北京：北京理工大学，2018.

③ 闫哲. 国家和区域视角下新兴产业专利质量测度及影响因素研究 [D]. 北京：北京理工大学，2018.

术市场活跃度提供了专利制度活跃的温床，社会专利意识更强烈，更注重引导专利质量。主管部门重视专利质量，将培育高质量专利作为重点工作予以部署，定期举办座谈会、研讨会、培训会，对有意培育高质量专利的企业的诉求积极处理，协助解决各类资源问题，有利于引导高质量专利产生，如果只重视数量，设定数量指标，轻视质量，则不利于高质量专利产生。专利资助等政策鼓励对高质量专利进行引导，激发企业对高质量专利的热情，如果鼓励专利数量，则可能会对专利质量产生抑制。高质量专利离不开区域专业的专利相关机构的参与，因为企业在这方面的人才是短缺的，委外处理是最好的选择。专利相关机构包括提供专利代理服务的专利代理机构、提供法律服务的律师事务所、提供体系辅导服务的贯标服务机构、提供技术情报服务的科技情报机构以及提供政府奖补申请的项目申报机构等。不同地域，专利相关机构是参差不齐的，专利相关机构齐备，且具有足够实力的外部环境更能引导高质量专利。

（二）内部环境

内部环境支撑专利质量。企业自身的内部环境为高质量专利提供支撑。内部环境注重人员配置是否完备、管理制度是否完善、员工专利质量意识是否深入。高质量专利产生是一项复杂的活动，需要大量人员参与，所以人员配置必须完备，进而明确分工，按节点产生。人员配置包括研发人员、知识产权管理员、法务人员、项目人员、情报分析人员等，他们是高质量专利的具体参与人员，也是对外服务机构直接对接人员。完善的管理制度促使高质量专利培育有序实施，高效管理。员工专利质量意识影响全员参与高质量专利培育的热情，营造高质量专利培育的氛围，推动员工自觉为高质量专利培育服务。

六、测（measurement）

（一）技术质量

专利的技术质量是指发明创造本身的技术先进性和重要性。其主要体现在发明创造期间，研发者科研成果技术水平的高低，是具备实用性、新颖性和创造性等授权条件的基础。具有技术质量的专利通常具有技术发展前景并形成技术领先优势。

（二）法律质量

专利的法律质量是指专利是否符合法定授权标准以及是否具有法律稳定性①。具体的就是专利授得了权、无效不掉、打得了诉讼、不过多透露商业秘密，在具备技术质量的前提下，某种程度上法律质量是由撰写决定的。

（三）经济质量

专利的经济质量是指专利能否带来经济效益、能带来多大经济效益②。具备经济质量的专利应具有市场应用前景、易于转化、具备商业价值。专利是否具备经济质量可以通过专利转让、实施许可、质押等方式体现。

---

① 何甜田. 我国专利质量问题研究 ［D］. 济南：山东大学，2014.
② 何甜田. 我国专利质量问题研究 ［D］. 济南：山东大学，2014.

七、结语

国际标准化组织定义的质量，是指一组固有特性满足要求的程度。其实，对于不同的主体，其要求是不同的，所认为的质量也是有区别的。对于创新主体来说，能够满足其技术垄断、申报项目、评职称、宣传等目的的专利，会认为其专利质量越高；对于专利代理师来说，能快速授权的专利，会认为其专利质量越高；对于律所来说，方便取证、能诉讼的专利，会认为其专利质量越高；对于审查机构来说，方便审查、能快速说明技术要点的专利，会认为其专利质量越高；对于社会公众来说，能提供更多技术信息价值、方便检索到的专利，会认为其专利质量越高。所以，在认定一个专利质量的高低时，不能脱离该专利需要满足的主体而谈，主体所处的立场和利益，决定了其看待专利质量的高低。

第四部分　转化

第十七章 专利转让

📖 导读

　　本章聚焦专利转让，首先点明了专利转让包含专利申请权转让与专利权转让，详细阐述两者区别。然后介绍了专利转让可通过继承、拍卖等多种形式达成，转让方动机常为维护成本高、专利与业务不符或获取资金；受让方则多为保障产品、发起或避免专利诉讼，抑或用于宣传等。最后提及了专利转让登记流程，整体为读者构建起关于专利转让的基础认知框架。

一、专利转让概述

　　通常说的专利转让包括专利申请权转让和专利权转让。专利申请权转让，是指转让方将其就特定的发明创造申请专利的权利移交受让方的行为。专利权转让，是指专利权人作为转让方将其发明创造专利的所有权移交受让方的行为①。专利权转让的标的为已被合法授予的专利权，转让方为专利权人，转让发生在专利授权之后；专利申请权转让的标的为专利申请权，即申请人提出专利申请后对其专利申请享有的权利，转让方为专利申请人，转让发生在专利授权之前②。专利转让可以通过继承、拍卖、权属纠纷、企业合并和分立、赠与和购买等形式来实现。

一般来说，转让方转让专利的动机往往出于：①维护相关专利成本超过相关专利本身带来的收益；②相关专利与战略、主营业务不符，或背离实际实施；③通过相关专利获得资金等权益。受让方接受专利的动机往往出于：①为产品保驾护航；②对他人发起专利诉讼；③避免被他人发起专利诉讼；④为了宣传、项目、补贴等。

二、专利转让登记

流程见图 17-1。

---

① 国家知识产权局办公室. 国家知识产权局办公室关于印发专利转让许可合同模板及签订指引的通知 [EB/OL]. (2023-06-30) [2025-04-12]. https://www.cnipa.gov.cn/art/2023/6/30/art_75_186010.html? bsh_bid=5961733779&siteId=zhongguancun.

② 国家知识产权局办公室. 国家知识产权局办公室关于印发专利转让许可合同模板及签订指引的通知 [EB/OL]. (2023-06-30) [2025-04-12]. https://www.cnipa.gov.cn/art/2023/6/30/art_75_186010.html? bsh_bid=5961733779&siteId=zhongguancun.

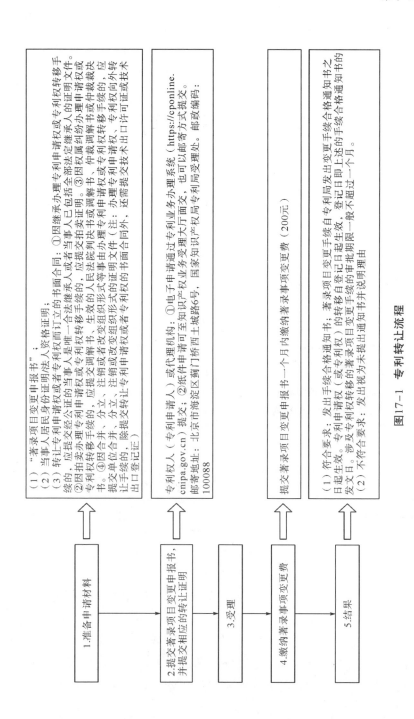

图17-1 专利转让流程

1. 准备申请材料

（1）"著录项目变更申报书"；
（2）当事人居民身份证明或者法人资格证明；
（3）转让专利申请权或者专利权的当事人是唯一合法继承人或者因继承而订立的书面合同：①因继承办理专利申请权或专利权转移手续，应当事人已包括全部法定继承人的证明文件。②因拍卖专利申请权或专利权转让一合同一合同权属纠纷办理申请权或专利权转移手续的，应提交拍卖成交的人民法院判决书、仲裁调解书或仲裁裁决书、生效的人民法院形式的组织形式的证明的，应提交改变组织形式的证明文件（注：办理专利申请权或专利权的书面合同向外，还需提交技术出口证或技术出口许可证登记证）。③因权属纠纷办理申请权或专利权转移手续的，应提交仲裁调解书、仲裁裁决书或人民法院判决书。④因单位的、分立、注销或改变组织形式的证明的，还需提交专利转让专利申请权或者专利权的书面合同向外或者，除提交技术出口证或技术出口登记证）

2. 提交著录项目变更申报书，并提交相应的转让证明

专利权人（专利申请人）或代理机构：①电子申请通过专利业务办理系统（https://cponline.cnipa.gov.cn）提交；②纸件申请可至知识产权业务受理大厅办交，也可以邮寄方式提交。邮寄地址：北京市海淀区蓟门桥西土城路6号，国家知识产权局专利局受理处。邮政编码：100088

3. 受理

提交著录项目变更申报书一个月内缴纳著录项变更费（200元）

4. 缴纳著录事项变更费

（1）符合要求：发出手续合格通知书；著录项目变更手续自登记日起生效，专利转移（或专利权）的转移自登记日即生效，登记日起上述的手续合格通知书之发文日。涉及专利转移的著录项目变更手续的审批期限一般不超过一个月。
（2）不符合要求：发出视为未提出理由并说明理由

5. 结果

第十八章　专利许可

📖 **导读**

　　本章对专利许可展开介绍。首先明确专利许可是专利权人或其授权人许可他人在约定范围实施专利的行为，且仅在专利权存续期有效。然后阐述专利许可类型，包含普通、排他、独占实施许可，并分别解释其含义，还提及分许可的概念。在动机方面，许可方多因自身非实施主体、专利与业务不符、培育市场或交叉许可等原因许可专利；被许可方则主要为避免专利诉讼、获取技术支持等原因希望得到许可。最后提及专利实施许可合同备案，帮助读者初步了解专利许可全貌。

一、专利许可概述

　　专利许可，是指专利权人或者其授权的人作为许可人许可被许可人在约定的范围内实施专利的行为。专利许可仅在该专利权的存续期限内有效。专利许可包括普通实施许可、排他实施许可、独占实施许可。普通实施许可，是指许可方在约定许可实施许可专利的范围内，许可被许可方实施该许可专利，并且保留自行实施或许可被许可方以外的单位或者个人实施该许可专利的权利。排他实施许可，是指许可方在约定许可实施许可专利的范围内，将该许可专利仅许可一个被许可方实施，但许可方依约定可以自行实施该许可专利。独占实施许可，是指许可方在约定许可实施许可专利的范围内，将该许可专利仅许可一个被许可方实施，许可方依约定不得实施该许可专利。专利许可往往还需要考虑分许可。分许可，是指被许可方依约定将本合同涉及的许可专利许可给包括关联方在内的第三方①。

许可方许可专利的动机往往出于：①非专利实施主体在不愿放弃专利所有权前提下，希望通过专利许可获益；②专利实施主体考虑到实施相关专利与战略、主营业务不符，在不愿放弃专利所有权前提下，希望通过专利许可获益；③通过专利许可培育市场；④交叉许可换取所需专利。被许可方接受专利许可的动机往往出于：①避免被他人发起专利诉讼；②获得技术支持。

二、专利实施许可合同备案

流程见图 18-1。

①　国家知识产权局办公室.国家知识产权局办公室关于印发专利转让许可合同模板及签订指引的通知[EB/OL].（2023-06-30）[2025-04-12].https：//www.cnipa.gov.cn/art/2023/6/30/art_75_186010.html？bsh_bid=5961733779&siteId=zhongguancun.

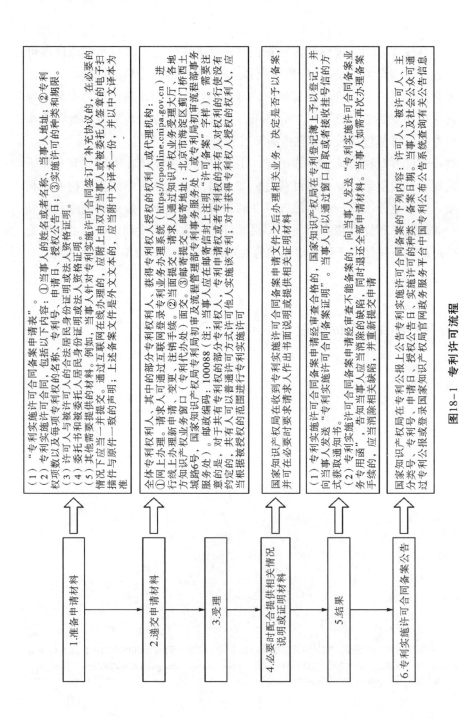

1.准备申请材料

（1）"专利实施许可合同备案申请表"。
（2）专利实施许可合同，包括以下内容：①当事人的姓名或名称、当事人地址；②专利权项数以及每项许可的种类和期限。
（3）许可人与被许可人的合法居民身份证明或法人资格证明。
（4）委托书和被委托专利代理机构的材料。
（5）其他需要提供的材料。例如，当事人针对专利实施许可合同签订了补充协议的，在必要的情况下应当一并提交。通过互联网提交的材料，上述备案文件是外文本的，应当附上原件一致的声明；对于获得专利权人授权的权利人，应当作出与原件一致的声明；上述备案文件是外文本的，并以中文译本为准

2.递交申请材料

全体专利权利人，其中的部分专利权权利人，获得专利权人授权的权利或权利人：
①网上办理。请求人可通过互联网登录专利业务办理网站（https://cponline.cnipa.gov.cn）进行线上办理新申请、变更、注销手续。②当面提交。请求人通过知识产权业务受理窗口，各地知识产权局自取或者接收信函的方式办理办理（专利代办处）面交。③邮寄提交。北京市海淀区蓟门桥西土城路6号，国家知识产权局专利局初审及流程管理部专利审查流程部事务服务处）。邮政编码：100088（注：当事人应在邮寄信封上注明"许可备案"字样）。需要注意的是，对于共有专利权的部分方专利权实施许可的，需要注明该许可方式许可的共有专利权人对权利的行使没有约定的，共有人可以普通许可方式许可他人实施该专利；对于获得专利权人授权的权利人，应当根据授权的范围进行许可实施

3.受理

国家知识产权局在收到专利实施许可合同备案申请文件之后办理相关业务，并可在必要时要请求人作出面说明书面证明材料并决定是否予以备案

4.必要时配合提供相关情况说明或证明材料

（1）专利实施许可合同备案申请经审查合格的，国家知识产权局专利权在专利登记簿上予以登记，并向当事人发送"专利实施许可合同备案业务用函"，告知当事人应予消除的缺陷，并重新提交申请
（2）专利实施许可合同备案申请经审查不能备案的，同时退还全部申请材料。当事人如需再次办理备案手续的，应当消除相关缺陷，并重新提交申请

5.结果

国家知识产权局在专利公报上公告专利实施许可合同备案的下列内容：许可人、被许可人、许可的种类、备案公告日、实施许可合同号；分类号、专利号、申请日、授权公告日。备案公告日期。当事人可以及社会公众可通过专利权局网政务服务平台中国专利公布公告系统查询有关公告信息
过专利公报或登录国家知识产权政务服务平台官网或专利公布公告平台中国专利公布公告信息

6.专利实施许可合同备案公告

图18-1 专利许可流程

第十九章　专利开放许可

📖 **导读**

　　本章深入剖析专利开放许可。自 2021 年 6 月 1 日起，我国正式实施专利开放许可制度，该制度具有自愿性、开放性、便利性等特点，专利权人可自主决定声明与费用标准，不特定人皆可依标准付费实施。我国专利申请量全球居首，但产业化率低，大量专利沉睡。专利开放许可能打破供需信息不对称、降低交易成本，有效解决专利许可难题。最后提及专利开放许可声明及实施合同备案，助力读者全面了解其内涵与作用。

一、专利开放许可概述

　　2020 年 10 月 17 日第十三届全国人民代表大会常务委员会第二十二次会议通过对《中华人民共和国专利法》修改的决定（第四次修正），并于 2021 年 6 月 1 日实施。其中增加了三个关于专利开放许可的法条，专利开放许可制度在法律层面正式创设。专利开放许可，是专利权人自愿向专利主管部门声明愿意许可任何依照公告的许可使用费支付方式、标准来支付许可使用费的单位或者个人实施其专利的许可模式。

　　虽然专利开放许可制度对我国来说是一项全新的制度，但从国际角度来看，专利开放许可制度（也叫专利当然许可制度）早在英国 1919 年的《专利和设计法案》中被首次提出，后被其他国家效仿[①]。专利开放许可具有如下特性：

（一）自愿性

专利权人提出和撤回开放许可声明是自愿的[②]，对许可使用费支付方式、标准的选择是自愿的，只要按照规定程序办理即可。实行开放许可的专利权人还可以自愿与被许可人就许可使用费进行协商后给予不属于开放许可实施的普通许可。这也是专利开放许可与专利强制许可最主要的区别，体现出专利权人对私权的自愿处分。

（二）开放性

任何依照公告的许可使用费支付方式、标准来支付许可使用费的单位或者个人均可以实施具有开放许可声明的专利，弱化专利的排他属性，对不特定人进行开放，提高专利转移转化效率。

（三）便利性

任何单位或者个人有意愿实施开放许可的专利的，以书面方式通知专利权人，并依照公告的许可使用费支付方式、标准支付许可使用费后，即获得专利实施许可[③]。双方均无需花大量人力物力和时间进行谈判，十分便利。国务院专利行政部门对专利开放许可声明予以公告，潜在被许可人在内的所有社会公众均能通过国家知识产权局的官方渠道查阅到相关信息，实施主体获取专利信息十分便利。而且就实用新型、外观设计专利提出开放许可声明的，应当提供专利权评价报告，实施主体对公告专利的稳定进行评价也更加便利。整体来说专利开放许可制度为许可双方交易带来便利性。

[①] 李光裕. 专利开放许可的制度研究 [D]. 成都：西华大学，2023.
[②] 林泽文. 我国专利开放许可制度实证研究 [D]. 广州：广东财经大学，2023.
[③] 陈伟. 专利许可实施权研究 [D]. 重庆：西南政法大学，2021.

二、引入专利开放许可制度的必要

根据国家知识产权局战略规划司发布的《知识产权统计年报 2021》可知，"我国 2021 年发明专利申请量为 158.6 万件、实用新型专利申请量为 285.2 万件、外观设计专利申请量为 80.6 万件"。中国的专利申请量俨然稳居全球第一。然而，国家知识产权局战略规划司和国家知识产权局知识产权发展研究中心共同发布的《2021 年中国专利调查报告》显示，2021 年我国国内有效专利产业化率为 44.6%，企业、科研单位、高校专利产业化率分别为 49.8%、15.9%、2.3%，也就是说很多专利，特别是科研单位、高校拥有大量未充分实施的"沉睡专利"，并不能满足市场需要。专利如果无法转化为现实生产力，就难以支撑产业创新发展，无法实现其经济价值。

专利许可、专利转让、专利作价入股、专利质押融资等，其最终价值的本身主要体现在专利产业化上，而且对专利产业化具有推动作用，保证专利供需双方平衡。由《知识产权统计年报 2021》可知，2021 年我国国内有效专利许可率为 5.3%，企业、科研单位、高校专利许可率分别为 5.1%、5.8%、7.0%。2021 年我国国内有效专利转让率为 4.7%，企业、科研单位、高校专利转让率分别为 5.1%、1.3%、1.0%。对于科研单位、高校，可能考虑到国有资产流失，更青睐于专利许可而非专利转让。专利许可在保有专利权的情况下，最大可能地获取经济利益，减少专利供需双方的风险。对于暂时没有能力实现特定专利产业化的中小企业，以及不愿意全部自行将特定专利产业化的大企业，专利许可无疑是不错的选择。如果切实解决专利许可中的问题，则有利于专利产业化的运用，促进科学技术进步和经济社会发展。

专利许可中的常见的问题有：①专利许可供需信息不对称。专利需求方不清楚专利供应方是否愿意专利许可，在哪里查询愿意专利许可的专利供应方的专利，许可使用费支付方式、标准是如何，专利供应方不清楚谁是专利需求方等。②交易成本高。专利供需双方均需花大量人力物力和时间进行谈判，以获得最大利益，这对交易的进度影响很大，很容易谈不拢而导致交易无法达成。专利需求方还需要请专业人士对目标专利进行稳定性和权属调查，这都无疑增加了交易成本等。专利开放许可本身具有自愿性、开放性和便利性的属性，在不影响专利权人的合法权益下，尊重市场主体、创新主体意思自治，打破专利许可供需信息不对称，降低交易成本，促进专利"一对多"快速许可，加快了专利实施和产业化的可能。对于高校、科研机构等非专利产业化主体、不愿或不能自行专利产业化主体、期待扩大专利产业化的主体，专利开放许可能够切实解决其专利许可中的问题，高效实现专利价值。

三、专利开放许可和其他许可的比较

专利强制许可，是指国务院专利行政部门依照专利法规定，不经专利权人同意，直接允许其他单位或个人实施该专利。专利强制许可在于"非自愿"，其目的是防止专利权人滥用专利权，维护国家利益和社会公共利益。专利强制许可在付给专利权人使用费方面也可能被公权介入。而专利开放许可在于"自愿"，更尊重专利权人意思自治，包括对许可使用费支付方式、标准的选择。专利强制许可排除外观设计专利，专利开放许可包括所有类型专利。整体来说专利强制许可受到严格限制。

专利普通许可，是指许可人在约定许可实施专利的范围内许可他人实施该专利，并且可以自行实施该专利。专利开放许可属于专利普通许可中的特殊形式，二者在专利推广应用方面均具有积极作用。专利开放许可更具有开放性和便利性，针对不特定人，达到专利"一对多"快速许可。非专利开放许可的专利普通许可是无法享受年费减免等政策的，而且需要和被许可人逐一谈判，交易成本高，但可以对被许可人进行筛选。

专利排他许可，是指许可人在约定许可实施专利的范围内，将该专利仅许可一个被许可人实施，但许可人依约定可以自行实施该专利。在暂时不具备实施能力时，可以通过专利排他许可保留自行实施专利的权利，也不会因为专利沉睡失去效用①。专利排他许可在技术推广方面不如专利开放许可。若许可人和被许可人没有协商好，专利排他许可也可能像专利开放许可那样，导致专利产品市场泛滥，形成低价竞争。

专利独占许可，是指许可人在约定许可实施专利的范围内，将该专利仅许可一个被许可人实施，许可人依约定不得实施该专利。专利独占许可相比专利开放许可，更加强化被许可人的利益，许可费用更高，但不利于技术推广，而且直接排除了专利权人对专利的实施。专利独占许可可以确保专利产品不至于市场泛滥，低价竞争。

专利分许可，是指许可双方在专利实施许可合同中约定被许可人可以再许可他人实施该专利。专利分许可必须在合同中予以明确，否则即便是独占许可，也不具有再许可权②。专利分许可直接对实施专利的范围再许可打包处理，便于被许可人更好地实施专利，也省去专利权人的谈判成本。专利分许可与专利开放许可相比，更加灵活，给予被许可人更大的权限。

专利交叉许可，是指两个或两个以上的专利权人在一定条件下相互授予各自的专利实施权③。专利交叉许可至少针对的是两项专利，而专利开放许可只针对某一项专利。专利交叉许可可以解决实施专利过程中的双方互相侵权的问题，减少诉讼成本，相互许可促进创新技术的推广。一定条件下，专利交叉许可会成为专利强制许可的一种，例如《专利法》第 56 条规定的情形，会有一定的公权力介入，可能会排斥专利权人的意思自治，同时也需要投入谈判成本。

四、专利开放许可声明及实施合同的备案

流程见图 19-1。

---

① 李光裕. 专利开放许可的制度研究 [D]. 成都：西华大学，2023.
② 朱长胜. 关联企业跨国资产重组中的转让定价反避税研究 [D]. 苏州：苏州大学，2012.
③ 宁立志，胡贞珍. 美国反托拉斯法中的专利权行使 [J]. 法学评论，2005（5）：142-154.

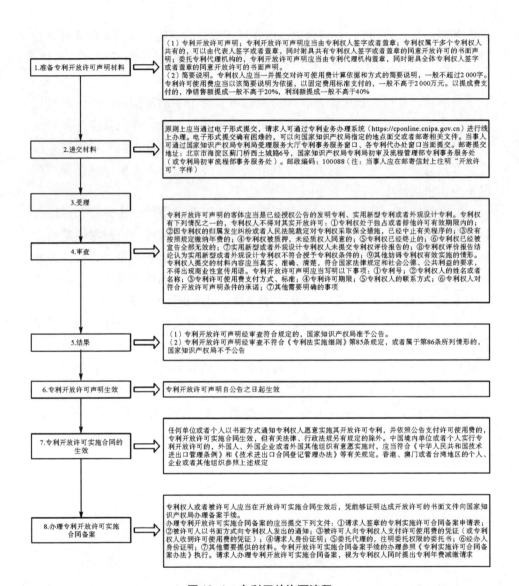

图 19-1　专利开放许可流程

第二十章　专利质押

📖 **导读**

本章围绕专利质押展开。专利质押是专利权人以专利财产权为债务担保，在债务人不履行债务时，债权人可优先受偿的担保行为。因技术创新受重视，众多高新中小企业资金短缺、融资需求大，专利质押成为重要融资手段。本章还提及专利质押登记，帮助大家学会专利质押登记办理。

一、专利质押概述

专利质押，是指专利权人为担保自己或他人债务的履行，将拥有的专利权中的财产性权利质押给债权人，自己或第三人不履行债务时，债权人有权把折价、拍卖或者变卖该权利所得的价款优先受偿的担保行为。技术创新作为推动企业发展的核心，得到了广大高新企业的响应。但中小型的高新企业往往资金欠缺，融资需求较大，而专利具有财产权属性，日渐成为一种融资的工具和手段。专利质押融资申请企业通常为中小企业，银行是发放贷款的机构，自然需要承担一定风险，中小企业信用评级不够，银行为降低自身风险，往往将门槛设置得较高，普通中小企业难以受益。故 2017 年 7 月 21 日，《国务院关于强化实施创新驱动发展战略进一步推进大众创业万众创新深入发展的意见》指出，要推广专利权质押等知识产权融资模式。2017 年 10 月 19 日国家知识产权局办公室发布的《关于抓紧落实专利质押融资有关工作的通知》提到，加快扩展专利质押融资工作覆盖面，尽快建立健全专利质押融资风险分担及补偿机制。2021 年 3 月 19 日财政部办公厅、国家知识产权局办公室发布的《关于实施专利转化专项计划助力中小企业创新发展的通知》将全省专利质押融资金额及年均增幅，专利质押项目数及年均增幅作为具体绩效指标。

二、专利质押登记

流程见图 20-1。

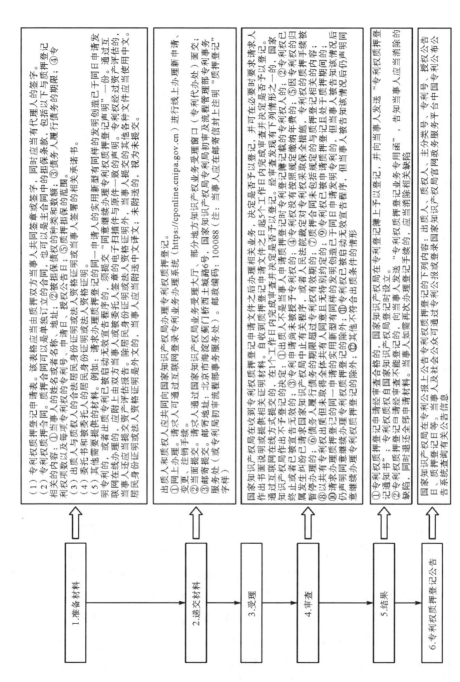

图20-1 专利质押流程

第二十一章　专利作价入股

📖 **导读**

　　本章介绍了专利作价入股相关知识。专利作价入股包含企业设立时以专利作注册资本，以及现有企业用专利增资扩股两种情况。2024 年施行的《中华人民共和国公司法》（以下简称《公司法》）明确，有限责任公司注册资本是全体股东认缴出资额，股东可用货币、实物、知识产权等非货币财产作价出资。专利作价入股能缓解股东货币出资压力，降低企业负债率。本章还为相关从业者或有此需求者提供操作指引。

一、专利作价入股概述

　　专利作价入股，是指企业依法设立时以专利权作价作为注册资本，或现有企业以专利权作价增资扩股的行为。《公司法》规定："有限责任公司的注册资本为在公司登记机关登记的全体股东认缴的出资额。全体股东认缴的出资额由股东按照公司章程的规定自公司成立之日起五年内缴足。股东可以用货币出资，也可以用实物、知识产权、土地使用权、股权、债权等可以用货币估价并可以依法转让的非货币财产作价出资；对作为出资的非货币财产应当评估作价，核实财产，不得高估或者低估作价。"专利作价入股可以减轻股东以全部货币资金出资的压力，降低企业负债率。

二、专利作价入股办理

流程见图 21-1。

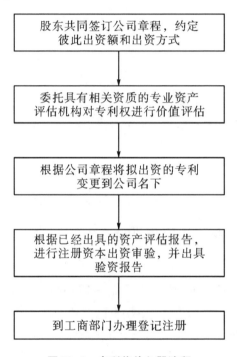

图 21-1 专利作价入股流程

第二十二章　专利密集型产业

📖 **导读**

　　本章首先对比了不同产业对生产要素的依赖，引出专利密集型产业；然后阐述了培育专利密集型产业的原因，梳理了其政策发展历程；最后介绍了专利密集型产品备案工作，助力读者全面了解专利密集型产业体系。

一、专利密集型产业和其他产业的关系

　　生产要素是进行社会生产经营活动时所需要的各种社会资源，包括土地、劳动力、资本、技术、数据等①。根据不同产业对各类生产要素的依赖程度，我们大致可以将产业分为以土地为核心的资源密集型产业（例如种植业、矿产采掘业等投入较多土地等自然资源的产业）、以劳动力为核心的劳动密集型产业（例如纺织、服装、玩具等投入大量劳动力的产业）、以资本为核心的资本密集型产业（例如钢铁业等资本成本占比较大的产业）、以知识为核心的知识产权密集型产业等（例如信息通信技术制造业等以知识产权作为关键中间投入要素的产业）。

---

① 孙笑笑. 点睛中国经济发展新常态［J］. 中学政治教学参考, 2015（Z1）: 9-10.

资源密集型产业提供了大量的原材料，但资源密集型产业所依赖的自然资源有可再生的，也有不可再生的，其开发和利用往往对环境造成一定危害，在可持续发展和经济转型方面存在困难。劳动密集型产业是很多国家经济发展无法逾越的产业，具有不可替代性和广泛性，包括在美国、日本，劳动密集型产业都曾主导着经济发展。劳动密集型产业吸纳大量的剩余劳动力，也是城镇化的关键，但也存在附加值低的情形。资本密集型产业主要分布在基础工业和重加工业，被视为工业化的重要基础，但需要大量的资金，投入周期长，无法大规模推广。知识产权密集型产业将知识产权和产业紧密相连，对经济和就业岗位的增长有促进作用，附加值高，是推动经济增长的关键力量。

知识产权是基于创造成果和工商标记依法产生的权利的统称，包括专利、商标、著作、地理标志、商业秘密、集成电路布图设计、植物新品种等。所以知识产权密集型产业又大致可以划分为以专利为核心的专利密集型产业、以商标为核心的商标密集型产业、以著作为核心的版权密集型产业等①。

二、培育专利密集型产业的原因

相关数据表明，2010 年、2014 年、2019 年美国知识产权密集型产业 GDP 贡献分别占总 GDP 的 34.8%、38.2%、41%，提供美国就业岗位贡献分别占总数的 18.8%、18.2%、44%。知识产权密集型产业对 GDP 贡献更大、提供的就业岗位更多，自主创业者更多，薪资待遇更好，从业人员受教育程度更高。这也是以美国为首的发达国家重视知识产权的原因，这是这些国家的竞争优势。2020 年、2021 年、2022 年中国专利密集型产业 GDP 贡献分别占总 GDP 的 11.97%、12.44%、12.71%，中国知识产权密集型产业 GDP 贡献占比目前无法获得，与发达国家还存在一些差距。

---

① 党文珊. 商标对企业市场价值的影响［D］. 重庆：重庆大学，2015.

知识产权的客体具有无形性，不同于有形物体，权利人对知识产权无法进行排他性控制，所以，知识产权需要依赖法律赋予其专有性，即法律为拥有知识产权的权利人创设了一种前所未有的垄断利益。随着国际经济贸易的扩大，知识产权地域性保护所展现的矛盾越发凸显，如美国的法律无法延伸至中国有效，中国的法律也无法延伸至美国有效，需要通过条约对知识产权国际保护进行协调。从《巴黎公约》《伯尔尼公约》到TRIPS、《自由贸易协定》（FTA）和《双边投资条约》（BIA），发达国家不断开展造法活动，大幅提升知识产权保护标准，确立有利于自身的国际经济秩序。所以，在未来知识产权作为国家发展战略性资源和国际竞争力核心要素的作用将更加凸显，知识产权密集型产业将是博弈新战场。

知识产权密集型产业中专利密集型产业占据着重要的板块。培育专利密集型产业主要有三个作用：第一，专利密集型产业具有高增长、高收益的特性，可以促进产业提质增效，支撑产业结构优化，使产业迈向中高端水平；第二，专利密集型产业促进经济高质量发展的作用凸显，将成为经济增长新动能；第三，专利密集型产业可以构筑产业竞争优势，增强国际竞争力。

三、专利密集型产业政策发展历程

早在"十一五"时期，2008年国务院印发《国家知识产权战略纲要》率先提到知识产权密集型商品比重显著提高。"十二五"时期，2014年的《深入实施国家知识产权战略行动计划（2014—2020年）》、2015年的《国务院关于新形势下加快知识产权强国建设的若干意见》也分别提到推动知识产权密集型产业发展、培育知识产权密集型产业。"十三五"时期，2016年国务院印发《"十三五"国家知识产权保护和运用规划》提到知识产权密集型产业成为经济增长的新动能。大力发展知识产权密集型产业，促进知识产权密集型产业发展。但专利密集型产业少有提及。

在"十三五"时期末，2019年国家统计局发布《知识产权（专利）密集型产业统计分类（2019）》，以国家知识产权局 2016 年出台的《专利密集型产业目录（2016）》为基础，界定知识产权（专利）密集型产业分类范围。

在"十四五"时期，中央文件《中华人民共和国国民经济和社会发展第十四个五年规划和 2035 年远景目标纲要》《知识产权强国建设纲要（2021—2035 年）》《"十四五"国家知识产权保护和运用规划》开始提到培育专利密集型产业、建立专利密集型产业调查机制、2025 年专利密集型产业增加值占 GDP 比重达到 13%、探索开展专利密集型产品认定工作等。

2022 年国家知识产权局、工业和信息化部印发的《关于知识产权助力专精特新中小企业创新发展的若干措施》提到：要加快推进专利密集型产品备案工作，引导和支持"专精特新"等中小企业符合条件的主导产品通过试点平台备案认定，推动"专精特新"企业成为专利密集型产业发展的主力军。这主要从促进"专精特新"等中小企业知识产权高效运用出发，更好发挥知识产权制度作用，助力"专精特新"中小企业创新发展[①]。

2022 年 11 月 15 日国家知识产权局办公室《关于组织开展专利产品备案工作》，提到专利产品备案是一项促进专利密集型产业发展的基础性工作。按照"统一平台、统一标准、统一认定"的原则，采取专利产品备案和专利密集型产品认定"两步走"的方式，备案认定一批知识产权竞争力较强的专利密集型产品，是地方知识产权管理部门全面准确掌握本地区专利运用和产业发展情况、精准发力促进企业产品竞争力提升、有效实施专利密集型产业培育政策、科学引导企业推进高价值专利转化的重要抓手。将专利密集型产品作为高价值专利转化的重要检验标准，推动专利产品备案工作与专利转化专项计划实施、重点城市高价值专利组合培育、地方专利奖评选和优势示范企业培育等工作，充分利用试点平台备案数据，跟踪专利转化实施成效，为相关企业评价、项目验收和奖项评选等提供基础支撑。

---

① 胡洁瑾. 上海市中小企业公共服务平台培育"专精特新"企业研究［D］. 上海：华东师范大学，2023.

四、专利密集型产业范围

知识产权（专利）密集型产业是指发明专利密集度、规模达到规定的标准，依靠知识产权参与市场竞争，符合创新发展导向的产业集合。其分类范围限定于经国务院专利行政部门实质审查、创新水平更高的发明专利，未纳入实用新型专利和外观设计专利。同时参考《战略性新兴产业分类（2018）》《高技术产业（制造业）分类（2017）》和《高技术产业（服务业）分类（2018）》，将 R&D 投入强度高的行业纳入本分类范围。所以知识产权（专利）密集型产业至少应当具备下列条件之一：行业发明专利规模和密集度均高于全国平均水平；或行业发明专利规模和 R&D 投入强度高于全国平均水平，且属于战略性新兴产业、高技术制造业、高技术服务业；或行业发明专利密集度和 R&D 投入强度高于全国平均水平，且属于战略性新兴产业、高技术制造业、高技术服务业。

知识产权（专利）密集型产业的范围包括信息通信技术制造业，信息通信技术服务业，新装备制造业，新材料制造业，医药医疗产业，环保产业，研发、设计和技术服务业七大类。知识产权（专利）密集型产业划分为两层，分别用阿拉伯数字编码表示。第一层为大类，用 2 位数字表示，共有 7 个大类；第二层为中类，用 4 位数字表示，前两位为大类代码，共有 31 个中类。本分类建立了与《国民经济行业分类》（GB/T4754-2017）的对应关系，共对应国民经济行业小类 188 个。

五、专利密集型产品备案

为落实《知识产权强国建设纲要（2021—2035 年）》和《"十四五"国家知识产权保护和运用规划》对培育发展专利密集型产业，探索开展专利密集型产品认定作出的一系列部署，国家知识产权局办公室印发了《关于组织开展专利产品备案工作的通知》，采取专利产品备案和专利密集型产品认定"两步走"的方式，先行启动专利产品备案工作，后续根据产品备案和数据积累情况，适时开展专利密集型产品认定。对于促进高价值专利培育、推动专利向产品端和产业端转化、加快培育专利密集型产业具有重要的现实意义。

对于地方知识产权管理部门而言，开展专利产品备案和密集型产品认定工作，有助于全面准确掌握本地区专利运用和产业发展情况、精准发力促进企业产品竞争力提升、有效实施专利密集型产业培育政策、科学引导企业推进高价值专利转化。

对于参与备案的企业而言，可以通过专利产品备案获得"备案证明"，作为消费决策参考，也可以在相关项目申报中作为产品技术先进性和专利市场效益的有力证明，获取有关的政策支持。例如对比《国家知识产权局关于评选第二十四届中国专利奖的通知》（国知发运函字〔2022〕134 号）和《国家知识产权局关于评选第二十三届中国专利奖的通知》（国知发运函字〔2021〕124 号），我们可以看出申报中国专利奖的一些变化，在推荐材料报送要求中，不论院士推荐还是单位推荐，均新增了"对于主要依靠参评专利取得市场竞争优势的，应当提交参评专利涉及的产品在国家专利密集型产品备案认定试点平台上的备案证明"。中国专利奖申报书也做了相应变更，新增了"是否在国家专利密集型产品备案认定试点平台上备案"选项。所以，在申报中国专利奖时，对于主要依靠参评专利取得市场竞争优势的，创新主体应当将参评专利涉及的产品在国家专利密集型产品备案认定试点平台上进行备案，以获取备案证明。企业可自愿进行专利产品备案，备案产品被认定为年度专利密集型产品的，可免费获得标识二维码和认定证书；社会公众可查询了解备案和认定产品详细信息，有助于企业产品推广或展示。

为扎实有序推进专利密集型产品备案和认定工作，避免各地分头建设造成的重复投入、标准各异等问题，2022 年 8 月，国家知识产权局办公室复函中国专利保护协会，同意其建设国家专利密集型产品备案认定试点平台（以下简称试点平台，网址：www. zlcp. org. cn）。按照"统一平台、统一标准、统一认定"的原则，由试点平台统一提供专利产品备案的公益性服务。后续根据产品备案和数据积累情况，按照《企业专利密集型产品评价方法》团体标准（T/PPAC402-2022），由试点平台分领域确定统一的专利密集型产品评价指标基准值，适时认定一批专利密集型产品。在备案过程中，试点平台不收取任何费用，且全年开放，随时可以填报。

专利密集型产品备案和认定流程见图 22-1。

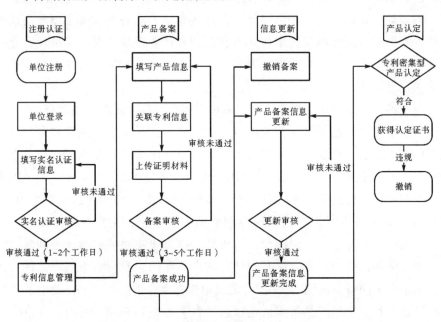

图 22-1　专利密集型产品备案和认定流程

参考文献

车丕照，2020.《民法典》颁行后国际条约与惯例在我国的适用［J］. 中国应
用法学（6）：1-15.

程永顺，吴莉娟，2018. 中国药品专利链接制度建立的探究［J］. 科技与法律
（3）：1-10.

何勤华，1998. 英国法律发达史［M］. 北京：法律出版社：307.

蒋力啸，2019. 全球治理视角下国际法遵守理论研究［D］. 上海：上海外国
语大学.

李雷雷，施小雪，2018. 论实用新型专利权终止对同日申请的发明专利授权的
影响：兼评专利法第九条［J］. 经济研究导刊（11）：194-196.

洛克，1964. 政府论：下篇［M］. 叶启芳，瞿菊农，译. 北京：商务印书
馆：35.

文希凯，陈忠华，1993. 专利法［M］. 北京：中国科学技术出版社：7.

吴洪玲，2007. 探析近代专利制度起源于英国的原因［J］. 济南职业学院学报
（1）：15-16，20.

肖沪卫，2015. 专利战术情报方法与应用［M］. 上海：上海科学技术文献出
版社.

徐海燕，2010. 近代专利制度的起源与建立［J］. 科学文化评论，7（2）：
40-52.

尹新天，2011. 中国专利法详解［M］. 北京：知识产权出版社：1-7.

张今，2007. 专利国际保护制度的过去、现在与未来［M］//吴汉东. 知识产
权国际保护制度研究. 北京：知识产权出版社：351.

张婉洁，2015. 论法的社会适应性［D］. 上海：华东政法大学.

张莹，2013. 从核心和外围专利的关联性论企业专利战略 ［J］. 科技创业月
　　刊，26（1）：17-19.

赵元果，（2006-05-17）［2023-08-01］. 中国专利制度的主要奠基人：武衡
　　［EB/OL］. http：//www. sipo. gov. cn/sipo/bgs/lzp/200605/t20060517 _ 1000
　　06. htm

宗华，2014.19 世纪英国专利废除之争 ［D］. 上海：华东政法大学.

邹琳，2011. 英国专利制度发展史 ［D］. 湘潭：湘潭大学.

邹琳，2015.《大宪章》与英国专利制度的起源 ［J］. 湘江法律评论，13
　　（2）：116-131.

朱清清，2019. 国际条约在我国适用问题研究 ［D］. 哈尔滨：黑龙江大学.

国家知识产权局，2023. 专利审查指南 2023 ［M］. 北京：知识产权出版社.

后　记

　　本书是为专利初学者精心打造的入门书籍。本书从专利制度、流程、撰写、转化四个方面，全面且系统地介绍了专利相关知识，帮助读者搭建专利知识的底层框架，理解专利的深层逻辑，为进一步深入研究和实践专利相关工作奠定基础。

　　专利制度：专利制度以"公开换保护"为基本逻辑，起源于公元前 10 世纪，历经发展逐步完善。我国现代化专利制度于 1984 年正式确立，之后历经四次修正以适应社会发展需求。其立法宗旨是保护专利权人的合法权益，鼓励发明创造，推动发明创造的应用，提高创新能力，促进科学技术进步和经济社会发展。专利权作为一种私权，兼具人身权与财产权属性，受公权和人权限制，以平衡私人、公共与他人利益。同时，专利制度的正常运行依赖于和平稳定的政治条件、活跃的市场经济条件和不断进步的科技条件。

　　专利流程：涵盖申请、检索、导航、加快审查、规避非正常申请、挖掘与布局等多个实操流程。申请专利需经过技术研发、专利挖掘、交底书撰写等多个环节，申请成功后可获得多方面的价值，如保护创新技术、获取经济回报等，但必须遵循诚信原则。专利信息检索旨在从海量专利文献中筛选特定信息，通过明确检索目标、选择检索资源等步骤可提高检索效率。专利导航通过对专利信息的分析，为宏观决策、产业规划等提供支撑。专利加快审查途径多样，但需综合考量各种因素，避免盲目加快审查。此外，应严格规避非正常专利申请，以维护专利制度的正常秩序。

　　专利撰写：专利申请文件的撰写包括说明书摘要、附图、权利要求书、说明书等部分，各部分都有严格的格式和内容要求，且申请专利应遵循诚实信用原则。权利要求书是专利申请的关键文件，用于确定专利保护范围，其架构和对各元素的准确理解和撰写至关重要。在答复创造性审查意见时，可通过对审查员判断逻辑的分析，从多个狙击点进行合理反驳，以争取专利授权。高价值专利对国家和创新主体意义重大，可从技术、法律、经济三个维度进行评判，企业可通过特定步骤培育高价值专利。影响专利质量的要素包括人、机、料、法、环、测，全面考虑这些要素有助于提高专利质量。

专利转化：介绍了专利转让、许可、开放许可、质押、作价入股等转化方式。专利转让包括申请权转让和专利权转让，可通过多种形式实现，转让方与受让方动机各不相同且需进行转让登记。专利许可分为普通、排他、独占实施许可等类型，许可方和被许可方动机各异，且专利实施许可合同需备案。专利开放许可是我国2021年《中华人民共和国专利法》修正后新实施的制度，具有自愿性、开放性、便利性等特点，能有效解决专利许可难题。专利质押是重要的融资手段，尤其对高新技术中小企业意义重大，但需办理质押登记。专利作价入股可缓解股东货币出资压力，降低企业负债率。此外，专利密集型产业对经济发展具有重要作用，我国不断出台政策培育该产业，同时开展专利密集型产品备案工作，以推动专利转化和产业发展。

本书从开始落笔到最终完成，成都的油菜花已经开了六次。笔者深知，人生如寄，倏忽而已，能够从事一项热爱的工作实属幸事，若在这个过程中还能够著书留痕，职业生涯无所憾矣。断断续续写作本书的这些年，也正是笔者从行业小白逐步走向成熟从业者的过程，字里行间凝聚着笔者从业生涯的经验与反思。期待每一位有志投身专利行业的逐梦者，能借由这本书，快速跨越探索过程中的重重荆棘，有足够精力让创新之火迅速燎原，不仅能省下足够的时间去享受工作之外更多有趣的事情，也能为我国创新事业注入源源不断的澎湃动力。

梅安石

2025 年 5 月